마카오 맵

MACAU MAP

MAP 1

마카오 전도

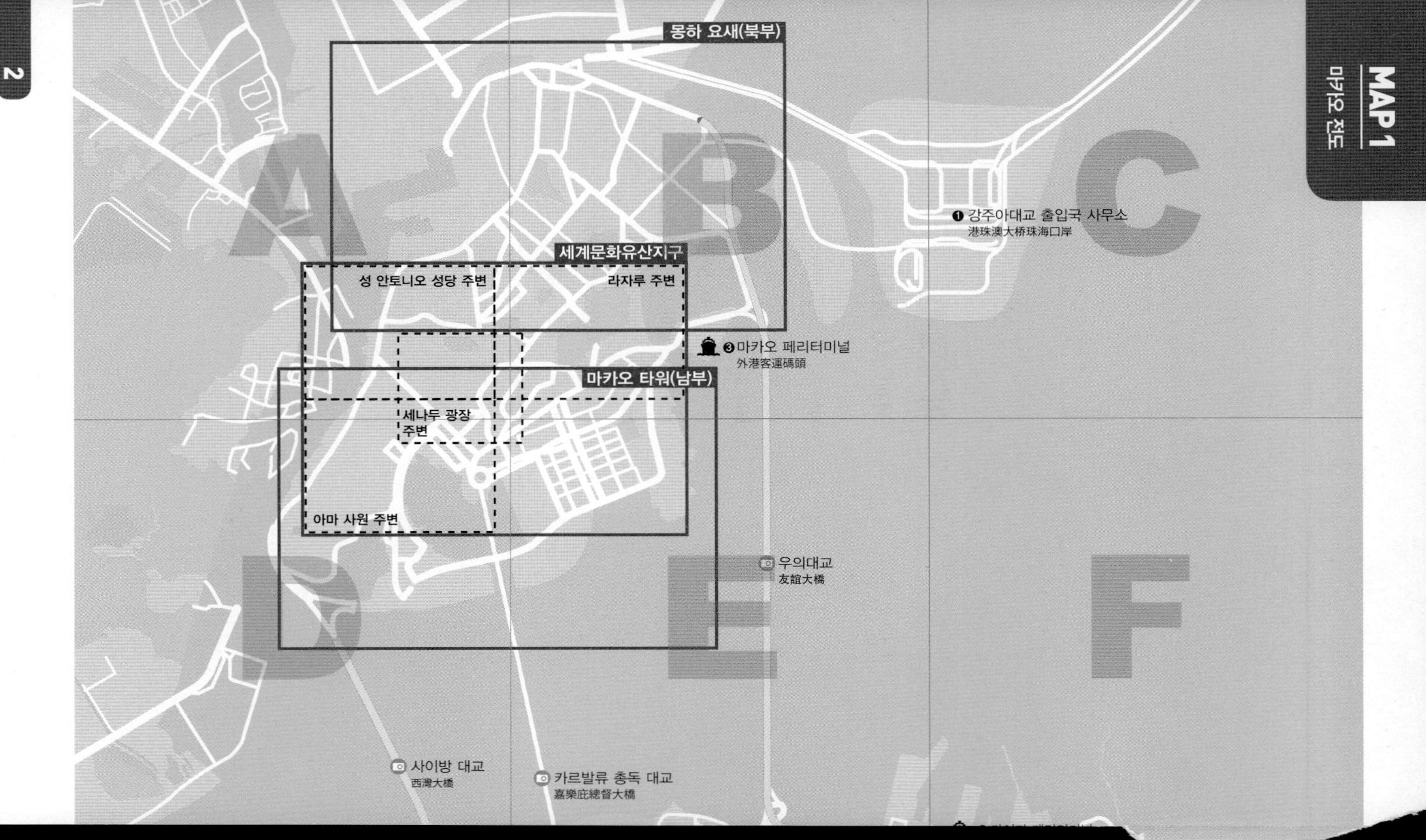

몽하 요새(북부)
❶ 강주아대교 출입국 사무소
港珠澳大桥珠海口岸
세계문화유산지구
성 안토니오 성당 주변
라자루 주변
❸ 마카오 페리터미널
外港客運碼頭
마카오 타워(남부)
세나두 광장 주변
아마 사원 주변
우의대교
友誼大橋
사이방 대교
西灣大橋
카르발류 총독 대교
嘉樂庇總督大橋

타이파와 코타이
콜로안
더 마카오 루즈벨트
罗斯福酒店
타이파 빌리지 세부도
콜로안 빌리지 세부도
G
H
I
J
K
L
N
0
1km

성 안토니오 성당 주변
(M129) 水上街市
MERCADO PATANE
까사 가든
二龍喉公園
(M127) 海邊新街
R. DO GUIMARÃES
개신교도 묘지
基督教墳場
(M124) 白鴿巢總站
JARDIM CAMÕES / TERMINAL
(M201) 白鴿巢前地
PRAÇA LUÍS CAMÕES
성 안토니오 성당
聖安多尼堂
나차 사원과 마카오 성벽
哪吒廟 & 舊城牆遺址
세인트 폴 성당 유적지
哪吒廟 & 舊城牆遺址
몬테 요새
大炮台
(M137) 火船頭街
R. Das Lorchas
성 도미니크 성당
玫瑰堂
세나두 광장
議事亭前地
자비의 성채
仁慈堂大樓
로카우 맨션
盧家大屋
아마 사원 주변
삼카이뷰쿤 사원
三街會館
(M134) 新馬路/永亨
ALMEIDA RIBEIRO / WENG HANG
마카오 대성당
澳門主教座堂
레알 세나두
民政總署大樓
로버트 호 퉁경의 도서관
何東圖書館
성 아우구스틴 성당
聖奧斯定堂
성 요셉 신학교와 성당
聖若瑟修院及聖堂
돔 페드로 5세 극장
伯多祿五世劇院
세나두 광장 주변
(M179) 巴掌圍
AGOSTINHO
성 로렌스 성당
聖老楞佐堂
(M187) 區華利前地
PRAÇA JORGE ALVARES
시티 오브 드림즈(COD)
셔틀버스 정류장
만다린 하우스
鄭家大屋
릴라우 광장
亞婆井前地
(M174) 海事及水務局
D. DOS S. DE A. MARÍTIMOS E DE ÁGUA
무어리시 배럭
港務局大樓
(M203) 媽閣廟
TEMPLO Á MA
아마 사원
媽閣廟

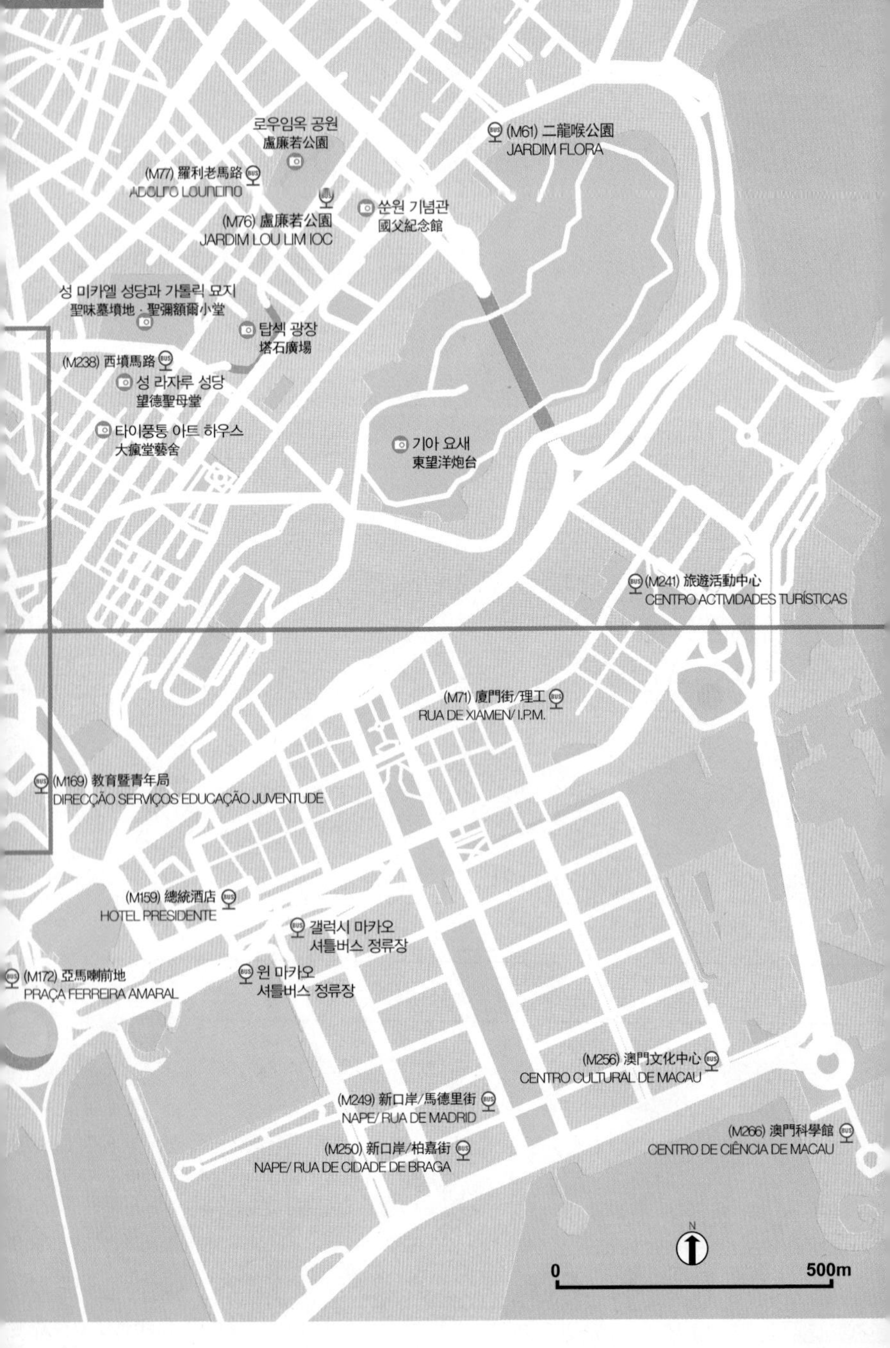

라자루 주변
로우임옥 공원
盧廉若公園
(M61) 二龍喉公園
JARDIM FLORA
(M77) 羅利老馬路
(M76) 盧廉若公園
JARDIM LOU LIM IOC
쑨원 기념관
國父紀念館
성 미카엘 성당과 가톨릭 묘지
聖味墓墳地 · 聖彌額爾小堂
탑석 광장
塔石廣場
(M238) 西墳馬路
성 라자루 성당
望德聖母堂
타이풍통 아트 하우스
大瘋堂藝舍
기아 요새
東望洋炮台
(M241) 旅遊活動中心
CENTRO ACTIVIDADES TURÍSTICAS
(M71) 廈門街/理工
RUA DE XIAMEN/ I.P.M.
(M169) 教育暨青年局
DIRECÇÃO SERVIÇOS EDUCAÇÃO JUVENTUDE
(M159) 總統酒店
HOTEL PRESIDENTE
갤럭시 마카오
셔틀버스 정류장
(M172) 亞馬喇前地
PRAÇA FERREIRA AMARAL
윈 마카오
셔틀버스 정류장
(M256) 澳門文化中心
CENTRO CULTURAL DE MACAU
(M249) 新口岸/馬德里街
NAPE/ RUA DE MADRID
(M266) 澳門科學館
CENTRO DE CIÊNCIA DE MACAU
(M250) 新口岸/柏嘉街
NAPE/ RUA DE CIDADE DE BRAGA
N
0
500m

마카오 성벽
舊城牆遺址
교회 미술관
天主教藝術博物館
나차 사원
哪吒廟
세인트 폴 성당 유적지
大三巴牌坊
카페 필로
세븐일레븐
R. dos Artilheiros
R. de São Paulo
Tv. da Paixão
R. de Nossa Sra. do Amparo
마카오 박물관
澳門博物館
몬테 요새
大炮台
카스텔벨
Castelbel
허유산
영케이 베이커리
스타벅스
코이케이
베이커리
육포거리
타이완 후쟈오빙
台灣帝鈞碳烤胡椒餅
R. do Monte
(M143) 新馬路/爐石塘
ALMENG RIBEIRO/RUA CAMILO PESSANHA
(콜로안 방향)
청케이면가
祥記麵家
푸타자나이
不是葡撻
이슌 밀크 컴퍼니
義順鮮奶
(M135) 新馬路/大豐
ALMENG RIBEIRO/TAI FUNG
(마카오 페리터미널 방향)
세기 카페
나무와 벤치
성 도미니크 성당
玫瑰堂
마카오의
포르투갈 총영사관
타운스 웰 호텔
토우토우코이
陶陶居海鮮火鍋酒家
보건 우유공사
保健牛奶公司
Av. de Almeida Ribe
R. dos Mercadores
FANCL
항아우
恆友
로카우 맨션
盧家大屋
포르투갈 서점
R. de São Domingos
로이로이

펠리스다데 거리
福隆新街
로자 다스 콘세르바스
LOJA DAS CONSERVAS
삼카이뷰쿤 사원
三街會館
(M134) 新馬路/永亨
ALMENG RIBEIRO/
WENG HANG
黃枝記
관광 안내소
세나두 광장
議事亭前地
자비의 성채
仁慈堂大樓
키카
熙佳意大利雪糕
광장
마카오 대성당
澳門主教座堂
맥도날드
R. do Campo
R. da Alfândega
R. do Dr. Soares
Tv. do Roquete
레알 세나두
民政總署大樓
우체국
대교당 카페
大教堂咖啡
에스카다
R. Formosa
Av. da Praia Grande
R. Central
성 아우구스티노 성당
중국은행
호텔 메트로폴
폴로 공증
成衣出口中心
CHOW TAI FOOK
마가레트 카페 이 나타
瑪嘉烈蛋撻店
Av. do Infante Dom Henrique
Av. de Dom João IV
밀리터리 클럽
澳門陸軍俱樂部網頁
돔 페드로 5세 극장
선스코 슈퍼마켓
호텔 신트라
新麗華酒店
뉴 야오한 백화점 푸드코트
新八佰伴美食廣場
그랜드 리스보아
그랜드 엠퍼러 호텔
0
100m
N

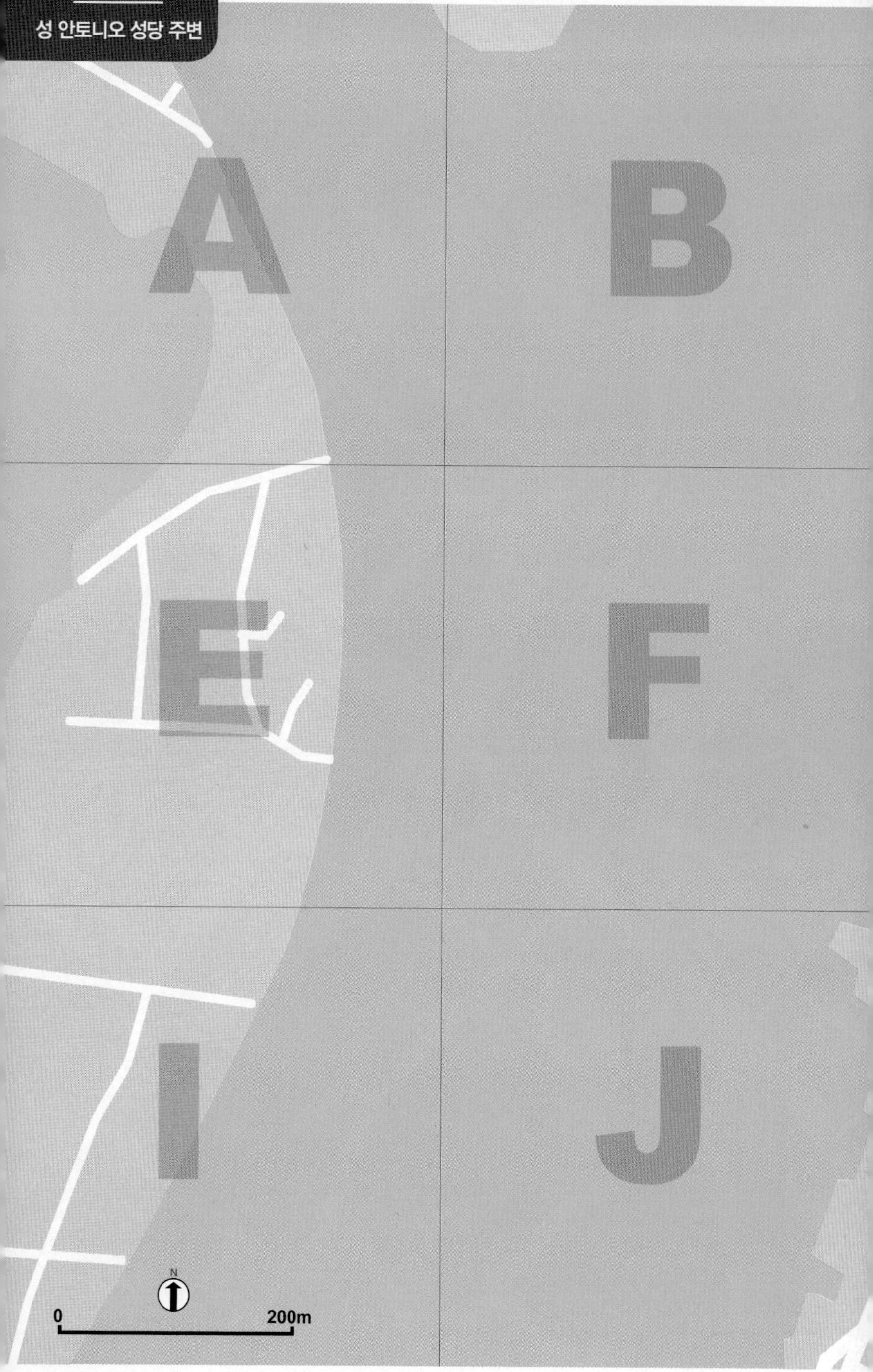

A B
E F
I J

N
0 200m

부두 34
Ponte No.34
그랜드 하버 호텔
(M129) 水上街市
MERCADO PATANE
파트니 도서관
沙梨頭圖書館
부두 29
Ponte No. 29
록케이쪽민
六記粥麵
골든 믹스 디저트
楊枝金撈甜品
合利貨倉碼頭
(M127) 海邊新街
R. DO GUIMARAES
(M124) 白鴿巢總站
JARDIM CAMÕES/ Terminal
김대건신부 동상
까몽이스 공원
白鴿巢公園 Jardim
까사 가든
東方基金會會址
개신교도 묘지
基督教墳場
성 안토니오 성당
聖安多尼堂
바치스터 브리숑
BAPTISTE BRICHON
키앙우 병원
Triangle
Coffee Roaster
세인트 폴 성당 유적지
大三巴牌坊
마카오 박물관
澳門博物館
몬테 요새
大炮台
이푸 호텔
怡富酒店
소피텔
마카오 엣 폰테 16
시월초오일가
十月初五日街
영케이차관
英記茶莊
영케이 두부면식
榮記荳腐麵食
오문
o-moon
따롱퐁차라우
大龍鳳茶樓
육포거리
北京同仁堂
성 도미니크 성당
玫瑰堂
펠리스다데 거리
福隆新街
세나두 광장
R. da Ribeira do Patane
R. de Joao de Araujo
R. da Palmeira
Tv. da Saudade
Tv. dos Calafates
R. da Ribeira do Patane
R. Norte
R. do Patane
Av. de Demetrio Cinatti
R. do Visc. Paco de Arcos
de Coelho do Amaral
R. da Entena
R. do Tarrafeiro
R. de Tomas Vieira
Rua de D. Belchior Carneiro
Tv. da Cordoaria
Tv. do Pagode
R. da Madeira
Av. de Almeida Ribeiro
C
D
G
H
K
L

베스트 웨스턴
A
B
부두 7a
Ponte No.7a
R. do Ba
부두 6
Pier 6
(M18
RUA S
E
F
Rua do Alm. Sérgio
로이로이
슈퍼마켓
(입구)
(M191)
LARGO
부두 5a
Ponte No.5a
R. da Praia do Manduco
만다린 하우스
鄭家大屋
릴라우 광장
亞婆井前地
(M174) 海事及水務局
D. DOS S. DE A MARITMOS E DE ÁGUA
(M203) 媽閣廟
TEMPLO Á MA
Calçada da Barra
무어리시 배럭
港務局大樓
시그넘
SIGNUM
아 로차
船屋葡國餐廳
I
J
펜아
主教
리베라
호텔
아마 사원
媽閣廟
해양박물관
海事博物館
알리 커리하우스
Ali Curry House
마카오 관세청

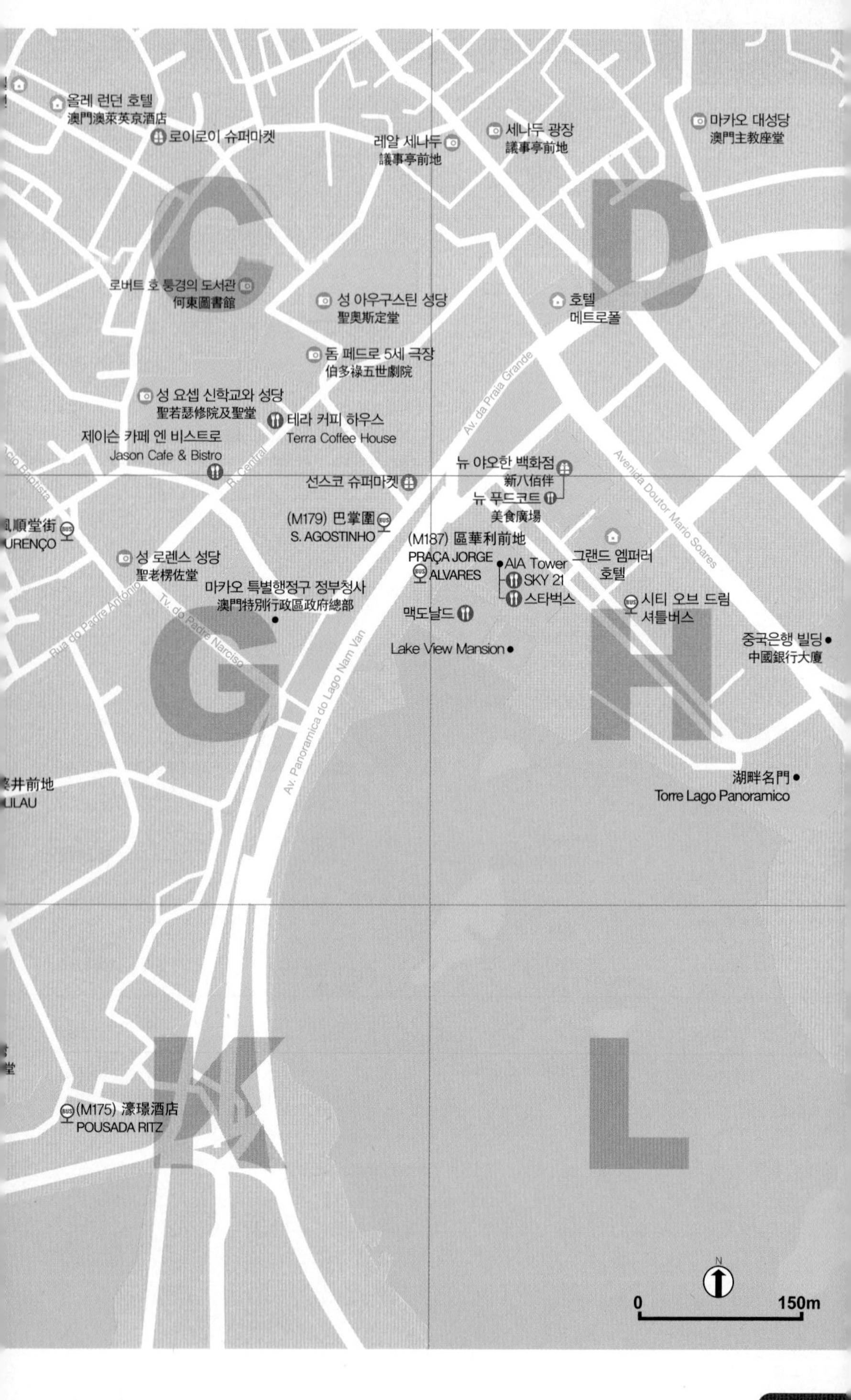

올레 런던 호텔
澳門澳萊英京酒店
로이로이 슈퍼마켓
레알 세나두
議事亭前地
세나두 광장
議事亭前地
마카오 대성당
澳門主教座堂
C
D
로버트 호 퉁경의 도서관
何東圖書館
성 아우구스틴 성당
聖奧斯定堂
호텔
메트로폴
돔 페드로 5세 극장
伯多祿五世劇院
Av. da Praia Grande
성 요셉 신학교와 성당
聖若瑟修院及聖堂
테라 커피 하우스
Terra Coffee House
제이슨 카페 엔 비스트로
Jason Cafe & Bistro
R. Central
뉴 야오한 백화점
新八佰伴
선스코 슈퍼마켓
뉴 푸드코트
美食廣場
Avenida Doutor Mario Soares
(M179) 巴掌圍
S. AGOSTINHO
(M187) 區華利前地
PRAÇA JORGE
ALVARES
AIA Tower
SKY 21
스타벅스
그랜드 엠퍼러
호텔
성 로렌스 성당
聖老楞佐堂
마카오 특별행정구 정부청사
澳門特別行政區政府總部
시티 오브 드림
셔틀버스
맥도날드
Lake View Mansion
중국은행 빌딩
中國銀行大廈
Rua do Padre António
Tv. do Padre Narciso
Av. Panoramica do Lago Nam Van
G
H
湖畔名門
Torre Lago Panoramico
LILAU
K
L
(M175) 濠璟酒店
POUSADA RITZ
N
0
150m

A
B
E
F
I
J
Av. do Conselheiro Ferreira de Almeida
(M77) 羅利老馬路
ADOLFO LOUREIRO
로우임옥 공원 盧廉若公園
(M76) 盧廉若公園
JARDIM LOU LIM IOC
쑨원 기념관 國父紀念館
R. do Alm. Costa Cabral
R. do Tap Siac
탑섹 미술관
塔石藝文館
트리 카페
樹咖啡
파크슨숍
성 미카엘 성당과 가톨릭 묘지
聖味基墳地•聖彌額爾小堂
마카오 중앙 도서관
탑섹 보건소
탑섹 광장
塔石廣場
마카오 문화원
세인트 폴 성당 방향
알베르게 1601
婆仔屋葡國餐廳 1601
Estr. do Cemiterio
에르아두오 마르케스 스트리트
馬忌士街
(M270) 塔石體育館
PAVILHÁO POLIDESPORTMO TAP SEAC
청소년 전람관
세븐일레븐
메르세아리아 포르투기사
MERCEARIA Portuguesa
수영장
성 라자루 성당길
瘋堂斜巷
성 라자루 성당
望德聖母堂
육군박물관
보롱 스트리트
和隆街
싱글 오리진
單品
타이풍통 아트 하우스
大瘋堂藝舍
Estr. do Repouso
탑섹 체육관
Av. do Conselheiro Ferreira de Almeida
Rua de Abreu Nunes
R. de Ferreira do Amaral
바스코 다가마 정원
기아 요새
東望洋炮台
Estr. da Vitoria
호텔 로열 마카오
皇都酒店
Lai Kei Sorvetes
시그넘
Calçada do Gaio
나이키
세븐일레븐
블룸 커피하우스 品咖啡
R. do Campo
포르투갈 총영사관
R. de Pedro Nolasco da Silva
세나두 광장 방향
Hospital Centre S. Januario

C
D
Av. de Horta e Costa
(M61) 二龍喉公園
JARDIM FLORA
송산 시립 공원
松山市政公園
G
H
Estr. de Cacilhas
마카오
페리터미널
Av. do Dr. Rodrigo Rodrigues
Estr. de Cacilhas
K
L
(M241) 旅遊活動中心
CENTRO ACTIVIDADES TURÍSTICAS
N
0
200m

A
B
E
F
I
J
(M137) 火船頭街 R. Das Lorchas
(M134) 新馬路/永亨
ALMEIDA RIBEIRO / WENG HANG
더 에잇 8 8餐廳
로부숑 어 돔 天巢法國餐廳
누들 엔 콩지 日夜粥麵莊
그랜드 리스보아 新葡京酒店
(M179) 巴掌圍
S. AGOSTINHO
(M187) 區華利前地
PRAÇA JORGE ALVARES
IFT 카페 旅遊學院咖啡廊
시티 오브 드림즈(COD)
셔틀버스
아님 아르떼 남완
南彎雅文湖畔
(M172) 亞馬喇前地
PRAÇA FERREIRA AMARAL
(M174) 海事及水務局
D. DOS S. DE A. MARÍTIMOS E DE ÁGUA
(M203) 媽閣廟 TEMPLO Á MA
Av. da República
남완 호수
南灣湖
마카오 입법회
시 법원
Av. Dr Stanley Ho
Av. Dr. Sun Yat-Sen
사이완 호수
西灣湖
Av. da República
(M177) 澳門旅遊塔
TORRE DE MACAU
(M182) 旅遊塔/行車隧道
TORRE/TUNEL ROOVIARIOS
마카오 타워 澳門旅遊塔
마카오 크리에이션즈 Macau Creations
Av. Panorâmica do Lago Sai Van
사이방 대교
西灣大橋

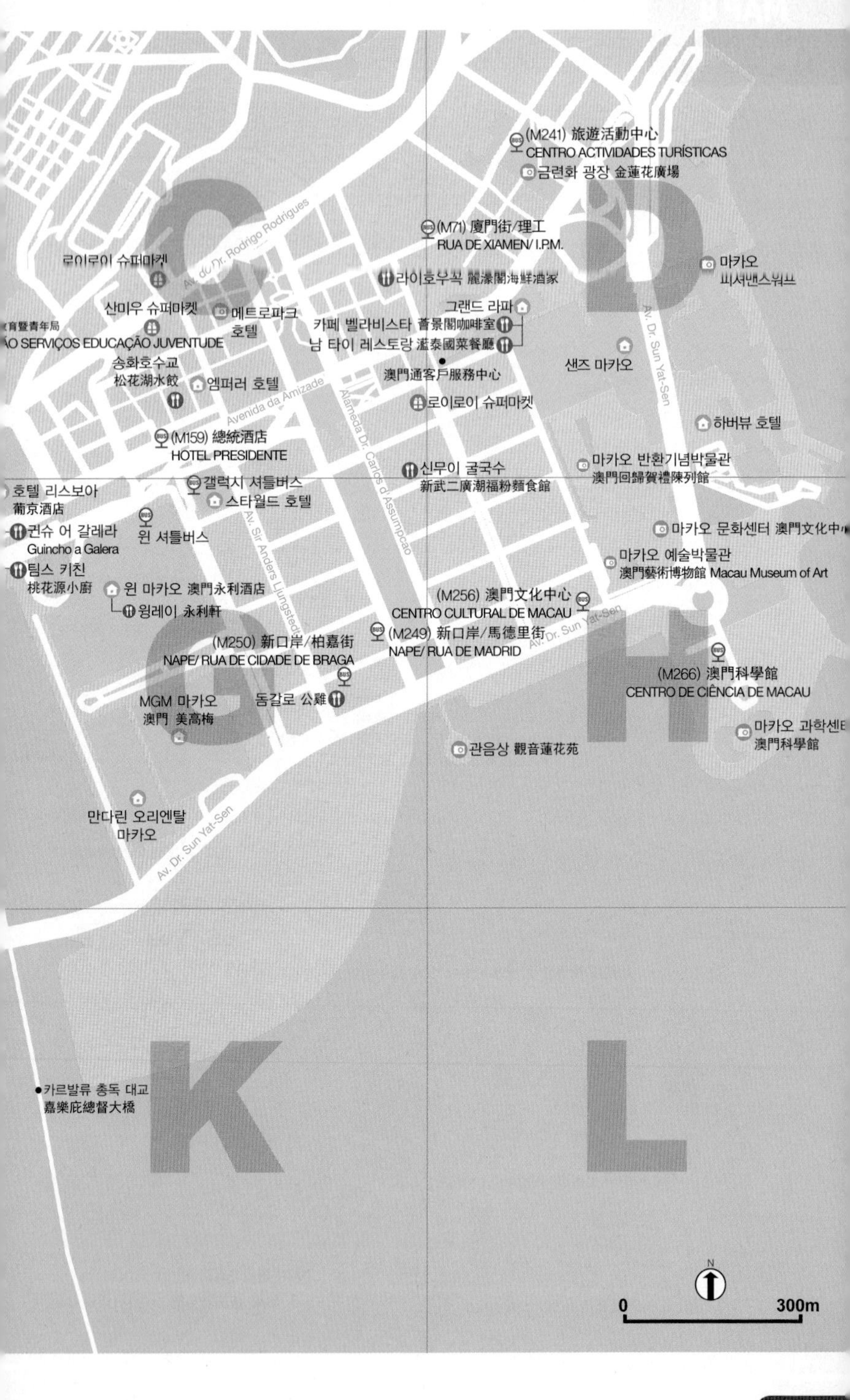
(M241) 旅遊活動中心
CENTRO ACTIVIDADES TURÍSTICAS
금련화 광장 金蓮花廣場
(M71) 廈門街/理工
RUA DE XIAMEN/ I.P.M.
로이로이 슈퍼마켓
Av. do Dr. Rodrigo Rodrigues
라이호우꼭 麗濠閣海鮮酒家
마카오
피셔맨스워프
그랜드 라파
산미우 슈퍼마켓
메트로파크
호텔
카페 벨라비스타 薈景閣咖啡室
남 타이 레스토랑 滋泰國菜餐廳
AO SERVIÇOS EDUCAÇÃO JUVENTUDE
샌즈 마카오
Av. Dr. Sun Yat-Sen
송화호수교
松花湖水餃
엠퍼러 호텔
澳門通客戶服務中心
Avenida da Amizade
Alameda Dr. Carlos d'Assumpcao
로이로이 슈퍼마켓
하버뷰 호텔
(M159) 總統酒店
HOTEL PRESIDENTE
신무이 굴국수
新武二廣潮福粉麵食館
마카오 반환기념박물관
澳門回歸賀禮陳列館
호텔 리스보아
葡京酒店
갤럭시 셔틀버스
스타월드 호텔
권슈 어 갈레라
Guincho a Galera
윈 셔틀버스
마카오 문화센터 澳門文化中心
Av. Sir Anders Ljungstedt
마카오 예술박물관
澳門藝術博物館 Macau Museum of Art
팀스 키친
桃花源小廚
윈 마카오 澳門永利酒店
윙레이 永利軒
(M256) 澳門文化中心
CENTRO CULTURAL DE MACAU
(M249) 新口岸/馬德里街
NAPE/ RUA DE MADRID
Av. Dr. Sun Yat-Sen
(M250) 新口岸/柏嘉街
NAPE/ RUA DE CIDADE DE BRAGA
(M266) 澳門科學館
CENTRO DE CIÊNCIA DE MACAU
MGM 마카오
澳門 美高梅
동갈로 公雞
마카오 과학센터
澳門科學館
관음상 觀音蓮花苑
만다린 오리엔탈
마카오
Av. Dr. Sun Yat-Sen
C
D
G
H
K
L
카르발류 총독 대교
嘉樂庇總督大橋
N
0
300m

A
B
손중산 기념공원
Av. do Comendador Ho Yin
Av. de Artur Tamagnini Barbosa
파티마 성모 성당
세인트 조셉 대학교
Av. do Conselheiro Borja
(M11) 拱形馬路/蓮峰廟
EST.ARCO/ TEMPLO LIN FUNG
연봉묘 蓮峯廟
E
F
Av. do Gen. Castelo Branco
Av. do Alm. Lacerda
(M26) 筷子基總站
FAI CHI KEI/TERMINAL
(M127) 海邊新街
R. DO GUIMARAES
로우케이 老記粥麵
몽하 요새 望廈砲
마카오 여행학교 레스토랑
旅遊學院教學餐廳 IFT
(M105) 望廈炮台 FORTE MONG-HÁ
레드 마켓(홍까이시) 紅街市
(M99) 高士德/紅街市 HORTA COSTA/ MERCADO VERMELHO
Av. do Ouvidor Arriaga
Av. de Horta e Costa
R. de Francisco Xavier Perei
I
J
부두 34
Ponte No.34
(M129) 水上街市 MERCADO PATANE
(M77) 羅利老馬路 ADOLFO LOUREIRO
(M76) 盧廉若公園 JARDIM LOU LIM IOC
(M127) 海邊新街 R. DO GUIMARÃES

C
D
G
H
K
L
중국 접경 關閘
(M1) 關閘總站 PORTAS DO CERCO/ TERMINAL
Av. da Ponte da Amizade
Av. Leste do Hipodromo
로이로이 슈퍼마켓
Av. de Venceslau de Morais
(M38) 望賢樓
EDF. MONG IN
싼익미식 新益美食
(M104) 觀音堂 TEMPLO KUN IAM
관음당 觀音堂
Av. do Cel. Mesquita
우의대교
友誼大橋
(M61) 二龍喉公園 JARDIM FLORA
N
0
300m

알티라 마카오
알티라 마카오 셔틀버스
Av. Dr. Sun Yat Sen
Av. de Kwong Tung
Avenida de Guimaraes
신무이 新武二廣潮福粉麵食館
산미우
슈퍼마켓
파크슨숍
Av. Olimpica
마카오 경기장
奧林匹克體育中心
타이파 빌리지 세부도
Av. do Estadio
Estr. Gov. Nobre de Carvalho
타이파 주택박물관
龍環葡韻住宅式博物館
마카오 올림픽 수영장
奧林匹克體育中心-游泳館
B. da Baia de Nossa Sra. de Esperança
(T364) 望德聖母灣馬路/銀河
EST. BAIA N. S. ESPERANÇA/QUARTEL
(T365) 望德聖母灣馬路/銀河
Pai Kok/ GALAXY
(T367) 望德聖母灣馬路/連貫公路
EST. BAIA N. S. ESPERANÇA/ ISTMO
(T375) 連貫公路/ 新濠天地
EST. DO ISTMO/ C.O.D.
N
0
500m

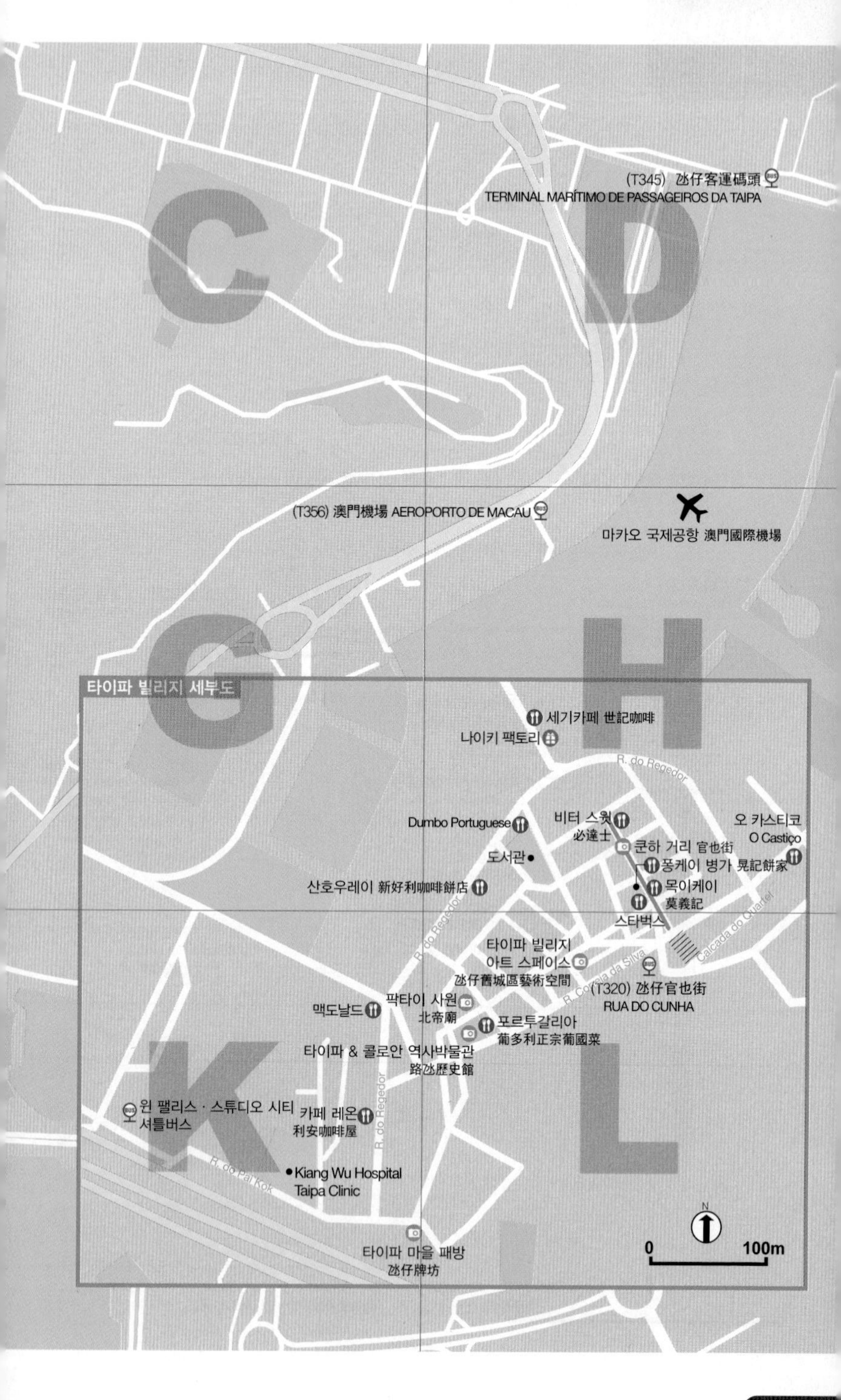

(T345) 氹仔客運碼頭
TERMINAL MARÍTIMO DE PASSAGEIROS DA TAIPA
C
D
(T356) 澳門機場 AEROPORTO DE MACAU
마카오 국제공항 澳門國際機場
G
H
타이파 빌리지 세부도
세기카페 世記咖啡
나이키 팩토리
R. do Regedor
Dumbo Portuguese
비터 스윗
必達士
오 카스티코
O Castiço
쿤하 거리 官也街
도서관
퐁케이 병가 晃記餅家
산호우레이 新好利咖啡餅店
목이케이
莫義記
스타벅스
Calcada do Quartel
R. do Regedor
타이파 빌리지
아트 스페이스
氹仔舊城區藝術空間
R. Correia da Silva
(T320) 氹仔官也街
RUA DO CUNHA
팍타이 사원
北帝廟
맥도날드
포르투갈리아
葡多利正宗葡國菜
타이파 & 콜로안 역사박물관
路氹歷史館
K
L
원 팰리스 · 스튜디오 시티
셔틀버스
카페 레온
利安咖啡屋
R. do Regedor
R. do Pai Kok
Kiang Wu Hospital
Taipa Clinic
N
0
100m
타이파 마을 패방
氹仔牌坊

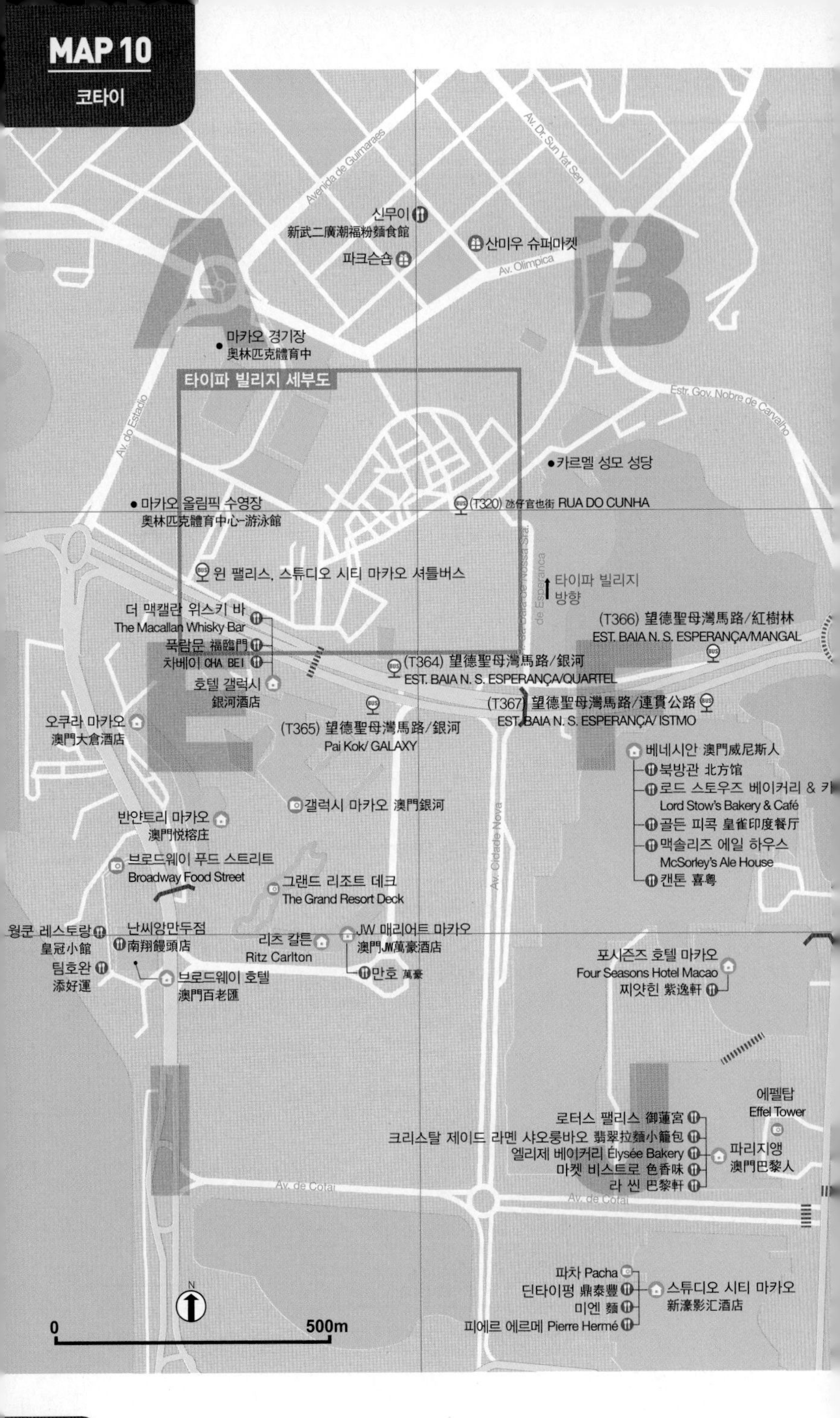
Avenida de Guimaraes
Av. Dr. Sun Yat Sen
신무이
新武二廣潮福粉麵食館
산미우 슈퍼마켓
파크슨숍
Av. Olimpica
A
B
마카오 경기장
奧林匹克體育中
타이파 빌리지 세부도
Estr. Gov. Nobre de Carvalho
Av. do Estadio
카르멜 성모 성당
마카오 올림픽 수영장
奧林匹克體育中心-游泳館
(T320) 氹仔官也街 RUA DO CUNHA
윈 팰리스, 스튜디오 시티 마카오 셔틀버스
타이파 빌리지 방향
더 맥캘란 위스키 바
The Macallan Whisky Bar
푹람문 福臨門
차베이 CHA BEI
(T366) 望德聖母灣馬路/紅樹林
EST. BAIA N. S. ESPERANÇA/MANGAL
(T364) 望德聖母灣馬路/銀河
EST. BAIA N. S. ESPERANÇA/QUARTEL
호텔 갤럭시
銀河酒店
(T367) 望德聖母灣馬路/連貫公路
EST. BAIA N. S. ESPERANÇA/ ISTMO
오쿠라 마카오
澳門大倉酒店
(T365) 望德聖母灣馬路/銀河
Pai Kok/ GALAXY
베네시안 澳門威尼斯人
북방관 北方馆
로드 스토우즈 베이커리 & 카
Lord Stow's Bakery & Café
골든 피콕 皇雀印度餐厅
맥솔리즈 에일 하우스
McSorley's Ale House
캔톤 喜粵
갤럭시 마카오 澳門銀河
반얀트리 마카오
澳門悅榕庄
브로드웨이 푸드 스트리트
Broadway Food Street
Av. Cidade Nova
그랜드 리조트 데크
The Grand Resort Deck
웡쿤 레스토랑
皇冠小館
난씨암만두점
南翔饅頭店
리츠 칼튼
Ritz Carlton
JW 매리어트 마카오
澳門JW萬豪酒店
만호 萬豪
포시즌즈 호텔 마카오
Four Seasons Hotel Macao
찌얏힌 紫逸軒
팀호완
添好運
브로드웨이 호텔
澳門百老匯
에펠탑
Effel Tower
로터스 팰리스 御蓮宮
크리스탈 제이드 라멘 샤오룽바오 翡翠拉麵小籠包
엘리제 베이커리 Élysée Bakery
마켓 비스트로 色香味
라 씬 巴黎軒
파리지앵
澳門巴黎人
Av. de Cotai
파차 Pacha
딘타이펑 鼎泰豐
미엔 麵
피에르 에르메 Pierre Hermé
스튜디오 시티 마카오
新濠影汇酒店
N
0
500m

(T356) 澳門機場
AEROPORTO DE MACAU
마카오 국제공항
澳門國際機場
University Hospital
Av. do Aeroporto
마카오 과학 기술 대학교
(T375) 連貫公路/ 新濠天地
EST. DO ISTMO/ C.O.D.
피에르 에르메 라운지 艾爾曼尚廊
보야즈 바이 알랭 뒤카스 風雅廚
모피어스 호텔
摩珀斯
더 하우스 오브 댄싱워터
The House of Dancingwater
누와 호텔
제이드 드래곤
譽瓏軒
시티 오브 드림즈(COD)
新濠天地
더 카운트 다운 호텔
迎尚酒店
클럽 큐빅
Club Cubic
그랜드 하얏트 마카오
澳門君悅酒店
베이징 키친 滿堂彩
윈 팰리스 永利皇宮
하나미 라멘 花悅
세인트 라지스
瑞吉金沙城中心酒店
홀리데이 인 마카오
澳門金沙城中心假日酒店
콘래드 호텔
門金沙城中心
康萊德酒店
MGM 코타이 美獅美高梅
촉도 蜀道
샌즈 코타이 센트럴
金沙城中心
암차 桃園
베네 Bene
쉐라톤 그랜드
澳門喜來登金沙城中心大酒店
(T379) 連貫公路/金沙城中心
EST. DO ISTMO/SANDS COTAI CENTRAL
R. do Tiro
마카오 동아시아 게임 돔
澳門東亞運動會體育館

A
B
E
F
I
J
Av. Marginal Flor de Lotus
Louis XIII
(C652) 安順大廈
EDIFÍCIO ON SON
Estr. de Seac Pai Van
마카오 자이언트 판다 파빌리온
熊貓館
아마 문화촌 셔틀버스 탑승장
R. de Entre-Campos
(C655) 石排灣郊野公園
PARQUE DE SEAC PAI VAN
●아마 여신상 媽祖塑像
아마 문화촌 媽祖文化村
한케이 카페 漢記咖啡
(C657) 路環警察訓練營-1
EST. DO CAMPO/ PSP-1
(C669) 黑沙海灘
PRAIA DE HAC SÁ
에스파코 리스보아
里斯本地帶餐廳
로드 스토우즈 베이커리
安德魯餅店
성 프란시스코 사비에르 성당 路環聖芳濟各聖堂
콜로안 도서관 路環圖書館
콜로안 빌리지 세부도
Estr. de Choc Van
Estrada de Hac Sa
(C664) 竹灣泳池-2
PISCINA CHEOC VAN - 1
라 곤돌라 陸舟餐廳
체옥반 수영장
체옥반 비치 竹湾海灘
Estr. de Choc Van

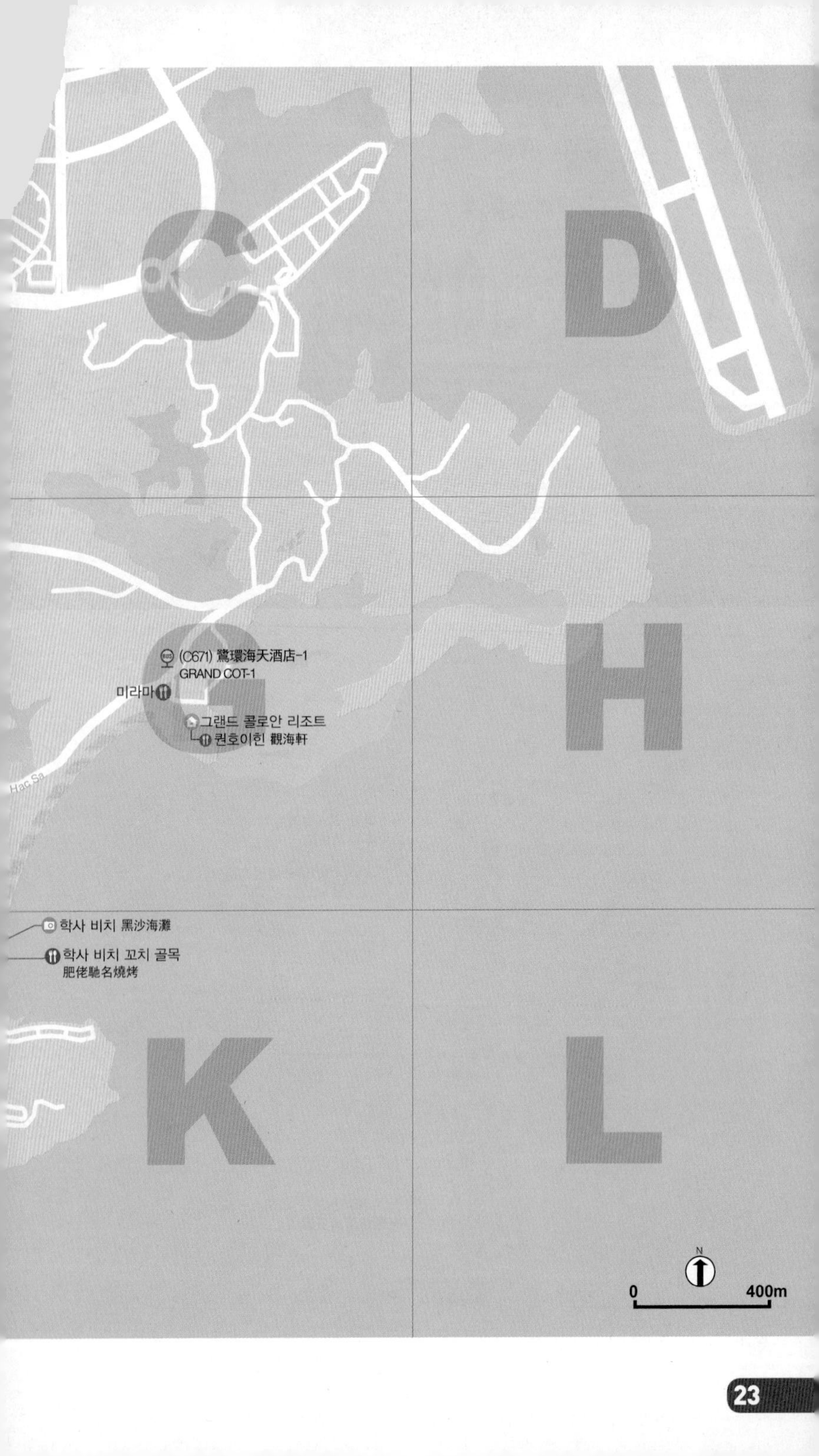

C
D
(C671) 鷺環海天酒店-1
GRAND COT-1
미라마
G
H
그랜드 콜로안 리조트
퀀호이힌 觀海軒
Hac Sa
학사 비치 黑沙海灘
학사 비치 꼬치 골목
肥佬馳名燒烤
K
L
N
0
400m

MAP 12

콜로안 빌리지 세부도

마카오 맵
MACAU MAP

마카오 반도의 핵심 **세계문화유산지구**

이색적인 문화예술의 거리 **라자루**

문화 축제의 본고장 **마카오 타워**

마카오 일상 산책 **몽하 요새**

레트로 감성 가득한 맛집 거리 **타이파**

도시 전체가 엔터테인먼트 공간 **코타이**

한적한 유럽 마을 여행 **콜로안**

MAP

MACAU

마카오 맵

마카오

MACAO

마카오 반도

타이파

코타이

콜로안

전명윤 · 김영남 지음

저자 소개

환타 전명윤

1996년 인도 여행을 시작으로 인도와 여행의 세계에 푹 빠지게 되었다. 수많은 나라를 여행하며 특유의 입담과 삐딱한 시선으로 딴지일보 인도 특파원, 시사저널, 세계일보 등에 때에 따라 여행, 문화, 국제분쟁을 넘나드는 다양한 주제의 글을 쓰고 있다. 현재는 정통 시사주간지 시사인에 간택돼 '소소한 아시아'라는 코너를 연재 중이다. EBS 〈세계테마기행〉 스리랑카 편에 출연했으며 각종 방송, 팟캐스트에서도 맹활약 중.
저서로는 『프렌즈 홍콩 · 마카오』, 『프렌즈 베이징』, 『프렌즈 인도 · 네팔』, 『프렌즈 오키나와』, 『상하이 100배 즐기기』등의 여행서와 에세이 『생각으로 인도하는 질문여행』 『환타지 없는 여행』등을 냈고 『모든 재난으로부터 살아남는 방법』이라는 재난 예방책을 쓰기도 했다. 한마디로 정체불명.

개인적인 소회를 말하자면, 오랜 식민지에서 독립하는 기분이다.
마카오는 오랜 기간 독립된 하나의 지역으로 다루어지지 못했다.

'마카오는 홍콩에 머물며 하루 정도 짬을 내 다녀오면 돼'라는 이야기를 수도 없이 들었다.
마카오만의 매력을 깊게 다뤄보고 싶었지만 기회가 없었다.

사실 이 책을 쓸 수 있었던 가장 큰 토대 중 하나는 마카오 관광청에서 무료로 배부하는 '마카오 미식여행'과 '마카오 도보여행'을 썼던 경험을 빼놓을 수 없다.

포르투갈을 떠난 배가 모잠비크와 인도령 고아를 들려 마카오에서 본격적인 매캐니즈 요리를 탄생시켰다는 설화는 내가 만든 서사다. 지금은 모두가 마카오를 이야기할 때 그 서사를 인용한다.
이쯤 되면 마카오 책을 쓸 자격은 충분하다고 생각한다.

마녀 김영남

1995년 유럽으로 시작된 해외여행. 전공과는 상관없는 영화판에서 『미술관 옆 동물원』, 『생과부 위자료 청구소송』, 『까』, 『북경반점』, 총 4편의 영화 조명작업을 했다. 마지막 작업했던 『북경반점』 촬영 때 한계를 느끼고, 선배의 여행길에 동행하게 된다. 그곳이 바로 인도. 인생의 방향은 또 다른 방향으로 바뀐다. 반려자 환타를 만나게 된 것. 계획 잡고 정리하는데 타고난 재능이 있는 그녀는 환타에게 채찍질하는 역할을 맞고 있어 마녀로 불린다. 저서로는 『프렌즈 홍콩 · 마카오』, 『프렌즈 베이징』, 『프렌즈 인도 · 네팔』, 『프렌즈 오키나와』, 『상하이 100배 즐기기』 등이 있다.

우리가 작업한 책 중에선 얇은 책에 속하지만 품은 1000페이지를 훌떡 뛰어넘는
인도 책 못지않은 나름의 역작이 나오게 돼서 기쁘다.
책의 기획은 무려 10년 전으로 거슬러 올라간다.
10년 전만 해도 마카오만으로 책을 구성한다는 건 어리석은 일이었다.
거길 누가 가냐는 말을 수십 번 들었다. 꽤 안타까웠다.

규모로 경쟁하는 이 시대에 마카오의 미덕은 압축인 것 같다.
고작 서울의 지역구 하나 정도의 크기지만, 3개로 나뉜 지역은 각자의 개성을 뽐낸다.
어디는 유럽 같고, 어디는 미래도시 같다.
좁지만 강을 끼고 남북으로 펼쳐진 탓에 풍경이 겹친다는 느낌도 없다.

이 책을 통해 조금은 다른 마카오의 모습을 만났으면 하는 바람이다.

7번째 가이드북지만,
이 일은 아무리 해도 익숙해지지 않는다.

일러두기

이 책은 지은이가 2019년 7월까지 마카오 현지 취재를 거쳐 검증한 정보를 바탕으로 쓴 것입니다. 마카오의 대중교통 정보와 주요 명소 · 음식점 · 호텔 등의 최신 정보를 싣고자 노력했지만, 현지 상황과 여행 시점에 따라 변동 사항이 있을 수 있습니다. 업데이트된 정보가 있다면 아래 메일로 제보 부탁드립니다. 많은 여행자가 좀 더 정확한 정보로 여행할 수 있도록 빠른 시간 내에 수정하겠습니다.

알에이치코리아 여행출판팀 hjko@rhk.co.kr
전명윤 Trimutri100@mac.com
김영남 trimutri1@gmail.com

마카오 여행 키워드

PART 01 인사이드 마카오
사진으로 읽는 마카오 핵심 정보

마카오 기본 정보를 시작으로 마카오 명소, 음식, 쇼핑 최신 정보를 사진과 일러스트로 보기 쉽게 정리했습니다. 꼭 봐야 할 하이라이트 명소, 꼭 맛봐야 할 대표 메뉴와 추천 맛집, 꼭 사야 할 필수 쇼핑 리스트 등 마카오 출발 전 비행기 안에서 바로 읽고 이해할 수 있는 핵심 여행 정보가 가득합니다.

PART 02 호텔
마카오 호캉스 완전 정복

마카오 여행에서 가장 중요한 2개의 키워드, 마카오 호텔과 최신 교통 정보를 각각 하나의 챕터로 구성했습니다. 호텔 챕터에서는 수많은 '호캉스 마니아'를 탄생시킨 마카오의 카지노 리조트 정보도 중저가, 접근성, 부대시설, 규모 4가지 테마로 소개합니다. 호텔의 현지 발음을 한글로 덧붙여 택시 탑승 시 더욱 유용합니다.

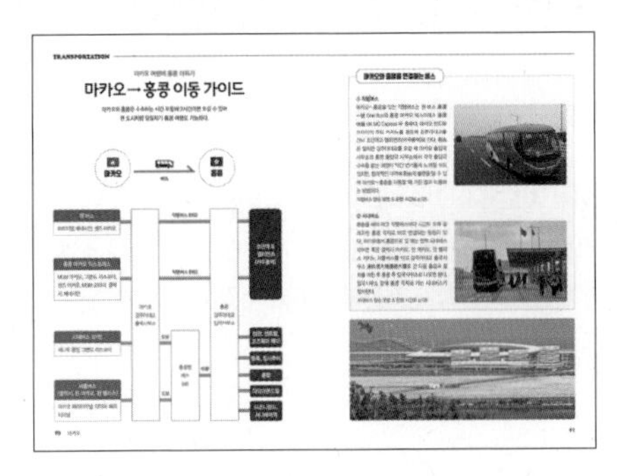

PART 03 교통

국내 최초 강주아대교 교통편 소개

교통 챕터에서는 국내 가이드북 최초로 강주아대교를 통한 마카오~홍콩 육로 교통편을 소개합니다. 직행버스와 시내버스 이용방법은 물론, 장단점까지 핵심 내용을 정리했습니다. 또 다양한 테마의 마카오 추천 여행 코스를 소개해 가족, 친구, 연인과 함께 마카오를 즐길 수 있는 방법을 세세하게 담았습니다.

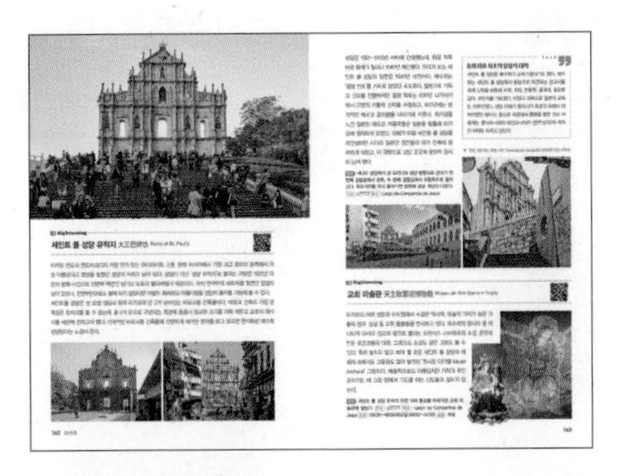

PART 04 지역 가이드

최적의 여행 동선 & 방법을 한눈에

서울의 지역구 하나 정도의 크기에 수많은 볼거리가 압축된 마카오를 7개의 소지역으로 구분하고 하이라이트 명소, 맛집, 쇼핑 스폿을 총정리합니다. 특히 여행자가 집중적으로 돌아보는 세계문화유산지구를 최적의 동선으로 돌아볼 수 있도록 랜드 마크 중심으로 소개해 최적의 동선을 확인할 수 있습니다.

현지 맛집 & 카페 한글 메뉴판 수록

마카오 여행 시 많은 의사소통에 어려움을 겪는 현지 음식점과 카페를 보다 쉽게 여행할 수 있도록 각 음식점과 카페마다 한글 메뉴판을 수록했습니다. 한글과 광둥어가 병기돼 있어 번역 앱을 켜거나 책자를 뒤적일 필요 없이 손가락으로 원하는 메뉴를 짚어 주문할 수 있습니다.

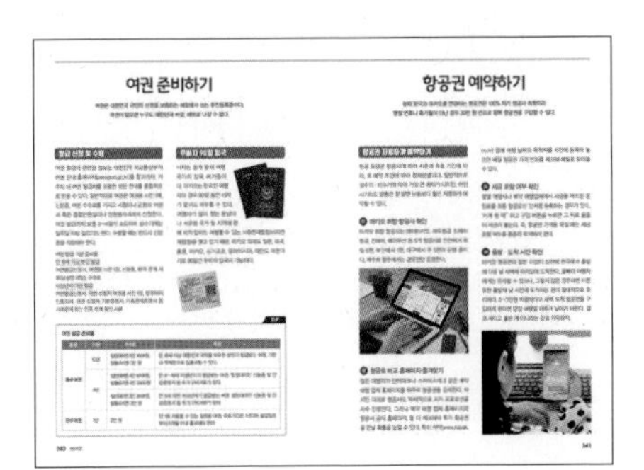

PART 05 여행 준비

한눈에 보는 마카오 여행 준비

여행 준비 단계에서 확인해야 할 꼭 필요한 정보만 담았습니다. 여권 준비하기, 항공권 예약하기, 여행 경비 계산하기, 사건 · 사고 대처요령 등 여행 준비에 보탬이 될 정보의 요점만 쏙쏙 뽑아 정리합니다.

맵북 활용하기

휴대하기 좋은 맵북에 마카오 7개 핵심 지역의 실측 지도와 세부 지도를 실었습니다. 특히 주요 볼거리가 집중된 세나두 광장 주변과 여행자가 거의 없는 콜로안 주변은 세부 지도를 따로 담아 실용적입니다. 지도에는 본문에서 소개한 모든 명소, 맛집, 쇼핑 스폿을 비롯해 주요 시내버스 정류장과 셔틀버스 승하차 지점이 표기되어 있습니다.

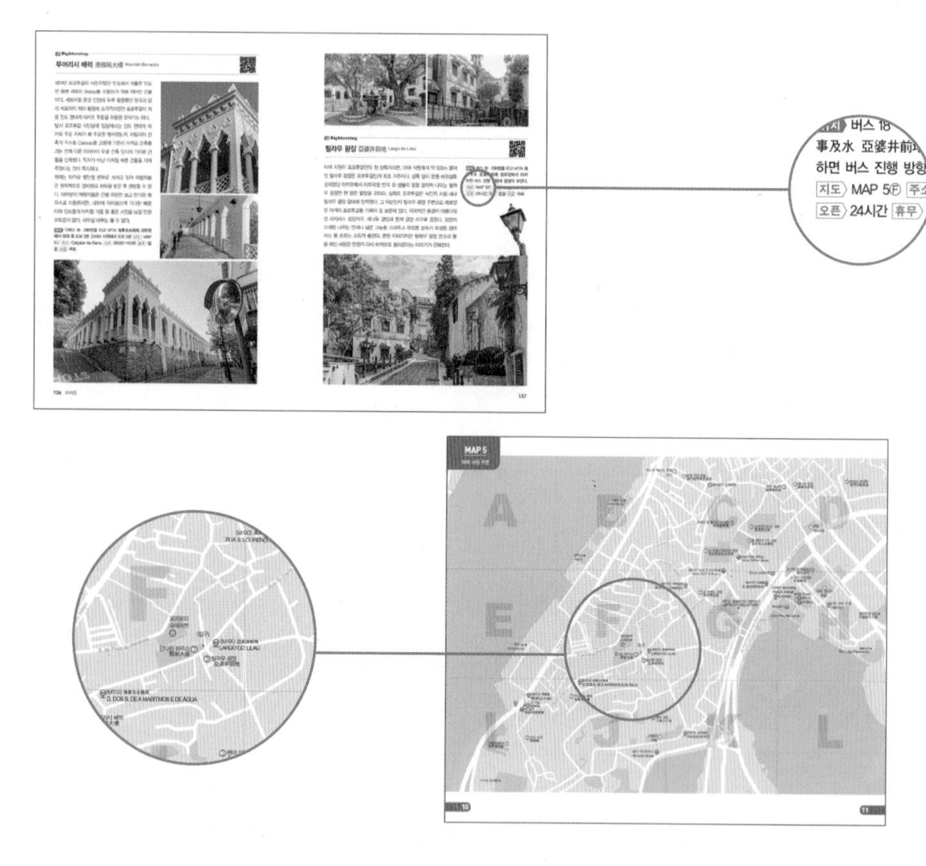

본문에 소개한 명소의 위치를 맵북에서 찾을 수 있습니다. 본문 정보에 지도 MAP 5Ⓕ라고 적혀 있다면 맵북 'MAP 5' F구역에 해당 명소가 위치한다는 의미입니다.

명소	식당	숙소
쇼핑	카페	버스정류장

QR 코드 활용하기

본문의 모든 명소, 맛집, 쇼핑 스폿에는 작가가 직접 제작한 QR 코드가 있습니다. 이 QR 코드를 스캔한 후 기본 화면에서 '지도 보기'를 누르면 가는 방법을 손쉽게 찾을 수 있습니다. 또한, 택시를 이용할 때 기본 화면에서 '택시기사에게 보여주기'를 누르면 중국어 설명이 나와 원하는 곳까지 편하게 갈 수 있습니다.

❶ 앱스토어나 안드로이드 마켓에서 '네이버 앱'이나 QR 코드를 스캔할 수 있는 앱을 다운받습니다. 아이폰은 카메라 앱으로도 스캔이 가능합니다.

❷ QR 코드 인식 아이콘을 눌러 촬영 모드로 바꾸고 본문 스폿의 QR 코드를 스캔합니다.

❸ 기본 화면에서 '지도 보기' 메뉴를 클릭하면 구글맵으로 이동하면서 검색한 위치가 화면에 표시됩니다.

❹ 구글맵에서 경로를 클릭하면 원하는 위치까지 갈 수 있는 이동 방법이 나옵니다.

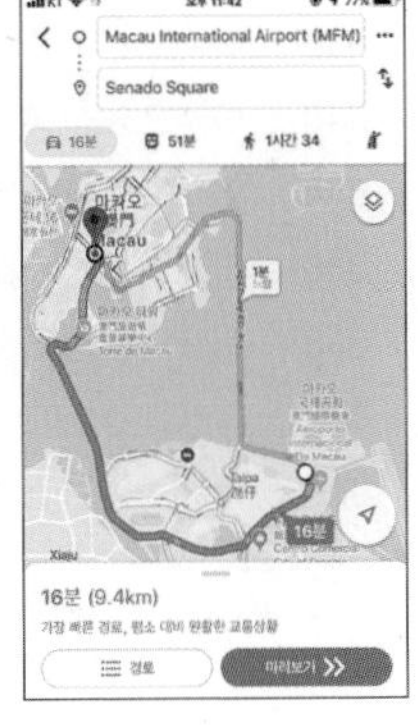

CONTENTS

PART 01

인사이드 마카오

PART 02

호텔

PART 03

교통

PART 04

마카오

PART 05

여행준비

마카오 기본 정보

여행 전 방문하는 나라 혹은 도시에 대한 기본 정보를 습득하는 일은 기본 중 기본이다.
'알면 더 잘 보인다'라는 말이 있듯.

도시명

중화인민공화국 마카오 특별 행정구
1999년 중국에 귀속된 이후 2049년까지 고도의 자치를 누리는 특별 행정구역이다. 우리는 일반적으로 마카오라고 부르지만 중국 사람들은 아오먼 澳門이라고 발음한다.

면적

28.2㎢로 대한민국 서울의 은평구만하다. 농경지가 0%라는 점도 특이하다.

언어

공식 언어는 광둥어와 포르투갈어다. 인구 중 광둥어 사용자가 80.1%로 막상 포르투갈어 사용자는 0.6%에 그치며 따갈로그어가 3%, 영어는 2.8%에도 못 미친다. 마카오의 모든 표기는 중국어 번체자와 포르투갈어 병기로 영어 안내가 적어 여행자 입장에서는 불편할 때가 많다.

인구

2017년 9월 기준 64만 8000명이다. 땅은 좁은데 인구밀도가 ㎢당 2만 명으로 세계에서 가장 높다. 인구밀도가 1만 6000명이니 서울보다 더 복작댄다고 보면 된다. 여기에 기본 인구수를 우습게 뛰어넘는 관광객의 숫자까지 더하면 관광지는 주말과 평일을 가리지 않고 인산인해를 이룬다.

마카오의 깃발

2049년까지 별도의 특별행정구 깃발을 사용한다. '마카오 차이나'라는 이름으로 올림픽 등 국제대회에도 출전하고 있다. 마카오기의 바탕색은 포르투갈 국기의 녹색으로 연꽃은 마카오를 상징하며 5개의 별은 중국의 오성홍기에서 따온 것이다.

인종

중국인이 88.7%로 마카오에 정착한 포르투갈인은 1.1%에 불과하다. 나머지 10%가 기타 인종인데, 필리핀, 말레이시아계 가사 노동자가 가장 많은 숫자를 차지한다.

시차

한국보다 1시간 느리다.

1인당 국민소득

구매력 기준 1인당 GDP가 11만 1,000 US$로 세계 4위, 아시아 1위에 빛난다. 2020년에는 세계 1위로 도약할거라는 전망도 나오고 있다. 실업률도 2%로 아주 좋은 수준이다.

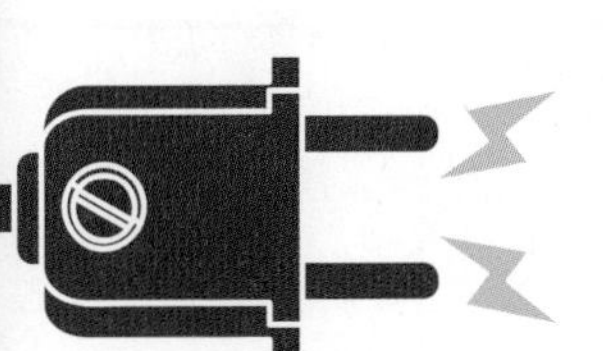

전기

200V, 50hz로 한국에서 쓰던 전자제품을 변압기 없이 이용할 수 있다. 다만 콘센트의 모양이 다르기 때문에 어댑터가 필요하다.

공휴일

이름	날짜
신정	1/1
설날 연휴	음력 12/31~1/3
부활절 연휴	춘분 후 첫 만월에 오는 금~일요일
청명절	4/5
석가탄신일	음력 4/8
국제 노동절	5/1
단오절(용선축제)	음력 5/5
추석	음력 8/15
중양절	음력 9/9
중국 국가 창건일	10/1~2
마카오 행정구 창건일	12/20
동지	12/22
크리스마스	12/25

통화

마카오 MOP라는 자체 화폐를 사용하며 대서양은행과 중국은행에서 각각 화폐를 발행한다. 즉 같은 MOP100 지폐라도 대서양은행 BANCO NACIONAL ULTRAMARINO 발행본과 중국은행 中國銀行 발행본 도안이 다르다. 홍콩 달러 HK$도 광범위하게 이용되고 있는데, 거의 모든 곳에서 MOP와 1:1 가치로 통용된다. 이 책에서는 편의상 MOP100을 $100으로 표기한다.

동전 : MOP 1, 5, 10, Avos 5, 10, 50(Avos 100=MOP1)

지폐 : MOP10, 20, 50, 100, 500, 1000

비자

한국 여권소지자는 90일 무비자로 마카오에 체류 할 수 있다.

마카오 사계절 날씨

마카오가 가장 더운 6~9월은 한국의 한여름보다 덥고 비도 많이 내린다.
가장 추운 12~1월은 한국의 3월 혹은 10월과 비슷한 날씨로 여행하기 딱 좋은 온도.

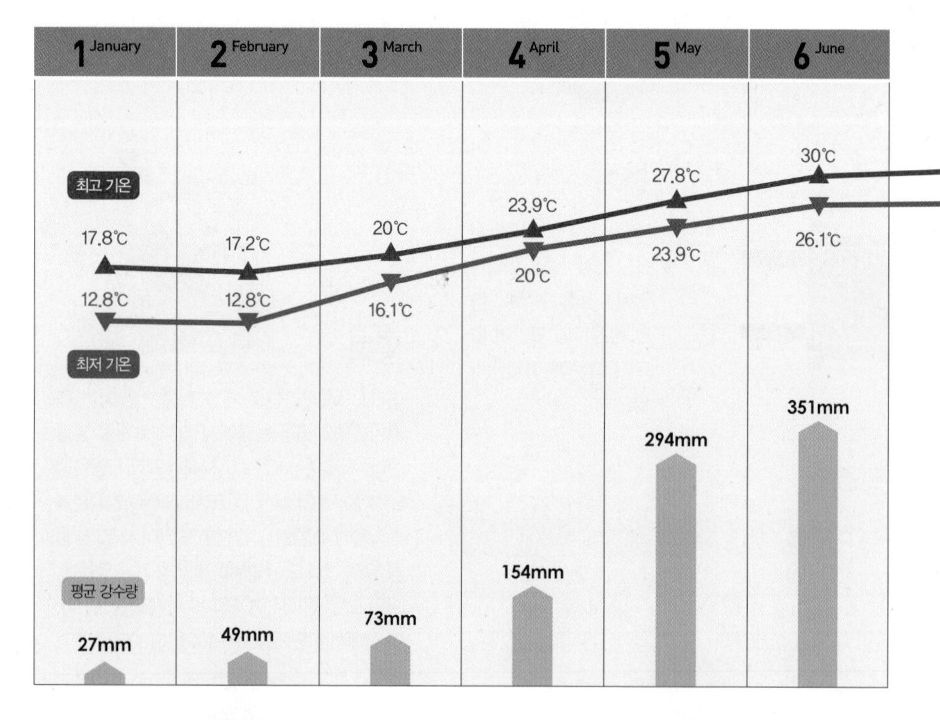

3~5월까지로 한국의 5~7월과 거의 같다. 즉 마카오의 5월은 한국인 기준으로 여름이다. 자외선 노출을 피하기 위해서라면 모를까 일반적으로 새벽에도 긴팔 옷은 필요하지 않다. 여름 스포츠를 즐기기 좋은 계절로 멋진 수영장이 딸린 호텔에 머무를 계획이라면 이 시기를 가장 추천한다.

6~8월까지로 어마어마한 습도와 수시로 내리는 비를 동반한다. 7월부터는 태풍의 방문도 잦은 편이다. 일교차랄 것도 거의 없을 정도로 늘 덥다. 사실 이 계절의 마카오 여행은 피치 못할 사정이 아니라면 피하는 것이 좋다. 단, 쾌적한 실내 여행을 즐기는 호캉스 애호가라면 이야기가 달라질 수도 있다.

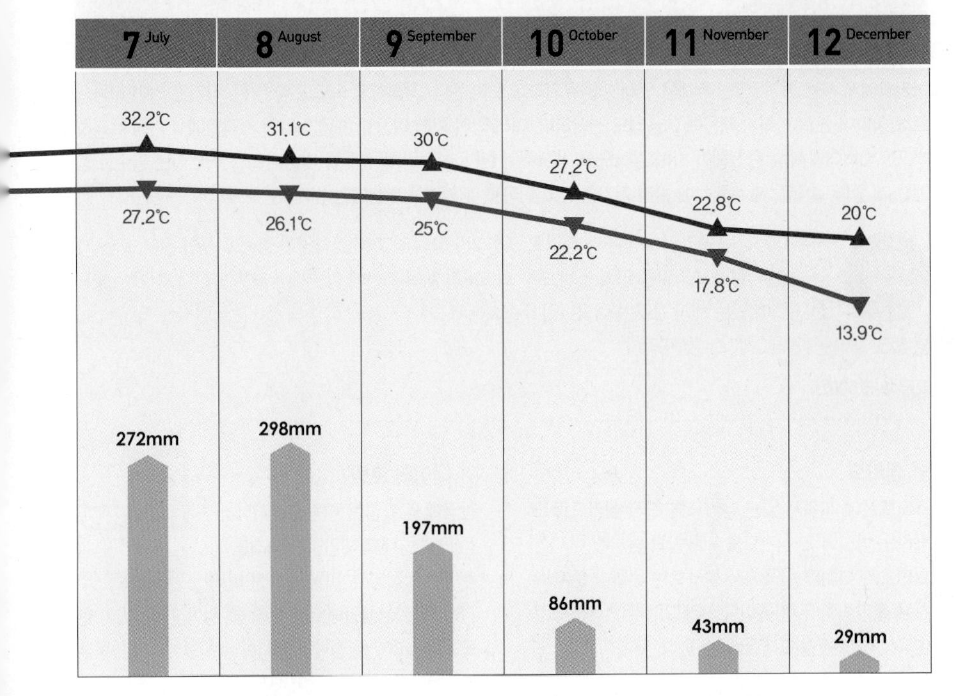

마카오에서는 9월~12월을 가을로 친다. 낮 기온은 여전히 높지만 습도가 떨어져 훨씬 살 만하다. 9월을 빼고는 비도 거의 내리지 않지만, 10월까지는 종종 찾아오는 태풍을 만날 수도 있다. 일교차도 생기기 때문에 11~12월 초에 방문할 예정이라면 카디건 정도의 얇은 겉옷은 챙기는 것이 좋다.

12월 중순부터 2월까지가 마카오의 겨울이다. 여행을 못할 정도로 춥지 않으며, 한국의 혹한기를 피하기에도 적당하다. 단, 1월 초 가끔 운 나쁜 날에는 최저 10℃ 이하로 내려갈 때도 있다. 1월에 간다면 얇은 패딩 점퍼 하나 정도는 있어야 무리가 없다. 아무리 마카오라고 해도 이 계절에 호텔 실외수영장을 이용하기는 무리다.

스마트폰 체크 포인트

때로는 가이드북이 긁지 못한 가려운 곳을 절묘하게 긁어주는 스마트폰.
마카오에서 스마트폰 100배 활용하는 방법을 공개한다.

포켓 와이파이 vs 심카드 vs 데이터 로밍

☑ 포켓 와이파이

마카오에서 사용 할 수 있는 휴대용 인터넷 공유기라고 보면 된다. 저렴하고 속도도 빠른 편. 기기만 켜면 자동으로 와이파이 연결이 되기 때문에 이용법도 간단하다. 여러 명이 함께 이동할 예정이라면 가격면에서 가장 유리하다. 단, 배터리를 매일 충천해야 하며 상태도 늘 체크해야 한다. 방전이 될 경우를 대비해 보조 배터리는 필수로 챙기는 게 좋다. 출국할 때 수령처에 들러 기기를 받고 귀국할 때 반납해야 한다는 번거로움도 있다.

자주 이용하는 온라인 쇼핑몰에 '마카오 포켓 와이파이'라고 치면 다양한 상품 검색이 된다. 회원 가입 후 출국일과 귀국일을 입력한 뒤 포켓 와이파이 대여 기간에 따른 요금을 지불한다. 기기는 출국 전 공항에 있는 해당 포켓 와이파이의 수령처에서 받는다. 출국 직전 대기자가 몰릴 수도 있으니 15분 정도 일찍 공항에 도착하는 것이 좋다.

요금 1일 5,500원

☑ 심카드

스마트폰에 끼워져 있는 심카드를 현지 심카드로 교체하는 방식이다. 심카드를 교체함과 동시에 현지 전화번호가 부여돼 한국에서 걸려오는 전화나 문자 수신은 불가능하다. 카톡이나 텔레그램 등의 서비스는 한국에서 쓰던 걸 그대로 쓸 수 있다.

마카오 현지 심카드는 한국의 주요 온라인 쇼핑몰에서 판매하며 마카오 국제공항이나 페리터미널에 서 자판기를 통해 구입할 수도 있다. 현지에서 구입하는 것이 요금제나 날짜 등에 있어 선택의 폭이 넓은 편이다.

요금 3일 $100, 7일 $200

☑ 데이터 로밍

한국에서 가입한 이동통신사에 일정 금액을 내고 데이터 서비스를 이용하는 방식이다. 비용은 가장 비싸지만 일단 신청만해두면 신경 쓸 일이 거의 없고, 한국에서 걸려오는 전화나 문자도 수신할 수 있다. 물론 전화를 걸면 추가 요금이 부가된다. 최대 단점은 고속 LTE 데이터는 아주 조금 주고, 이후에는 저속 3G 데이터로 변경된다는 것이다. 또 알뜰폰 이용자는 데이터 로밍 서비스 자체가 제한되는 경우가 많다.

출국하는 공항에 있는 통신사 부스로 가서 신청하면 된다. 스마트폰에 깔려 있는 각 통신사의 모바일 고객센터 앱을 통해 가입할 수도 있다.

요금 1일 9,900원

필수 마카오 여행 애플리케이션

✔ 구글 맵스 Google Maps

여행자 필수 앱. 하지만 마카오는 아시아 국가 중에서도 꽤 부정확한 자료가 많은 편이다. 특히 구글 맵스를 믿고 시내버스를 이용했다간 20% 확률로 엉뚱한 곳에 하차하게 된다. 대략적인 방향 잡기 정도로 참고하자.

✔ 바이두맵 百度地圖

중국의 구글이라 불리는 바이두에서 만든 지도 앱. 구글 맵보다 훨씬 정확한 정보를 제공한다. 문제는 검색부터 모든 것이 한자라 중국어 능통자가 아니면 자유롭게 이용하기 어렵다.

✔ 마카오 택시 Macau Taxi 澳門-的士

한국의 카카오 택시와 비슷한 택시 호출 서비스 앱. 현지 전화번호가 필요해 심카드 이용자만 쓸 수 있다. 2019년 1월부터 서비스를 시작한 따끈따끈한 앱이라 약간 불편함은 있지만 그럭저럭 쓸 만하다. 앱으로 택시를 호출한 경우는 $5의 추가 요금이 붙는다.

✔ 버스 트레블링 시스템 巴士報站 Bus Traveling System

마카오 공공교통과에서 만든 앱. 마카오 시내버스 정보를 제공한다. 버스정류장 고유번호를 입력하면 해당 정류장에 정차하는 버스 정보를, 버스 번호를 입력하면 지도상에 해당 버스 노선도가 나온다. 가장 정확한 현지 정보를 제공해 지도 앱과 함께 보기 좋다.

✔ 코타이 워터젯 Cotai Water Jet

마카오와 홍콩을 오가는 페리 정보를 제공하는 앱. 페리 운항 시간표를 확인할 수 있고 회원가입을 하면 티켓도 구입할 수 있다. 붐비지 않을 때 페리 운항 특가 상품을 쏟아내기도 하는데, 이 앱을 통해서만 구입이 가능하다.

✔ 구글 번역 Google Translate

구글에서 만든 중국어 번역 앱. 중국어 메뉴판 해독 등의 용도로 사용이 가능하다. 완벽한 번역은 어렵지만, 대략적인 뜻 파악에는 도움이 된다.

추천 디지털 디바이스

✔ USB 충전 소켓

요즘 여행자에게 필요한 건 3~5구짜리 USB 충전 소켓이다. 최근에 준공되거나 리모델링을 거친 중급 이상의 호텔은 보통 객실에 2개 이상의 USB 소켓을 내장하고 있다. 컨시어지에서 대여를 해주는 경우도 있지만 여행에 편의를 위해서는 미리 챙겨갈 것을 추천한다.

✔ 멀티 어댑터

마카오는 한국과 같은 220V 전압을 사용하지만, 구멍이 2개인 우리나라의 전기 콘센트 플러그(일명 돼지코)와 달리 구멍이 3개인 3구 타입 콘센트를 사용한다. 때문에 한국 전자제품을 충전하거나 사용하기 위해서는 멀티어댑터를 미리 준비하는 것이 좋다.

天主堂

인사이드

마카오 여행 키워드

테마로 보는 마카오 뷰

마카오 월드 푸드 트립

마카오 매캐니즈요리 메뉴판

마카오 광둥요리 메뉴판

마카오 딤섬 메뉴판

마카오 면요리 메뉴판

마카오 디저트 & 주전부리 메뉴판

마카오 쇼핑 리스트

마카오 슈퍼마켓 대해부

마카오 와인 쇼핑

보는 순간 '여행 뽐뿌' 급상승

마카오 여행 키워드

손바닥만 한 도시에 유럽과 중국 대륙이 들었다.
여행자의 마음을 사로잡을 여행 키워드만 쏙쏙 뽑아 한눈에.

1 유럽 Europe

마카오는 '아시아의 모나코'라고 불릴 만큼 유럽, 그중에서도 특히 남유럽의 풍경이 도시 곳곳에 스며있다. 442년간 포르투갈의 식민지배를 받아 유럽풍 색채가 스며든 땅에, 프랑스와 이탈리아의 가장 유명하고 아름다운 풍경을 모방한 테마 카지노 리조트가 불뚝불뚝. 옛 중국의 풍경이 그 주변을 둘러싸 동서양이 융합된 마카오만의 독특한 색채를 완성한다.

포르투갈 거리 속 중국 풍경 **펠리스다데 거리** p.154
지중해풍 아름다운 골목 **라자루 3色 스트리트** p.197
프랑스 파리의 미니어처 **파리지앵** p.287
이탈리아 물의 도시 **베네시안** p.268

2 유네스코 UNESCO

오른쪽에 중국풍 사원과 저택, 왼쪽에 포르투갈풍 성당과 광장을 두고 걷는다. 그저 걷다 보면 아마 사원, 세나두 광장, 세인트 폴 성당 유적지, 만다린 하우스 등 세계가 인정한 인류 최고의 문화유산으로 이어진다.

마카오에서 가장 오래된 건축물 **아마 사원** p.132
마카오 한복판의 포르투갈 광장 **세나두 광장** p.150
마카오 최초의 성당의 흔적 **세인트 폴 성당 유적지** p.162
옛 중국 대부호의 대저택 **만다린 하우스** p.138

3 미슐랭 Michelin

남유럽의 풍성한 식재료로 맛을 내는 포르투갈요리, 중국요리의 꽃 광둥요리, 두 문화가 합쳐진 매캐니즈요리 그리고 이를 뒷받침하는 19개의 미슐랭 스타 레스토랑까지. 고급 레스토랑부터 서민식당까지 분야를 가리지 않는 미슐랭 스타 맛집으로 가득한 마카오에서는 "버는 족족 입으로 넣을 거니!"라는 엄마의 물음에 그저 "네!"라고 답할 수밖에.

마카오 대표 미슐랭 스타 레스토랑 **더 에잇 8** p.224
파인 다이닝의 정석 **로뷰숑 어 돔** p.226
미슐랭 장기집권 중인 완탕면 명가 **청케이면가** p.173
게죽이 맛있는 로컬 심야식당 **록케이쪽민** p.188

4 카지노 Casino

마카오를 소개하는 수식어 중 빠질 수 없는 하나가 '동양의 라스베이거스'다. 마카오 반도에는 그랜드 리스보아, MGM 마카오, 윈 마카오 등의 대규모 카지노 호텔이 있다. 이것도 부족하다고 생각했는지 타이파섬과 콜로안섬 사이 바다를 매립해 국제적인 카지노 단지까지 조성했다. 쉽게 말해 마카오 전체는 자연마저 극복한 욕망의 땅 그 자체라는 것.

마카오 도박왕의 야심작 **그랜드 리스보아** p.220
공간 자체가 국보급 **MGM 마카오** p.222
세계에서 가장 큰 카지노 리조트 **베네시안** p.268
세계 최대 유수풀이 있는 **갤럭시 마카오** p.298

5 쇼 Show

마카오는 쇼의 도시다. 모든 카지노는 여행자에게 "땡기면 터진다!"는 행운의 확신을 심어주기 위해 눈이 팽팽 돌아가는 쇼를 선보인다. 가벼운 마음으로 둘러볼 수 있는 무료 쇼 프로그램도 있고, 극장에서 감상하는 본격적인 초대형 쇼 프로그램도 있다. 그중 호수 위 케이블카에서 바라보는 윈 팰리스의 분수 쇼는 놓쳐서는 안 될 장관!

마카오 대표 공짜 쇼 **윈 마카오 & 번영의 나무 & 행운의 용** p.223
라스베이거스를 뛰어넘은 규모 **윈 팰리스 분수 쇼** p.297
마카오 버킷리스트 물 쇼 **더 하우스 오브 댄싱워터** p.282
카니발 복장 무희들의 캉캉춤 공연 **라 파리지앵 카바레 프랑세** p.289

6 액티비티 Activity

마카오에는 액티비티 마니아의 성지인 마카오 타워가 있다. 338m의 높이 타워 꼭대기에서 번지점프, 스카이점프, 스카이워크, 타워클라임 등 상상만으로도 심장이 조여드는 고공 액티비티를 즐겨 보자. 고소공포증의 이유로 도전할 엄두가 나지 않는다면 스튜디오 시티 마카오가 좋은 대안이 된다. 조커의 습격을 받은 고담시티를 구하는 내용의 4D 어트랙션 의 배트맨 다크 플라이트가 있어 배트맨과 함께 생생한 가상현실을 누빌 수 있다.

타워 꼭대기에서 번지점프 **마카오 타워** p.212
생생한 4D 어트랙션 **배트맨 다크 플라이트** p.318

7 리조트 Resort

마카오 리조트나 호텔이라고 해서 모두가 숫자가 팽팽 돌아가는 카지노 위주로 운영될 것이라 생각한다면 천만의 말씀. 마카오는 자연 속 열대우림이나 고풍스러운 왕실 별장을 연상시키는 호텔 리조트의 격전지다. 특히 몸집 큰 리조트 호텔이 멀찍이 떨어져 있는 코타이 지역으로 가면 인공해변, 워터파크, 정원, 라운지 등의 부대시설을 갖춘 리조트에서 '호캉스'를 즐길 수 있다.

상상초월 규모 세계 최대 유수풀 **갤럭시 마카오** p.298
프라이빗 스파의 매력 **포시즌즈 호텔 마카오** p.278
도심 속 열대우림 **샌즈 코타이 센트럴** p.308
거대한 영화 세트장 **스튜디오 시티 마카오** p.316

Resort

밤의 마카오 & TV 속 마카오

테마로 보는 마카오 뷰

밤이 되면 또 한 번 새 옷을 갈아입는 마카오와
세계가 주목한 미디어 속 마카오를 차례로 만나다.

리스보아 카지노 LISBOA CASINO

마카오 카지노의 원조. 카지노 재벌 스탠리 호가 홍콩의 재벌 헨리 폭과 손잡고 마카오 카지노 독점운영권을 따낸 뒤 1970년 리스보아 호텔과 함께 마카오 최초의 카지노인 리스보아 카지노를 개장했다. 노랑, 파랑, 빨강 원색의 네온사인이 옛 라스베이거스 풍경을 상상하게 한다. 시간과 수고가 아깝지 않을 만큼 화려한 야경이 인상적이다.

세나두 광장 Largo do Senado

마카오의 대표 랜드마크인 세나두 광장은 포르투갈풍 고건축물, 물결무늬 타일을 배경으로 여행 인증샷을 남기기 좋은 낮의 명소다. 하지만 밤풍경도 아름답기는 마찬가지. 고풍스러운 건축물에 땅거미가 내려앉으면 유럽의 저녁을 산책하는 기분으로 밤거리를 거닐 수 있다. 사이사이 화사한 조명이 켜져 거리에 생명력을 불어넣는다.

마카오 타워 Torre de Macau

마카오 최고의 전망 포인트에서 마카오의 밤을 감상하자. 높이 338m의 마카오 대표 랜드마크인 마카오 타워다. 정상부에는 61층 전망대(238m 지점)와 58층 전망대(223m)가 있고 60층에는 마카오 야경을 360° 감상할 수 있는 스카이 레스토랑이 있다. 탁 트인 통유리 전망대에서 마카오는 물론 중국 주하이 珠海 지역까지 파노라마 나이트뷰가 조망된다.

파리지앵 에펠탑 Parisien Effel Tower

프랑스 파리 에펠탑의 1/2 높이, 1/4 크기로 정교하게 재현한 파리지앵의 에펠탑은 낮보다 밤에 더욱 빛나는 코타이 지역의 상징이다. 규모는 작지만 분위기에 있어서는 실물에 뒤지지 않는다. 어디에서 바라봐도 화려한 풍경을 자랑하는데 특히 샌즈 코타이 센트럴에서 포시즌 호텔 마카오 방향으로 연결되는 구름다리 옆 난간이 숨겨진 전망 포인트.

윈 팰리스 스카이 캡 Wynn Palace Sky Cab

윈 팰리스에서는 한밤의 궁전 같은 호화스러운 야경을 즐길 수 있다. 세계적인 규모와 구성의 분수 쇼, 호수를 횡단하는 케이블카라는 매력적인 볼거리까지 갖추고 있으니 금상첨화. 두 볼거리를 동시에 즐기는 방법은 바로 스카이 캡에 탑승해 분수 쇼를 감상하는 것이다. 낮에도 장관이지만 밤에 바라본 분수 쇼는 화려함의 절정이라고 부를 만한 장관을 선사한다.

나이트 오픈탑 버스 투어

지붕이 뻥 뚫린 이층 버스를 타고 마카오의 주요 명소를 순례해보자. 마카오 나이트 오픈탑 버스 투어는 짧은 시간에 마카오 반도와 코타이의 가장 핵심적인 야경 명소를 둘러볼 수 있는 알짜배기 도심 투어 프로그램이다. 지상보다 높은 버스 높이에서, 그것도 도로 한복판에서 바라보는 마카오 밤 풍경이 꽤나 아름답다. 윈 마카오와 윈 팰리스 구간에서는 마카오의 명물인 분수 쇼 감상을 위해 잠시 정차해 더욱 알차다. 투어는 공식 홈페이지를 통해 예약할 수 있는데, 한국의 예약 대행 사이트를 이용하면 좀 더 저렴하게 예매할 수 있다. 나이트 투어 외에도 자유롭게 승하차하며 유네스코 세계문화유산 명소를 둘러볼 수 있는 주간 버스 투어도 운행한다.

위치 마카오 페리터미널 1층 투어리스트 인포메이션 앞으로 18:45까지 집합 **요금** HK$150(주간 투어 HK$150) **운영** 19:00(주간 투어 09:30~16:15, 45분마다 출발) **홈피** goldspark.com.hk

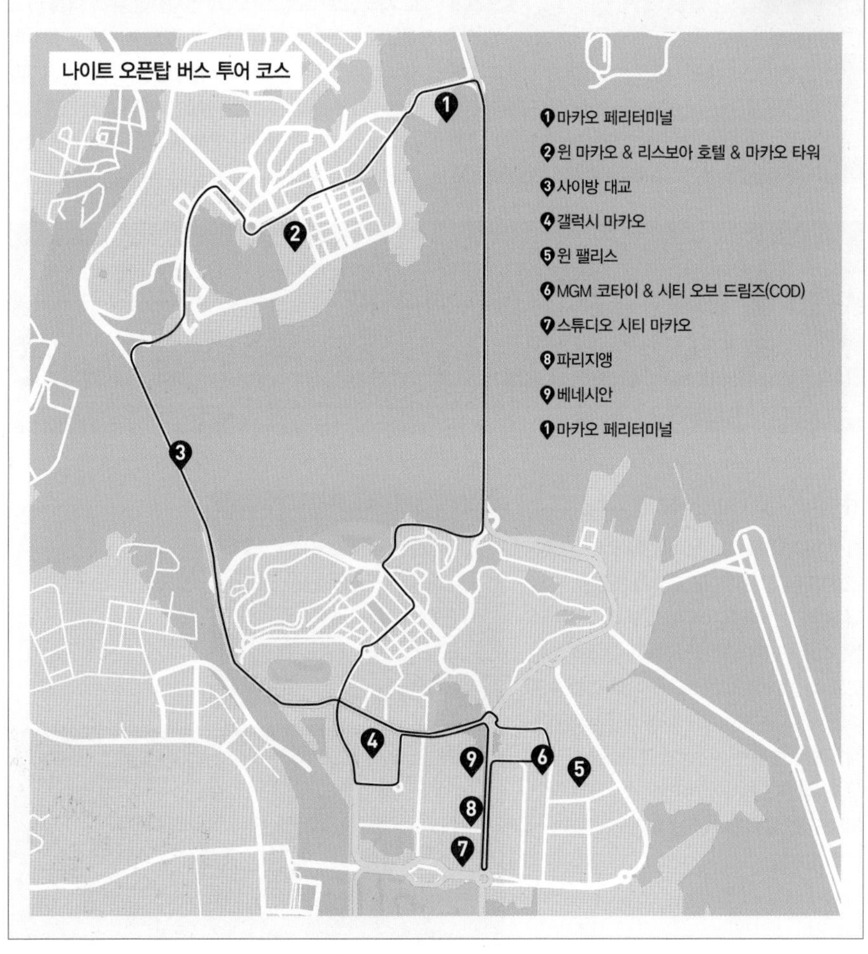

영화 〈도둑들〉

영화감독 최동훈의 필모그래피를 보면, 가장 흥행한 두 작품의 소개가 바로 도박이었다. 그래서였을까? 〈도둑들〉은 '도박의 도시' 마카오에 아예 판을 깔았다. 까다롭기로 유명한 카지노 문을 열어 촬영을 허한 곳은 바로 시티 오브 드림즈(COD). 전지현이 유리 벽을 타고 오르는 장면을 비롯해 영화 속 주요 배경으로 등장한다. 이외에도 영화 포스터가 촬영된 펠리스다데 거리와 김혜수가 소포를 건네받는 콜로안 지역의 성 프란시스 사비에스 성당 앞 응아팀 카페 등 영화 속 마카오 명소를 찾아보는 재미가 쏠쏠하다.

뮤직비디오 〈싸이-뉴 페이스〉

가수 싸이의 〈뉴 페이스〉 뮤직비디오는 3분 22초 분량 전체가 마카오에서 촬영됐다. 실내 촬영지는 에펠탑 6층에 있는 레스토랑 라 씬, 베르사이유 궁전의 아폴로 살롱을 본뜬 로얄 리셉션, 파리 콩코드 광장을 재현한 분수대까지 대부분이 파리지앵에서 진행됐다. 실외에서 촬영된 수영장과 곤돌라을 배경으로 한 장면은 베네시안이며 단체 군무 장면의 배경인 유럽풍 거리는 마카오 반도의 라자루 지구다.

예능 프로그램 〈런닝맨〉

〈런닝맨〉은 대한민국 최고의 스타들이 도시의 대표 랜드마크에서 미션을 수행하는 예능 프로그램이다. 마카오는 133~134회 2회에 걸쳐 소개되었는데 특히 멤버들이 마카오 타워의 번지점프 등 스릴 어드벤쳐 3종 세트를 모두 체험하는 장면이 소개됐다. 지금도 마카오 타워를 찾은 유명인사 기록에 멤버들의 얼굴이 남아 있어 광고 효과를 톡톡히 보는 중. 저녁에는 세인트 폴 성당과 그 앞 육포거리를 뛰어다녔는데 세계문화유산인 세인트 폴 성당 유적지가 이들을 위해 개방되었다는 현지인들에게도 꽤나 화제였다.

드라마 〈꽃보다 남자〉·〈궁〉

드라마 〈꽃보다 남자〉는 베네시안 오픈 기념 드라마라고 해도 과언이 아닐 만큼 베네시안 곳곳에서 촬영됐다. 덕분에 한국인 여행자들 사이에서 한동안 '구준표 호텔'로 불리기도 했다고. 구준표와 금잔디가 세인트 폴 성당 가는 길에 먹었던 에그타르트 집은 지금도 〈꽃보다 남자〉를 내세워 홍보 중이다.

드라마 〈궁〉은 한국 최초의 마카오 로케이션 드라마로, 지금처럼 화려해지기 직전의 소박한 마카오 풍경을 잘 담아냈다. 당시만 해도 주지훈과 윤은혜가 먹었던 에그타르트집이 그 유명한 로드 스토우즈 베이커리인 줄 몰랐다고. 특히 주인공이 결혼식을 올린 곳은 콜로안의 성 프란치스코 사비에르 성당인데 콜로안의 아름다움을 이후의 그 어떤 작품보다 잘 담아냈다.

유럽과 중국을 맛보는 소도시

마카오 월드 푸드 트립

포르투갈, 중국, 인도, 영국, 아프리카.
온갖 나라의 요리가 마카오에 모여 맛있게 꽃을 피웠나니.

마카오 푸드맵

유럽

아프리카

영국 United Kingdom

영국은 마카오와 이웃해 있는 홍콩의 식민 모국이었다. 홍콩에 전파된 영국의 식문화는 인근의 마카오에 영향을 미쳤고, 그 결과 마카오 식탁에도 영국의 다진 고기요리인 민치와 우스터소스 등이 오르게 됐다.

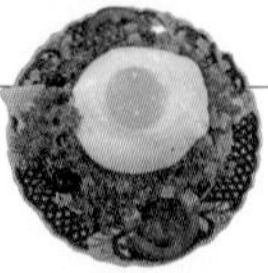

포르투갈 Portugal

442년간 마카오를 지배했던 식민 모국 포르투갈의 음식 문화는 마카오 밥상 깊숙이 스며있다. 가장 대표적인 음식은 염장 대구 바칼라우로 만든 크로켓, 온갖 해산물이 들어간 포르투갈식 해물영양죽 아로즈 드 마리스쿠, 포르투갈식 소시지 츄리오, 계란과 크림으로 만든 디저트 에그타르트 등이다. 여기에 곁들이기 좋은 포트와인도 빠질 수 없다.

모잠비크 Mozambique

아프리카 대륙 남동부 모잠비크의 피리피리 고추에 오레가노와 다진 마늘, 레몬을 조합해 만든 피리피리소스는 대표적인 매캐니즈요리 아프리칸 치킨으로 완성되었다. 커리를 끼얹은 치킨은 세 개의 대륙을 넘나들며 만들어진 완벽한 레시피라 할 수 있다.

중국 China

마카오에서는 광둥요리의 꽃 딤섬, 청제국의 궁중요리 베이징덕, 중국의 국민 반찬 마파두부까지, 중국의 문화와 역사를 아우르는 전통요리가 한 상 가득 차려진다.

인도 India

인도 서남부의 고아를 거점으로 디우와 다만(현재 뭄바이 일대)은 1968년까지 포르투갈의 식민지였다. 포르투갈에서 출발한 선박은 중간 기착지로 인도를 경유했는데 이 과정에서 강황, 고수, 생강, 심황을 배합한 커리가 마카오로 전파됐다. 물론, 매운 향신료의 맛을 중화하기 위한 식재로 코코넛 밀크도 함께 말이다.

저자 추천 국가대표 맛집

돔갈로 Dom Galo

한 사람 앞에 한 접시 한 접시 나오는 프랑스요리는 나눠 먹기 어색하지만, 포르투갈요리는 본래 상다리 부러지게 차려서 한번 먹어보라며 서로 권하고 나누는 게 일반적이다. 돔갈로는 포르투갈의 활기를 담은 매캐니즈요리를 가장 맛있게 먹을 수 있는 레스토랑이다.

위치 공항, 페리터미널, 중국 접경에서 MGM 마카오, 윈 마카오 셔틀버스로 연결

찌얏힌 紫逸軒

포시즌즈 호텔 마카오 내에 있는 캔토니스(광둥요리) 레스토랑. 광둥요리계 왕좌를 차지하지는 못했지만 그 덕에 한결 여유 있는 식사를 보장한다. 크게 무게 잡지 않으며 가장 잘하는 요리에 집중할 수 있다는 건 만드는 요리사로서도, 맛보는 손님으로서도 행복한 일.

위치 공항, 페리터미널, 중국 접경에서 베네시안 셔틀버스로 연결, 포시즌즈 호텔 마카오 1/F

웡치케이 黃枝記

완탕면 없는 마카오는 상상할 수 없다. 그런 마카오에서도 완탕면 맛집으로 손꼽히는 웡치케이는 70년이 넘는 역사를 자랑하는 완탕면 명가다. 뜨끈한 국물을 사랑하는 한국인들에게는 필수 방문지인데, 가장 많은 인파가 모여드는 세나두 광장점은 30분~1시간 대기가 기본. 광장에서 머지않은 시월초오일가에 본점이 있으니 부지런한 미식가라면 기억해두자. 본점 추천.

위치 세나두 광장 초입에서 안쪽으로 조금 들어가면 왼쪽에 식당이 보인다.

신무이 굴국수 新武二廣潮福粉麵食館

현지인보다 한국인이 더 사랑하는 로컬 레스토랑. 매운 고추 피클을 곁들여 먹을 수 있는 시원한 굴국수의 존재 때문에 '굴국수집'로 불린다. 최근 예능프로인 〈밥블레스유〉에 소개돼 한국인 입맛 맞춤 맛집임을 입증하기도 했다. 마카오 반도와 타이파에 점포가 있다.

위치 공항, 페리터미널 등에서 MGM 마카오, 윈 마카오 셔틀버스로 연결

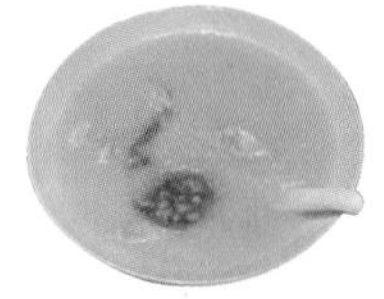

윙쿤 레스토랑 皇冠小館

죽과 면을 전문으로 하는 죽면전가. 자가제면으로 뽑아내는 완탕면도 훌륭하지만, 놓치지 말아야 할 메뉴는 게 한마리를 풍덩 넣은 게죽이다. 게의 고소한 향을 듬뿍 머금어 입안에서 보들보들하게 넘어가는 죽의 식감이 쉬이 잊히지 않는다. 본점은 마카오 반도 성 라자루 구역에 있고 브로드웨이 호텔 내에 조성된 푸드 스트리트에 분점을 두고 있다.

위치 공항, 페리터미널에서 출발하는 갤럭시 마카오 셔틀버스로 연결

골든 믹스 디저트 楊枝金撈甜品

에그타르트 말곤 유명한 디저트가 없어 아쉬운 마카오에서 찾아낸 보석 같은 디저트 맛집. 누구나 좋아하는 망고와 사람에 따라 호불호가 갈리는 두리안으로 만든 과일 디저트와 광둥 정통 디저트인 탕위안 湯圓 등 국가를 가리지 않는 재료로 달콤한 주전부리를 만든다.

위치 시내버스 1 · 3 · 4 · 6 · 26A · 33 · 101X · N1A번을 타고 水上街市 정류장 하차

베이징 키친 滿堂彩

둘이 합쳐 가이드북 경력 32년. 웬만한 별미엔 눈깜짝 안 하는 저자들이 먹자마자 인정한 베이징 덕 명가. 베이징 밖에서 가장 훌륭한 베이징 카오야, 즉 북경오리를 맛볼 수 있다. 분위기, 서비스, 맛까지 3박자 모두 완벽하기란 쉽지 않은데 가끔 이런 집이 있다. 단, 베이징 덕을 먹을 요량이라면 예약은 필수.

위치 공항, 페리터미널, 중국 접경 등에서 출발하는 시티 오브 드림즈(COD) 셔틀버스로 연결, 그랜드 하얏트 마카오 Level 1

로드 스토우즈 베이커리 安德魯餅店

마카오에서 단 하나를 먹어야 한다면, 지체없이 로드 스토우즈 베이커리의 에그타르트를 선택하자. 에그타르트의 원조국인 포르투갈 사람들도 왕창 사서 본국으로 들고 가는 국가 으뜸 명물로, 그 인기가 오죽하면 에그타르트를 마카오 국기에 넣어야 한다는 진지한 농담이 오갈 정도. 본점은 콜로안에 있으며 코타이의 베네시안과 타이파의 쿤하 거리에 분점을 두고 있다.

위치 버스 15 · 21A · 26A번을 타고 路環居民大會堂 정류장 하차

포르투갈 & 중국이 한 그릇에

마카오 매캐니즈요리 메뉴판

남유럽의 풍미가 담긴 포르투갈요리와 중국요리의 꽃 광둥요리가 만나
동서양의 맛이 한 그릇에 담긴 매캐니즈요리로 완성!

바칼라우 크로켓
Croquete de bacalhau

포르투갈의 국민 반찬 바칼라우로 만든 '포르투갈식 고로케'. 소금에 절인 대구인 바칼라우를 잘게 찢거나 다져서 으깬 감자에 버무려 노릇노릇 튀겨냈다.

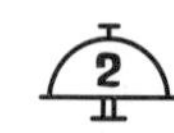

바칼라우 어 브라스
Bacalhau à "Brás"

포르투갈식 염장대구 바칼라우로 만든 또 하나의 대표 메뉴. 바칼라우를 북어채처럼 손으로 죽죽 찢어서 삶은 감자와 계란 등의 부재료와 함께 볶아냈다.

아프리칸 치킨
Galinha à Africana

굽거나 튀긴 닭고기에 피리피리소스를 첨가한 커리를 뿌렸다. 집집마다 맛을 내는 비법이 제각각이라 먹을 때마다 새로운 메뉴. 온갖 문화가 혼재된 가장 마카오다운 요리다.

아로즈 드 마리스쿠
Arroz de Marisco

온갖 해산물이 들어간 포르투갈식 해물밥. 스페인식 빠에야와 헷갈리는 사람이 많은데 쌀을 꼬들꼬들하게 익힌 빠에야보다 푹푹 끓인 우리나라의 영양죽과 더 닮았다.

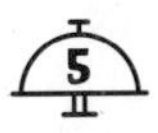

아메이죠스 꽁 알류
Ameijoas Com Alho

포르투갈식 조개볶음. 싱싱한 조개를 올리브유에 볶고 화이트와인, 다진 마늘, 레몬즙을 넣어 한소끔 끓여냈다. 조개탕처럼 개운하면서도 이국의 향신료가 더해져 색다른 풍미.

6 커리 크랩 or 쉬림프
Curry Crab or Shrimp

게나 새우를 넣은 커리를 부드러운 코코넛 밀크로 마무리했다. 게살과 새우를 맛본 뒤 커리 국물을 빵이나 밥에 곁들여 든든한 한 끼로 먹는다.

민치
Minchi

언뜻 보면 덮밥양념 같지만 마카오인의 소울푸드 중 하나. 다진 고기와 잘게 깍둑썰기한 감자를 간장과 우스터소스로 볶는다. 완성된 요리에는 달걀프라이를 얹는 것이 정석.

매캐니즈요리 추천 맛집

추천 맛집	바칼라우 크로켓	바칼라우 어 브라스	아프리칸 치킨	아로즈 드 마리스쿠
권슈 어 갈레라 p.228	○	○	○	○
아 로차 p.147	○	○	○	○
돔갈로 p.231	○	○	○	—
알베르게 1601 p.205	○	○	—	○
카스티코 p.257	○	○	—	○
에스파코 리스보아 p.333	○	—	○	○
포르투갈리아 p.258	○	○	—	○
카페 레온 p.256	○	—	○	—

마카오에서 즐기는 대륙의 맛

마카오 광둥요리 메뉴판

마카오 여행길에서 맛있는 광둥요리를 먹었다면
먹방 여행의 절반은 이미 성공한 것과 다름없다.

1 차씨우
叉燒包

광둥의 대표적 서민요리. 고기를 꼬챙이에 끼워서 달착지근한 소스를 발라가며 여러 번 구운 후 토치로 겉을 그을려 마무리한다. 겉은 바삭하고 속살은 수육처럼 육즙을 촉촉하게 머금고 있다. 꿀을 바른 것처럼 표면에 윤이 반들반들 흘러 영어로는 Honey Glazed Barbeque Pork라고도 부른다.

2 찡위
蒸魚

1,000가지 레시피를 자랑하는 광둥에서 '생선요리의 정수'로 꼽는 생선찜. 주로 흰살생선을 쓰며 그중에서도 다금바리의 일종인 가루파로 만든 찡위를 최고로 친다. 찜통에서 생선살이 흐트러지지 않게 쪄낸 뒤 끓는 기름과 양념간장을 부어 마무리 한다.

3 꾸로우육
咕嚕肉

'찍먹 부먹' 논란을 잠재울 광둥식 탕수육. 여러모로 익숙한 메뉴지만, 광둥식 탕수육은 등심이나 갈빗살 등 돼지고기의 고급 부위를 쓰며 튀김 기술도 우월한 데다 파인애플 등 열대과일을 풍성하게 곁들여 여러모로 한국에서 먹는 탕수육보다 몇 수 위의 맛을 선사한다.

4 가리비 마늘찜
蒜茸蒸扇貝

조개 좋아하고 마늘 좋아하는 한국인이 왜 이 요리를 생각해내지 못했을까! 중국 음식에 대한 편견이 가득한 사람도 가리비 마늘찜 앞에서는 무장해제 되리라 자신한다. 잘 쪄낸 가리비에 끓는 마늘 기름을 붓고 양념간장을 뿌린 후 중국 당면과 파를 올렸다. 언뜻 스페인식 감바스가 떠오르는 단순한 모양새로 눈 깜짝할 새 없어지는 밥도둑이다.

$160
~220

5 짜지까이
炸子雞

광둥식 프라이드치킨. 맥아와 소금에 절인 닭을 자연풍에 건조한 후 표면에 끓는 기름을 부어 껍질을 한 번 더 파삭파삭하게 구워낸다. 손이 많이 가는 요리라 주문 후 30분 정도 소요된다. 고급 레스토랑에서는 파삭한 닭껍질에 자몽 과육을 얹기도 한다. 자몽 특유의 떫고 시큼한 향과 기름진 닭껍집의 조합은 경험해볼 만한 새로운 미식의 세계다.

6 위쮜
乳豬

광둥 바비큐의 꽃이라 불리는 통새끼돼지 바비큐. 호남지방에서 홍어회가 없는 잔치상을 잔치로 치지 않듯, 광둥에서는 위쮜 없는 잔치는 잔치 축에 끼지 못한다. 돼지를 통째로 창에 꿰어 화덕에서 골고루 굽는데 중간 중간 꺼내 기름을 발라주는 것이 껍질을 바삭하게 익히는 비결. 요즘은 차슈, 짜지까이, 위쮜를 조금 씩 담아 바비큐 콤비네이션이라는 이름의 세트 메뉴로도 판매한다.

작지만 완벽한 한 끼

마카오 딤섬 메뉴판

딤섬을 한자로 풀면 점심 點心, 마음에 점을 찍는다는 의미다.
마카오에서는 차 한 잔 곁들여 가볍게 즐긴다는 뜻으로 얌차 飮茶라 부른다.

1 하카우
蝦餃

광둥식 딤섬의 꽃. 옥수수와 타피오카 가루로 반죽한 뒤 돼지고기와 새우로 속을 채워 찜통에서 모락모락 쪄낸다. 반투명한 질감의 타피오카 만두피가 쫄깃쫄깃! 민물새우를 넣는 게 오리지널이지만 요즘은 탱글한 바다새우를 더 선호한다. 죽순 같은 부재료를 더하기도 한다.

금붕어 모양의 하카우

금종이를 올린 럭셔리 하카우

딤섬 주문 순서

❶ 차 고르기

마카오에서 음식점에 들어가자마자 할 일은 차를 고르는 것이다. 저렴한 집은 일률적으로 $2 추가 요금에 차를 내주는데, 격식을 갖춘 레스토랑은 별도의 차 메뉴를 가지고 있다. 덮어놓고 재스민차를 내오는 식당도 있지만 사실 딤섬 같은 광둥요리는 보이차와 가장 잘 어울린다. 보이차의 광둥식 발음은 '뽀레이차'다.

❷ 딤섬 주문하기

많은 딤섬 전문점들이 전표식 주문 방법을 택한다. 즉 딤섬의 이름이 나열된 전표에 주문하고 싶은 딤섬을 체크해 점원에게 주는 방식이다. 문제는 전표 표기가 전부 한자라는 점. 외국인 손님을 위해 사진 메뉴판이나 영어 메뉴판을 준비해두고 있는 곳도 있다. 점심에만 딤섬을 취급하는 광둥요리 전문점은 전표가 아닌 메뉴판을 주거나 별도의 딤섬 메뉴판을 주는 경우도 있다.

2 씨우마이
燒賣

고급 레스토랑부터 길거리 점포까지, 내놓지 않는 곳이 없는 대중적인 딤섬. 달걀물로 반죽한 노란 밀가루 피에 다진 돼지고기 소를 넣어서 만드는데 봉우리 부분을 여미지 않고 속을 노출하는 것이 특징. 완두콩부터 꼬마 전복까지 토핑에 따라 몸값이 변화무쌍하다.

3 차슈빠우
叉燒包

한국의 고기만두와 거의 흡사한 형태. 뜯어먹기 쉽게 만두피가 벌어져 있다. 짭짤 달콤하게 졸인 고기로 속을 채운다. 대부분의 한국인 여행자가 해산물 딤섬을 선호해 늘 후순위로 밀리는 편이지만 한번 맛보면 달착지근한 매력에 폭 빠져 헤어나오기 쉽지 않다.

4 샤오롱바오
小籠包

상하이식 딤섬의 꽃. 한국에서는 소룡포로 불린다. 상하이를 라이벌로 둔 홍콩에서는 광둥 딤섬의 대명사 하카우와 상하이 딤섬의 왕 샤오롱바오를 같이 파는 경우는 거의 없으나, 두 도시의 자존심 싸움으로부터 한발자국 떨어진 마카오 딤섬집에서는 어디나 2가지 딤섬을 모두 맛볼 수 있다. 최근 삭스핀이나 송로버섯을 넣은 최고급 버전 샤오롱바오도 등장했다.

❸ 차 리필

찻주전자에 담겨 나오는 차는 시간이 경과하면 점점 쓴맛이 강해진다. 차를 다 마셨거나 쓴맛이 너무 우러나 마시기 어려운 경우, 찻주전자의 뚜껑을 절반가량 열어두면 점원이 와서 물을 채워준다. 뚜껑을 반쯤 열어놓는 건 차를 채워달라는 일종의 신호다.

❹ 계산하기

주문한 딤섬을 모두 먹었다면 계산할 차례. 마카오의 식당은 극히 일부를 제외하고는 손님이 카운터에 가서 계산하지 않는다. 테이블에 앉아 점원에게 '마이딴 埋單'이라고 외치면 계산서를 들고 온다. 대금을 지불하고 잔돈을 거슬러 받은 후 자리를 떠나면 된다.

5 천꾸운
春卷

춘권 혹은 스프링 롤이라 부르는 딤섬. 봄에 나는 새싹 채소를 다진 후 밀가루에 말아 튀겨낸 요리로 요즘은 새우나 이런저런 해산물을 넣은 시푸드 버전이 더 인기 있다. 파격적으로 속에 망고를 넣거나 아주 가늘게 튀겨 톡톡 분질러 먹는 스타일도 있다.

6 청펀
腸粉

쌀가루에 약간의 전분을 섞어 물에 잘 풀어준 후 얇게 펴서 찜기에 쪄낸 피에 재료를 넣고 돌돌 싼 후, 간장을 뿌려 먹는 딤섬. 인간이 만든 음식 중 가장 부드러운 요리라해도 과언이 아닐 정도도 식감이 보들보들 매끄럽다. 한국인 여행자 사이에서는 새우청펀이 압도적으로 인기다. 최근에는 창펀피만 XO장에 볶아낸 새로운 메뉴도 등장했다.

7 로빡꼬우
蘿蔔糕

마카오를 비롯한 광둥 지방에서 먹는 설음식. 한국말로 번역하면 '무지짐'이나 '무떡' 정도다. 무를 강판에 곱게 간 후 무채, 전분, 마른 새우나 광둥식 소시지를 넣어 반죽해서 찜통에 한 김 쪄낸다. 최근 겉만 바삭하게 내오는 경우도 늘고 있다. 식감이 무척 부드러워 효도 관광 중이라면 반드시 주문해야 할 메뉴중 하나.

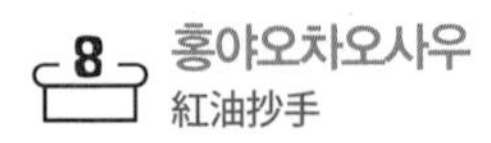

8 홍야오차오사우
紅油抄手

딤섬 전쟁에 후발 주자로 뛰어든 쓰촨식 딤섬. 돼지고기 만두에 쓰촨식의 맵고 화한 기름을 부어 먹는다. 한국인이 좋아하는 매운맛인 데다 맛이라 단시간에 인기 딤섬 반열에 올라섰다. 고급 식재료가 들어가지 않아 가격이 착한 것도 매력적. 주문해놓고 입이 느끼할 때마다 하나씩 집어먹기 좋다. 단, 뉴페이스 딤섬이라 모든 식당에서 내놓는 건 아니다.

중국 전통요리 돋보기

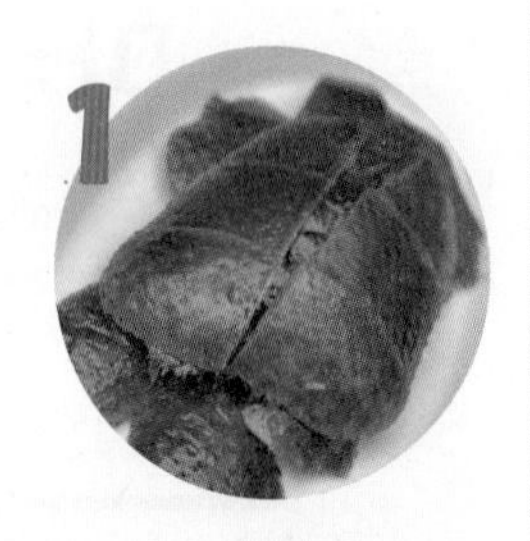

베이징 덕 北京烤鴨

본래는 청제국의 궁중요리로 베이징으로 건너와 인기 No.1 중국 요리가 되었다. 혀에 닿자마자 녹아내리는 오리 껍질이 일품으로 밀전병에 오리 껍질, 파, 춘장, 오이를 넣어 싸먹으면 호사스러운 미식을 경험할 수 있다.

마파두부 麻婆豆腐

횟횟하고 매콤하고 담백하고 달착지근한 4가지 맛을 내야 진짜 제대로 된 쓰촨식 마파두부. 두반장만 부어버리는 한국과 달리 화한 젠피 특유의 풍미가 야들야들한 두부의 식감과 어우러져 이제껏 먹어왔던 마파두부와 완전히 다른 맛이 난다.

쑤이즈뉴러우 水煮牛肉

맛이 횟횟한 빨간 육수에 얇게 썬 차돌박이나 양지머리 등을 순간적으로 익혀먹는 쓰촨성요리. 주재료로 생선을 쓰는 경우도 있는데 다금바리처럼 고급 어종을 쓴 요리는 최소 $1000 정도 지불해야 맛볼 수 있다.

훠궈 火锅

중화권에서 '핫팟'이라고 함은 쓰촨식 훠궈를 뜻한다. 반반냄비에 닭육수 베이스의 뽀얀 백탕과 맵고 화한 맛의 마라탕(홍탕)을 끓이며 갖가지 재료를 데쳐서 먹는 방식. 최근에는 퓨전식 토마토탕, 일본식 돈코츠탕, 한국식 김찌찌개탕 등 새로운 육수가 속속 등장하고 있다.

간벤스지토우 干煸四季豆

요리에 곁들이기 좋은 최고의 반찬. 줄기콩(영어로는 Green bean이라 한다.)을 간 돼지고기, 말린고추와 함께 간장에 볶아낸다. 조리법은 단순하지만 줄기콩 특유의 청량함과 돼지고기의 묵직함이 잘 어울리는 요리다. 쓰촨요리로 분류되지만 맵지는 않다.

후루룩, 누들 로드 앳 마카오

마카오 면요리 메뉴판

여기저기 다니며 국수 좀 먹어본 면 마니아에게도
365일 색다른 맛을 선사하는 마카오 누들 로드!

뜨끈한 국물파

완탕면 雲呑麵

완탕면이 없는 마카오는 상상할 수 없는 법. 고지식한 식당 주인들이 땀을 뻘뻘 흘려가며 자가 반죽한 면발은 고무줄 같은 탄성 넘치지만 냉면처럼 질기지는 않아 후룩 후룩 먹기 좋다. 새우와 돼지고기를 넣은 물만두 완탕은 고급 옷감처럼 하늘거린다. 여기에 개운한 육수를 들이켜면 쪽파가 뒷맛을 청량하게 마무리한다. 각각의 개성이 강한 면, 국물, 완탕이 한 데 모여 중독성 강한 한 그릇을 완성한다. 흠이라면 국수를 밥그릇만한 종지에 담아내는데, 커다란 냉면기나 대접에 국수를 먹는 한국인 눈에는 이게 웬 소꿉놀이냐 싶기도 하다. 홍콩과 공유되는 이 자그마한 면식은 마카오의 것이 훨씬 더 전통에 가깝다.

완탕면

누들 엔 콩지($50) p.227
로우케이($34) p.245
록케이쪽민($32) p.188
웡치케이($34) p.170
웡쿤 레스토랑($48) p.306
청케이면가($32) p.173

하찌로우면

웡치케이($58) p.170
록케이쪽민($43) p.188
청케이면가($36) p.173
로우케이($59) p.245

록케이쪽민

하찌로우면 蝦籽撈麵

삶은 면에 조미한 새우알을 비벼먹는 새우알 비빔면. 완탕면과 같은 에그누들을 쓴다. 한국인에게 많이 알려진 면요리는 아니지만, 마카오 좀 다녀본 사람들은 우리가 중국집에서 짜장이냐 짬뽕이냐를 고민하는 것처럼, 완탕면과 하찌로우면 중 뭘 주문해야 할지 고민한다. 하찌로우민의 '하찌'는 새우알을 뜻하는 광둥어다. 아주 작은 새우알이 면발에 다닥다닥 붙어있는데 그 향미가 엄청나 한 젓가락 먹으면 농밀한 새우향이 입속에 밀려들어온다.

킨차우응아우호

웡치케이($61) p.170
록케이쪽민($48) p.188
로우케이($65) p.245
웡쿤 레스토랑 ($78) p.306

로우케이

웡쿤 레스토랑

킨차우응아우호 乾炒牛河

물에 불린 넓적한 쌀국수를 간장으로 양념해 소고기와 숙주나물 등의 채소와 함께 볶았다. 중국은 밀가루 면은 麵, 쌀국수는 모양에 따라 米, 粉, 河로 구분한다. 호 河는 강이란 뜻인데, 넓적한 쌀국수를 건져 테이블에 떨어트리면 면의 굴곡이 높은 산에 올라 내려다보는 강줄기 같아서 붙은 이름이다. 통통한 면발이 수제비처럼 쫄깃쫄깃한 게 특징. 기름을 넉넉하게 쓰지만 기름기를 꾸덕꾸덕하게 날려 느끼한 맛을 중화시키는 것이 요리의 관건이다.

차오저우식 쌀국수
신무이 굴국수 ($28~55)
p.234

신무이에서 면 선택하기

• 쌀국수 粉 or 米
粉絲 실처럼 가느다란 쌀국수
河粉 베트남식 쌀국수에 쓰이는 넙적한 모양
米線 우동 굵기의 쌀국수
瀨粉 찹쌀로 만든 우동모양의 끈끈한 쌀국수

• 밀가루 국수 麵
蛋麵 or 幼麵 완탕면에 들어가는 노란 에그 누들
粗麵 수제비 식감의 쫄깃한 면

차오저우식 쌀국수

차오저우탕면 潮州粉

마카오 해장 메뉴 끝판왕. 차오처우는 광둥성 동부 지역의 이름이다. 광둥 등의 전통 중국요리가 간장으로 간을 맞추는 데 비해 차오저우는 소금으로 간을 한다. 조리법이 사뭇 달라 보통은 가격대가 있는 고급 요리 장르로 분류된다. 이중 소위 '굴국수'라고 알려진 차오저우탕면은 여행자도 쉽게 맛볼 수 있는 면요리다. 군더더기 없는 수수한 국물 맛에 약간 뻣뻣한 느낌의 쌀국수가 의외로 조화로운 맛을 낸다. 여기에 이래서 단가가 맞을까 싶을 정도로 굴을 듬뿍 올렸다. 한국인들은 고추기름 소스나, 매운 고추 피클을 곁들여 먹는다.

달콤하거나 짭짤하거나

마카오 디저트&주전부리 메뉴판

마카오 여행에 단맛이 필요할 때, 짠맛이 당길 때
여행길 내내 펼쳐보기 좋은 디저트 메뉴판 대공개

에그타르트

겹겹이 바삭한 페이스트리에 달콤하고 부드러운 에그 필링. 향미를 더해주는 캐러멜 코팅까지. 모아 놓고 보면 맛없기도 힘든 조합인데, 마카오처럼 맛있게 만드는 동네도 잘 없다. 귀국길에 몇 상자씩 사 가는 이들도 많으니 일단 보이면 일단 혀로 느끼고 배에 저장해두자.

★마가레트 카페 이 나타 p.176
★푸타자나이 p.179
★로드 스토우즈 베이커리 p.276, 331

로드 스토우즈 베이커리

푸타자나이

마가레트 카페 이 나타

산호우레이

비터 스윗

세라두라

비스킷 가루와 크림을 층층이 쌓아 만든 마카오의 대표적인 디저트. 크림의 질에 따라 맛이 들쑥날쑥하고 잘 만들어봐야 평타에 그치는 경우가 많지만 마카오에서만 먹을 수 있다는 희소성 때문에 자꾸 손이 간다. 일단 마카오 인증샷 소품으로 최고. 포트와인과 잘 어울린다.

★카페 벨라비스타 p.235
★비터 스윗 p.263

이슌 밀크 컴퍼니

쭈빠빠우

포르투갈 전통 빵에 간장 양념 돼지고기를 끼워먹는 마카오식 버거 혹은 샌드위치. 바삭한 빵에 불 향이 밴 달착지근한 고기를 끼운 것뿐인데 어지간한 요리 부럽지 않을 정도로 맛있다. 집마다 맛을 내는 방식이 조금씩 달라 '쭈빠빠우 순례'를 떠나는 재미도 쏠쏠하다.

★산호우레이 p.260
★세기카페 p.261
★이슌 밀크 컴퍼니 p.177

산호우레이

카페 벨라비스타

버블티 & 밀크티

마카오에서는 다양한 브랜드의 진한 밀크티를 저렴한 가격에 먹을 수 있다. 더위에 지쳤다면 청량음료보다는 시원하고 진한 밀크티를 즐기는 것이 마카오 여행의 재미. 특히 세나도 광장 커리 어묵 골목에는 수많은 커리 어묵집과 공차, 컴바이 등의 유명 버블티 전문점이 이웃하고 있어 간식과 티타임을 함께 즐기기 좋다.

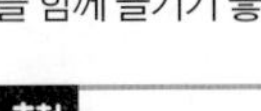
★컴바이 p.178

컴바이

이슌 밀크 컴퍼니

우유푸딩

우유를 끓인 후 응고시킨 광동지역 전통 디저트. 진한 우유 향으로 호불호는 엇갈리는 편. 특히 이슌 밀크 컴퍼니의 우유 향이 진한 편으로 응축한 분유 맛에 가깝다. 우유 향이 부담스럽다면 생강이나 단팥이 든 푸딩을 선택하는 것도 좋은 방법.

★이슌 밀크 컴퍼니 p.177
★보건 우유공사 p.177

목이케이

두리안 팬케이크 & 아이스크림

'과일의 여왕'을 영접하기에 마카오만큼 좋은 여행지도 없다. 먹을 줄 아는 이라면 반드시 도전해볼 만한 100% 두리안 과육으로 만든 팬케이크와 품질 좋은 두리안으로 만든 두리안 아이스크림까지, 두리안 초행자도 마니아로 만들 디저트 수작이 가득하다.

추천 맛집
★목이케이 p.263
★골든 믹스 디저트 p.189

커리 어묵

인도의 커리와 일본의 어묵을 조합한 간식. 홍콩에서 만들어져 마카오로 전파됐다. 마카오식 커리 어묵은 온갖 채소를 넣어 한 그릇에 담아낸다. 이런저런 식재를 한데 섞는 건 중국 대륙의 마라탕의 영향이다. 이 소소한 분식에 대체 몇 나라가 스며들었는지 놀라울 따름.

추천 맛집
★로카우 맨션 꼬치거리 p.158
★항야우 p.174

어머, 이건 사야해

마카오 쇼핑 리스트

마카오만의 독자적인 아이템과
마카오에서 만날 수 있는 포르투갈 아이템에 집중했다.

블루베리 누가 藍莓紐結糖

초이헝윤 베이커리

달걀흰자 거품에 꿀, 시럽, 견과류를 넣어 굳힌 유럽식 당과류. 초이헝윤 베이컬의 숨겨진 효자 품목으로 '블루베리 유과'라고도 불린다.

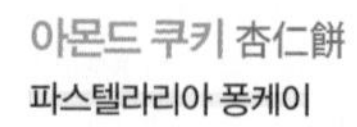

아몬드 쿠키 杏仁餅

파스텔라리아 퐁케이

다른 아몬드 쿠키와 비교할 수 없는 부드러운 식감과 맛. 마카오에서 아몬드 쿠키를 구입한다면 기억해둬야 할 곳.

호두 쿠키 合桃酥

초이헝윤 베이커리

초이헝윤의 대표 상품인 아몬드 쿠키만큼 인기 높은 호두 쿠키. 부드러운 '단짠' 맛이 특징으로 고소하고 입안에서 살살 녹는 맛이 중독적이다.

캐슈넛 쿠키 腰果曲奇餅

럭키 쿠키

캐슈넛 맛이 인기. 리스보아 호텔 1층과 공항에서 구입할 수 있다.

피닉스 에그롤 鳳凰卷

코이 케이 베이커리

얇은 반죽에 말린 돼지고기 분말 Pork Floss을 넣고 돌돌 말아 구웠다. 짭짤하고 기름진 고기 맛 과자에 김을 감싼 맛. 바삭바삭해 맥주 안주로 최고.

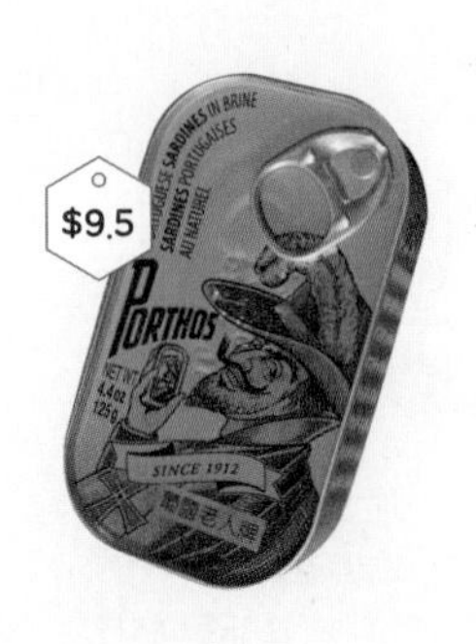

소금물 정어리 통조림 Porthos Sardines in Brine

파크슨

포르투갈에서 온 정어리 통조림. 소금에 절여 깔끔한 맛이다. 간편하게 정어리 파스타를 요리하거나 빵에 곁들여 먹기 좋다.

$15

매운 토마토 정어리 통조림

Porthos A LA SAUCE DE TOMATE PIQUANTE

파크슨

매운 토마토소스에 절인 정어리 통조림. 따로 요리하지 않고 맨입으로 먹어도 맛있다. 술안주로도 그만.

문어 통조림 POLVO EM AZEITE

로자 다스 콘체르바스

올리브 오일에 절인 문어 통조림. 짭짤한 문어의 감칠맛이 호된 가격을 잊게 한다. 특별한 기념품이나 선물용으로도 추천.

참치 통조림 Bom Petisco Atum em Azeite

로자 다스 콘체르바스

올리브 오일에 절인 참치 통조림.

마그넷 엽서

포르투갈 서점

포르투갈의 대표 요리중 하나인 문어샐러드 레시피가 그려진 일러스트

손톱깎이

포르투갈 서점

세인트폴 성당을 기념할 수 있는 손톱깎이

마카오 표지판 마그넷

마카오 크리에이션즈

여행 기념품으로 인기 있는 품목. 마카오 길 이름이 새겨진 심플한 디자인이다.

머그컵

마카오 크리에이션즈

판다 캐릭터와 마카오 상징들을 결합시킨 인기제품.

천연 비누

카스텔벨

포르투갈의 명품 비누 브랜드 카스텔벨, 향이 끝내준다.

핸드크림

카스텔벨

향이 좋기로 유명한 카스텔벨의 핸드크림

십자가

대성당(내부 오른쪽) 성물방

십자가상, 메이드인 이탈리아

우체통

중앙우체국

중국반환전 우체통으로 포르투갈과 동일한 스타일

파티마의 성모님패

대성당(내부 오른쪽) 성물방

목걸이용 성물

열쇠고리

해양박물관

포르투갈 항해의 필수품이였던 나침반 무늬가 들어간 기념품

갈로 마그넷

포르투갈 서점

포르투갈어로 숫닭을 의미하는 갈로 GALO 마그넷.

기아 요새 마그넷

포르투갈 서점

마카오의 주요 풍경을 스케치한 마그넷 시리즈

갈로 동전지갑

포르투갈 서점

포르투갈의 상징 갈로가 그려진 동전지갑

키 홀더

오문 o-moon

포르투갈풍 아줄레르 문양이 들어간 카드 지갑

쿠토 치약

메르세아리아 포트쿠기사

포르투갈의 대표 치약, 깔끔한 맛.

쿠토 립밤

메르세아리아 포트쿠기사

선물용으로 뿌리기도 좋은 포르투갈의 국민 립밤

토마토 잼

메르세아리아 포트쿠기사

녹색 토마토 잼

다양한 아이템들이 한 공간에 가득

마카오 슈퍼마켓 대해부

현지인들의 실생활을 엿볼 수 있는 곳.
저렴하게 와인과 간단한 먹거리를 헌팅하기에도 기념품을 구입하기에도 좋다.

로이로이 슈퍼마켓 來來超級市場

마카오 곳곳에 30여 개의 점포를 두고 있는 로컬 슈퍼마켓 체인. 생활 잡화는 물론, 현지 식료품과 수입 식품 등을 꽤 충실하게 갖추고 있다. 매장마다 차이는 있지만 대체로 매장 규모가 크고 잘 정돈돼 있어 대형 마트를 둘러보는 느낌으로 쾌적하게 쇼핑을 즐길 수 있다. 영업시간은 09:00~22:00으로 여행자들이 가장 많이 찾는 매장은 만다린 하우스 인근의 1호점, 돔 페드로 5세 극장 인근의 31호점 · 32호점, 뉴 야오한 백화점 앞 21호점 등이다.

산미우 슈퍼마켓 新苗超级市场

마카오 대표 슈퍼마켓 체인 중 하나. 마카오 전역에 20여 개의 점포를 두고 있다. 매장마다 차이가 있지만 일부 매장은 초밥 같은 즉석식품을 충실하게 갖추고 있어 여행길 간편하게 끼니를 때우고 싶을 때 둘러보기 좋다. 평균 영업시간은 11:30~23:30이며, 24시간 영업하는 지점도 있다. 여행자들이 가장 많이 찾는 매장은 만다린 하우스 인근의 12호점, 성 도미니크 성당 인근의 4호점, 로우임옥 공원 인근의 16호점 등이다.

선스코 슈퍼마켓 新花城超級市場

24시간 영업하는 로컬 슈퍼마켓. 로이로이나 산미우에 비해 규모가 작고 상품 구색도 단조로운 편이지만, 편의점처럼 24시간 영업해 시도 때도 가리지 않고 이용할 수 있다. 마카오 내 체인은 10곳 내외로 매장 수가 많은 편은 아니지만 만다린 하우스, 돔 페드로 5세 극장, 펠리스다데 거리 등 여행자가 가장 많이 모이는 세계문화유산지구는 물론 마카오 반도 남부와 북부에도 체인을 두고 있어 접근성이 좋은 편이다.

뉴야오한 백화점 슈퍼마켓 新八佰伴市場

뉴야오한 백화점 7층 식품관은 여행자들이 접근하기 좋은 장보기 포인트다. 선물용으로 좋은 포르투갈산 와인을 비롯해 세계 각국의 수입 식품을 한 자리에 모아두었다. 중국차를 비롯해 다양한 세계의 차를 만나볼 수 있으며 파우치 레토르트나 통조림 등의 가공식품 종류도 다양하다. 단, 백화점 내 식품관인 만큼 일반 슈퍼마켓에 비해서는 가격대가 조금 높은 편. 단순 생필품이나 식품은 일반 슈퍼마켓을 이용하는 편이 훨씬 경제적이다.

막스 앤 스펜서

의류, 식품, 가정용품 등을 판매하는 영국의 다국적 기업 막스 앤 스펜서의 마카오 매장. 코타이 베네시안과 샌즈 코타이 센트럴 등에 점포를 두고 있다. 마카오에 있는 다국적 기업의 마켓인 만큼, 세계 각국의 과자, 음료, 디저트 등을 쇼핑할 수 있다. 특히 터키를 대표하는 디저트 터키쉬 딜라이트($69)가 일품인데, 설탕과 전분으로 만들고 장미수와 레몬즙으로 향과 맛을 더해 은은한 향이 그만이다. 쇼핑의 재미를 더하는 '1+1 행사'도 자주 진행한다.

파크손숍 百佳超級廣場

마카오와 홍콩에 200여 개 점포를 둔 대표적인 슈퍼마켓 체인. 마카오에서 깔끔한 슈퍼마켓을 찾는다면 파크슨으로 가면 된다. 규모가 작아 마켓보다 편의점에 가까운 느낌이지만, 과일이나 초밥 등 즉석 식품은 물론 음료, 의약품, 생필품, 잡화 등을 다양하게 갖추고 있다. '베스트 바이 BEST BUY'라는 이름으로 자체 제작 오리지널 브랜드 상품을 선보이는데 가격이 저렴해 현지에서도 인기가 좋다. 영업시간은 평균 09:00~23:00이다.

ALL 마카오 슈퍼마켓 쇼핑 리스트

올리브 병조림

포르투갈 브랜드 Maçarico의 올리브. 저렴한 가격에 최고의 올리브를 맛볼 수 있다.

거북젤리

홍콩의 유명 브랜드 호이틴통 海天堂의 거북젤리를 슈퍼마켓에서 구매할 수 있는 기회.

허벌캔디

천연 성분으로 만든 홍콩표 목캔디. '감기 시럽'으로 유명한 닌좀제약의 제품이다.

테라칩스

일명 '고소영 과자'로 유명한 건조 채소 과자. 국내보다 저렴한 가격에 판매한다.

생과일

잘라서 먹기 좋게 포장된 과일, 파파야.

슈퍼 복

마카오에서 포르투갈의 '국민 맥주'를 맛보자. 풍부한 바디감에 부드러운 목넘김이 특징.

스콜 맥주

홍콩 맥주 판매 2위에 빛나는 브라질 맥주. 벌컥벌컥 들이키기 좋은 청량한 라거 맥주다.

마카오 맥주

마카오 여행 인증샷 필수품. 도수 5.5% 에일 맥주로 홉의 향과 풍미가 잔잔하다.

파파야 우유

홍콩의 유명 브랜드인 카우롱 우유에서 출시한 파파야 우유. 변비에 직방인 건 먹어본 사람만 아는 비밀.

$15.8

레몬티($10)

홍콩 브랜드 양광 陽光에서 출시한 레몬티. 더울 때 갈증을 날려주는 보약이 따로 없다.

$10

망고주스

홍콩 브랜드 홍복당 鴻福堂에서 출시한 망고주스. 편의점 & 슈퍼마켓 음료계 인기 No.1.

페낭 화이트 커피

말레이시아 커피, 달달하고 진한맛이 일품.

델리 프레시 홍콩 구아바믹스주스

현지에서 사랑받는 델리 프레시 주스 시리즈. 망고주스가 가장 유명하지만 구아바믹스주스도 강력 추천.

테일러 오브 헤로게이트 얼그레이

영국의 대표 홍차 브랜드중 하나. 티백형태라 먹기도 편하고 맛은 제대로다.

캐빈디쉬엔하비

체리향이 달콤하고 새콤한 맛. 독일 유명 사탕 브랜드

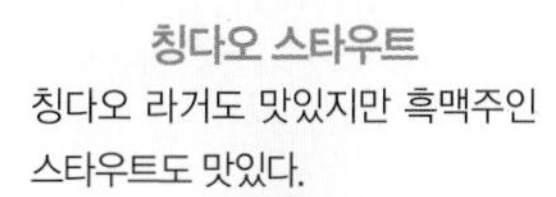

사그레스 Sagres

포르투갈에서 슈퍼복 다음으로 많이 판매되는 맥주.

칭다오 스타우트

칭다오 라거도 맛있지만 흑맥주인 스타우트도 맛있다.

페트러스 오드 브런

최근 유행인 신맛이 특징인 벨기에 맥주.

마카오에서 포르투갈을 취하는 방법

마카오 와인 쇼핑

마카오에서 포르투갈 와인을 마시고 취하는 건
주당으로서의 당연한 의무이자 권리.

포르투갈 와인 100배 즐기기

STEP 1

와인 바로 알기

포르투갈의 대표 와인은 포트와인 Port wine과 비뉴 베르디 Vinho Verde로 나뉜다. 포트와인은 일반적으로 도수가 18~20도 정도로 일반 와인에 비해 독하다. 장기운송 도중에 와인이 상하는 걸 막기 위해 브랜디를 첨가하기 때문인데, 보통의 와인이 발효 과정에서 단맛이 모두 날아가는 것과 달리 포트와인은 브랜디를 첨가하면서 발효를 중지시켜 포도의 단맛이 고스란히 남아 있다. 달콤한 맛이라 식사 전이나 중보다 주로 식후 술로 즐긴다. 향보다는 맛을 중시하는 와인이라 자그마한 잔을 사용한다.
비뉴 베르디는 전 세계에서 오직 한 곳 포르투갈에서만 생산되는 와인이다. 포도가 초록빛을 띨 때 수확해 만드는 와인으로 당도와 도수가 낮고 산미가 특징. 투명한 연둣빛이 돌아 영어로 '그린 와인'이라고 불린다. 입맛을 돋우는 식전 와인으로 추천한다.

포트와인(포르투 와인) Port wine
–진한 붉은색
–도수 18~20도의 부드럽고 달콤한 맛
–식사 후에 한 잔
–디저트와 환상의 조합

비뉴 베르디 Vinho Verde
–투명한 연둣빛
–당도와 도수가 낮고 산뜻한 산미가 특징
–식사 전에 한 잔

STEP 2

와인 맛보기

마카오 대부분의 매캐니즈, 이탈리안, 차이니즈 레스토랑은 별도의 와인 리스트를 갖추고 있다. 특히 마카오의 명물인 에그타르트와 포트와인은 각자의 단맛을 상승시켜주는 훌륭한 조합이다. 콜로안의 로드 스토우즈 가든 카페는 그런 점에서 아주 훌륭한 낮술 포인트.

STEP 3

와인 쇼핑하기

레스토랑을 돌면서 포르투갈 와인을 충분히 맛보았다면, 이 즐거움을 한국에서도 누리고 싶은 욕심이 든다. 마카오 반도 시내 곳곳에 와인 전문점이 있긴 한데 가격도 천차만별일 뿐더러, 이런 곳들은 고가의 빈티지 와인을 주로 판매한다. 다양한 와인을 부담없는 가격에 쇼핑하고 싶은 여행자에게는 마카오 반도에 있는 뉴야오한 백화점 7층 식품관을 추천한다. 마카오 곳곳에서 볼 수 있는 슈퍼마켓 체인인 로이로이 來來, 산미우 新苗 등도 큰 와인 매대를 갖추고 있는데, 이곳에서도 포르투갈 와인을 구입 할 수 있다. 코타이의 경우는 베네시안 그리고 샌즈 코타이 센트럴에 있는 막스 앤 스펜서에서 구입이 가능하다.

한눈에 보는 포트와인 등급

루비 포트 Ruby Fort
가장 흔하고 저렴한 대중적인 포트와인. 2~3년 숙성해 루비와 같은 맑은 붉은 색을 띤다. 마실 때 약간 목에 걸리는 느낌이 난다. 6년 이상 숙성한 루비 포트는 리저브 루비 Reserve Ruby라는 이름을 붙인다. 숙성 시간이 두 배인 만큼 맛도 한층 부드러운 편.

빈티지 캐릭터 포트 Vintage Character Fort
루비 포트의 최고봉. 숙성한 루비 포트를 다시 오크통으로 옮겨 5년 추가로 숙성 과정을 거친다. '루비가 그래봤자 루비'라는 사람도 있지만 어지간한 타우니 포트보다 이게 낫다는 사람도 있다.

타우니 포트 Tawny Port
루비 포트보다 한 등급 위인 포트와인. 5~6년간 숙성해 호박색을 띠며 맛도 더 드라이하다. 위스키와 같은 컬러로 '위스키 와인'이라는 별칭으로도 불리며 루비 포트와 달리 식전주로 애용된다. 보통 등급보다 오래 숙성한 리저브 타우니 Reserve Tawny가 있으며 10~40년 장기 숙성한 경우 에이지드 타우니 Aged Tawny 이름을 붙여 최고 등급으로 분류한다.

레이트 바틀드 빈티지 포트 Late Bottled Vintage Port
줄여서 LBV라고도 표기한다. 특정 연도의 빈티지 와인을 뜻하는 말이지만 최상급은 아니다. 대부분 6년 정도 보관 후 출시되는데, 오래된 와인일수록 그 가치가 올라간다.

빈티지 포트 Vintage Fort
최고의 해에 최고의 포도를 사용해 제작 허가를 받은 명장만 빚어낼 수 있는 와인이다. 당연히 가격도 최고가를 자랑하지만 페레이라 2007빈티지 같은 경우는 $500이하의 가격으로 만나볼 수도 있다.

저자 추천 포트와인 브랜드

테일러즈 TAYLOR'S

1692년에 창업한 포르투갈 포트와인 명가. 대표 상품은 파인 루비 포트 Fine Ruby Fort다. 물론 예산이 넉넉하다면 10~20년 숙상한 고급 와인부터 19세기에 제조된 빈티지 와인까지 찾아볼 수 있지만, 일반 슈퍼마켓에서는 파인 루비 포트 정도가 무난하다. 우리가 체크한 가격으로는 뉴야오한 백화점 기준 Fine Ruby $160, Late Bottled Vintage Port 2012가 $260, 10 Years Old Tawny가 $395, 20 Years Old Tawny가 $765 정도.

페레이라 FERREIRA

1751년에 창업한 포트 와인 셀러. 국제적인 와인대회에서의 수상 경력만 따진다면 페레이라가 탑 클라스 중 하나다. 포르투갈 현지 점유율도 페레이라가 가장 높다.

루비→타우니→리저브 타우니 식으로 등급이 올라가는데, 마카오에서는 루비, 리저브 타우니, 10년짜리 올드 타우니가 자주 눈에 띈다. 각각 $95, $149, $240 정도로 크게 비싸지 않은 편.

다우즈 Dow's

1798년 설립된 포트 와인중에서는 조금 비싼 브랜드. 전세계 프리미엄 포트 와인 시장에서 30% 정도의 지분을 가지고 있는 회사다. 마카오에서는 파인 루비, 파인 타우니, 2011 Late Bottled Vintage, 10 Years Old Tawny를 흔히 볼 수 있다. 각각 $185, $185, $270, $405 정도.

GRAND
HYATT

호텔

마카오 호텔 가이드

가성비 · 접근성 · 럭셔리 베스트

마카오 호텔 가이드

항공권을 예약한 후 가장 먼저 하는 일은 숙소 예약이다.
특히나 마카오는 숙소 요금이 전체 여행 경비에서 가장 큰 비중을 차지한다

민박·에어비앤비 등 저가 숙소 전멸

'카지노 도시' 마카오 내 대부분의 숙소는 대형 카지노에 부속된 호텔 리조트다. 설상가상으로 민박과 에어비앤비도 불법이라 홍콩을 비롯한 중화권 도시에서 흔히 볼 수 있는 한인 민박도 없다. 상황이 이렇다 보니 중저가 숙소가 절대적으로 부족한 상황. 유스호스텔이 하나 있긴 한데 접근성이 떨어지는 콜로안 섬 끄트머리에 있어 시내를 오가기 불편하다.

합리적인 가격의 5성급 호텔 격전지

저가 숙소는 전멸했지만, 그 대신 5성급 호텔 숙박료가 주변 국가에 비해 꽤 저렴하다. 일정 기준 이상의 숙박료를 지불할 의사가 있다면 호화로운 부대시설을 자랑하는 리조트 호텔에 머물 수 있다. 당연한 이야기지만 평일보다 주말 숙박료가 1.5배 높다. 주말에 공휴일 연휴가 더해지면 여행자와 갬블러가 쏟아져 방값은 하늘 높은 줄 모르고 치솟는다.

마카오 호텔은 365일 콘테스트 중

코타이의 카지노 리조트 호텔은 저마다의 테마로 중무장한 대형 테마파크이기도 하다. 이탈리아의 베네치아, 프랑스 파리에 영화 속 고담시티를 옮겨놓은 곳도 있다. 더 화려하게 더 새롭게 꾸미기 위한 경쟁이 치열한데 최근의 화두는 바로 수영장! 갤럭시 마카오가 세계 최대 규모 세계 유수풀이 있는 그랜드 리조트 데크를 오픈한 이후 경쟁 열기가 나날이 뜨거워지고 있다.

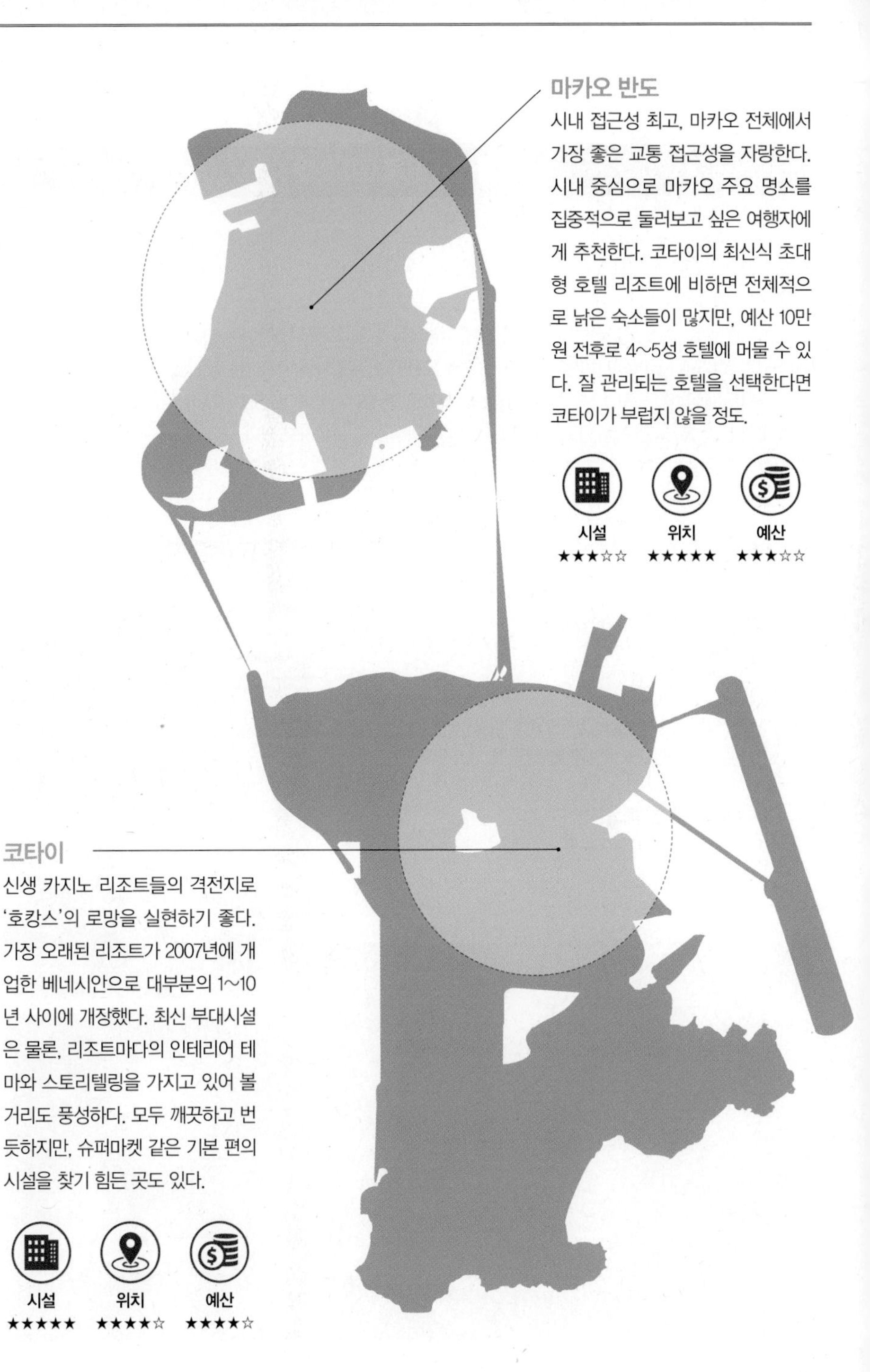

마카오 반도

시내 접근성 최고, 마카오 전체에서 가장 좋은 교통 접근성을 자랑한다. 시내 중심으로 마카오 주요 명소를 집중적으로 둘러보고 싶은 여행자에게 추천한다. 코타이의 최신식 초대형 호텔 리조트에 비하면 전체적으로 낡은 숙소들이 많지만, 예산 10만 원 전후로 4~5성 호텔에 머물 수 있다. 잘 관리되는 호텔을 선택한다면 코타이가 부럽지 않을 정도.

시설	위치	예산
★★★☆☆	★★★★★	★★★☆☆

코타이

신생 카지노 리조트들의 격전지로 '호캉스'의 로망을 실현하기 좋다. 가장 오래된 리조트가 2007년에 개업한 베네시안으로 대부분의 1~10년 사이에 개장했다. 최신 부대시설은 물론, 리조트마다의 인테리어 테마와 스토리텔링을 가지고 있어 볼거리도 풍성하다. 모두 깨끗하고 번듯하지만, 슈퍼마켓 같은 기본 편의시설을 찾기 힘든 곳도 있다.

시설	위치	예산
★★★★★	★★★★☆	★★★★☆

가성비 甲 중저가 호텔

호텔 로열 마카오
皇都酒店 Hotel Royal Macau

US$100 예산으로 숙소를 구한다면 강력 추천할 만한 4성 호텔. 모두들 코타이에 신경이 팔려 있던 2006년, 특이하게 마카오 반도 구도심에 오픈했다. 위치가 애매하다는 평도 있지만 세나두 광장까지 도보 15분, 탑섹 광장과 성 라자로 구역도 지척이다. 주변 시내버스 노선이 약한 건 흠. 외관은 좀 단조로운 편으로 380개의 객실을 보유하고 있다. 대리석으로 꾸민 나름(!) 호화 욕실 등 4성 호텔 치고는 여러모로 신경 쓴 흔적이 엿보인다. 온수가 공급되는 실내 수영장과 작지만 헬스클럽도 있다.

지도 MAP 6Ⓙ
주소 Estr. da Vitoria, 2-4
전화 2855-2222
요금 $806~2,162, 스위트 $1,496~2,853
홈피 www.hotelroyal.com.mo

마카오 페리 터미널 소형 셔틀버스 이용
마카오 국제공항 · 타이파 페리터미널 택시 이용

唔該. 去皇都酒店.
음꺼이. 허이 웡또우짜우띰.
호텔 로열 가주세요.

마카오 페리 터미널 소피텔 호텔 셔틀버스 이용. 하차 후 도보 5분

마카오 국제공항 · 타이파 페리터미널 택시 이용. $80~100선. 인근의 소피텔 호텔로 행선지를 밝히자.

唔該. 去怡富酒店(索菲特酒店).

음꺼이. 허이 이푸짜우띰(쏘페이딱짜우띰).

이푸 호텔(소피텔 호텔) 가주세요.

2 이푸 호텔

怡富酒店 I Fu Hotel

2018년에 새로 생긴 호텔. 마카오 내항과 세나두 광장 사이, 접근성이 좋은 위치에 있다. 로컬 레스토랑과 커다란 슈퍼마켓이 있는 시월초오가도 지척이며 주변 대중교통을 이용하기에도 편리하다. 이 일대는 전형적인 구시가로 저렴한 숙소들이 많은데 가성비면에서 보자면 이푸 호텔이 압도적이다. 대대적인 리모델링을 거쳐 주변에서 가장 번듯한 건물을 자랑하며 배낭여행자에게도 부담 없는 가격대로 널찍한 객실에 머물 수 있다. 바로 맞은편 주택가가 훤히 보이는 널찍한 창이 인상적이며 욕실과 화장실은 분리형이다.

지도 MAP 4Ⓖ
주소 32-34 R. Nova do Comercio
전화 2892-0332
요금 더블 $486~
홈피 www.ifuhotel.com

3 올레 런던 호텔

澳門澳萊英京酒店 Ole London Hotel

마카오 반도 서쪽의 퐁씨 오르타 구역은 베스트 웨스틴을 비롯한 크고 작은 숙소가 있는 마카오의 대표적인 숙소 밀집지역이다. 올레 런던 호텔은 그중에서도 꽤 유명한 중저가 호텔로 최근 리모델링을 거쳐 더 깨끗해졌다. 좁은 방은 감수해야 하지만 가격대에 비교해 깔끔하게 관리된 객실과 욕실을 갖추고 있다.

지도 MAP 5Ⓒ
주소 4-6 Praça de Ponte e Horta
전화 2893-7761
요금 더블 $659~1,860, 트윈 $754~1,993
홈피 www.olelondonhotel.com

마카오 페리 터미널 M239 Outer Harbour Ferry Terminal 정류장에서 시내버스 3번 탑승, M134 Almeida Ribeiro/Weng Hang 정류장 하차 후 도보 8분

마카오 국제공항 T356 Macau International Airport 정류장에서 시내버스 MT4번 탑승, M137 R Das Lorchas 정류장 하차 후 도보 3분

타이파 페리터미널 T345 Temporary Ferry Terminal 정류장에서 시내버스 MT4번 탑승, M137 R Das Lorchas 정류장 하차 후 도보 3분

唔該. 去澳門澳萊英京酒店(澳门新新酒店).

음꺼이. 허이 오문오로이잉낑짜우띰(오우문 싼싼짜우띰).

올레 런던 호텔(베스트 웨스틴) 가주세요.

더 마카오 루즈벨트
罗斯福酒店 The Macau Roosevelt

코타이 외곽, 경마장과 접해있다. 코타이의 주요 포인트들과 도보 15~20분정도 떨어져 있다는 점은 장점과 단점을 공유한다. 주요 볼거리로의 연결이 좀 성가신 대신, 코타이 특유의 번잡함과 떨어질 수 있다는 장점이 있다. 특히 경마장의 녹지가 훤히 내려다보이는 특이한 뷰가 인상적. 강 건너편은 중국의 주하이다. 객실은 아주 밝고 깔끔하다. 사실 코타이에서 가격대비 객실의 퀄리티로만 보자면 마카오 루즈벨트가 제일이다. 작은 실외수영장이 있는데, 역시나 조용하다는 게 사람에 따라 꽤 큰 장점일 수 있다. 셔틀버스가 제한적인 대신, 시내버스 정류장은 멀지 않다. 저자들처럼 오래 머물러야 하는 입장에서는 단점보다 장점이 많은 집이다. 호텔 안에 작은 슈퍼마켓이 있다.

지도 MAP 1Ⓖ
주소 Av. dos Jogos da asia Oriental
전화 2882-0100
요금 트윈 $791~2,050, 스위트 $989~2,308
홈피 themacauroosevelt.com

마카오 국제공항 · 마카오 페리터미널 · 타이파 페리터미널 셔틀버스를 운행하지만 하루 6~10편 정도로 여의치 않으면 택시를 타야 한다.

唔該. 去罗斯福酒店
음꺼이. 허이 로씨푹짜우띰.
더 마카오 루즈벨트 가주세요.

더 카운트 다운 호텔

5 迎尚酒店 The Countdown Hotel

코타이에 있는 4성 호텔. 코타이 중심부에서는 쉐라톤과 함께 가장 가성비가 좋은 숙소 중 하나다. 옛 하드락 호텔에서 전면 리모델링하며 이름을 바꿨다. 카운트 다운이라는 호텔명은 네덜란드의 설치미술 작가인 마르텐 바스 Maarten Baas가 지대한 영향을 미쳤다. 로비에서 볼 수 있는 거대한 시계를 빙자한 설치미술은 약 10일간 촬영한 것이라고. 하드락 호텔 시절부터 호평 받았던 가격대비 넓은 객실은 여전하고, 베네시안 뷰의 방에서 바라보는 풍경도 아름답다. 다만 객실의 구조나 배치가 단조로운 것이 아쉬운 대목이다.

지도 MAP 10Ⓖ
주소 Estrada do Is tmo, Cotai
전화 8868-3333
요금 $1,199~2,879
홈피 www.cityofdreamsmacau.com

마카오 국제공항 · 마카오 페리터미널 · 타이파 페리터미널 셔틀버스 이용

唔該. 去迎尚酒店, 新濠天地

음꺼이. 허이 인썽짜우띰(싼오틴떼이).

카운트다운 호텔(시티 오브 드림즈/COD) 가주세요.

브로드웨이 호텔

6 澳門百老匯 Broadway Macau Hotel

코타이에 있는 호텔치고는 규모가 작은 편으로 약 320개의 객실을 가지고 있다. 공간 활용도가 높은 편이라 그리 좁다는 생각은 들지 않는다. 가장 큰 장점은 길 건너편에 있는 갤럭시 마카오와 같은 계열이라, 브로드웨이 호텔 투숙객도 갤럭시 마카오의 그랜드 리조트 데크 Grand Resort Deck를 이용할 수 있다는 것. 카지노 리조트의 모든 설비를 즐길 수 있는 가장 저렴한 호텔이 최대 어필 포인트다. 코타이에서 가장 맛있는 푸트코트가 바로 옆에 있다.

마카오 국제공항 · 마카오 페리터미널 · 타이파 페리터미널 셔틀버스 이용

唔該. 去澳門百老匯.

음꺼이. 허이 오우문빡로우우이.

브로드웨이 호텔 가주세요.

지도 MAP 10Ⓘ
주소 Avenida Marginal Flor de Lotus, COTAI
전화 8883-3338
요금 트윈 $1,098~2,753
홈피 www.broadwaymacau.com.mo

접근성 甲 시내 중심 호텔

1 호텔 리스보아
澳門葡京酒店 Hotel Lisboa

한 때 마카오를 대표했던 호텔이다. 1970년에 오픈한 오래된 호텔도 관리만 잘되면 누구도 넘볼 수 없는 매력을 갖게 된다. 자재가 상대적으로 저렴하던 시절에 지었기 때문에 대리석 등 지금은 꿈도 꿀 수 없는 내장재가 마구 사용되었다. 편차가 있긴 하지만, 운이 좋으면 저렴한 가격에 타일과 대리석이 어우러진 저택 느낌의 객실을 얻을 수 있다. 실내 수영장이나 짐 등 고급 호텔이 가져야할 부대시설도 갖추고 있다.

건너편 그랜드 리스보아와는 지하를 통해 연결된다. 사실 리스보아 호텔에 머문다면 마카오 미슐랭을 거의 휩쓸다시피한 호텔 부설 레스토랑을 즐기기 편하다는 장점도 무시할 수 없다. 호텔 맞은편에 있는 커다란 시내버스 정류장 Praça Ferreira Amaral은 마카오 어디든 버스로 연결할 수 있는 일종의 포털 같은 곳이다. 이스트윙이 호텔 정문이고, 웨스트 윙은 카지노로 연결되는 입구다. 구분을 잘하지 않으면 좀 많이 걸어야 한다.

지도 MAP 7Ⓖ
주소 2-4 Av. de Lisboa
전화 2888-3888
요금 트윈 $920~3,700
홈피 www.hotelisboa.com

마카오 페리터미널 셔틀버스 이용
마카오 국제공항 · 타이파 페리터미널 시내버스 MT1번 탑승, M172 Praça Ferreira Amaral 정류장 하차

唔該. 去 澳门葡京酒店.
음꺼이. 허이 오우문포우깽짜우띰.
호텔 리스보아 가주세요.

호텔 신트라

新麗華酒店 Hotel Sintra

카지노왕 스탠리 호가 운영하는 비즈니스 호텔이다. 세나두 광장, 아요한 백화점, 마가레트 카페 이 나타 등 마카오의 주요 볼거리, 쇼핑, 디저트 전문점과 엎어지면 코 닿을 정도로 가깝기 때문에 일단 위치면에서는 최고. 하지만 호텔 자체가 낡은 감이 있어. 가격을 비교해서 300m 떨어진 호텔 리스보아가 저렴하다면 신트라에 굳이 머물 이유는 적다.

마카오 페리터미널 셔틀버스 이용
마카오 국제공항 · 타이파 페리터미널 시내버스 MT1번 탑승, M172 Praça Ferreira Amaral 정류장 하차 후 도보 5분.

唔該. 去新麗華酒店.
음꺼이. 허이 싼라이와 짜우띰.
호텔 신트라 가주세요.

지도 MAP 3Ⓚ
주소 58-62 Av. D Joao IV
전화 2871-0111
요금 $650~
홈피 www.hotelsintra.com

부대시설 甲 럭셔리 호텔

윈 팰리스

永利皇宮 Wynn Palace

비싼 방값 단단히 하는 새 숙소. 모두 1,706개의 객실을 갖추고 있다. 가장 작은 크기의 객실인 팰리스 룸 Palace Room조차 넓이가 70㎡에 달하며 가든 빌라 Garden Vila라 불리는 풀빌라도 갖추고 있다. '언제나 피어 있는 꽃'이라는 인테리어 테마가 호텔 내 쇼핑센터와 수영장까지 이어진다. 수영장 바닥의 꽃문양 타일, 샛노란 파라솔, 우거진 녹음은 마카오가 도시라는 사실을 잊게 만든다.

지도 MAP 10Ⓖ, Ⓗ
주소 Avenida Da Nave Desportiva, Cotai
전화 8889-8889
요금 $2,300
홈피 www.wynnpalace.com

마카오 국제공항 · 마카오 페리터미널 · 타이파 페리터미널 6~30분 간격으로 셔틀버스 운행

唔該. 去 永利皇宮
음꺼이. 허이 윙레이웡꿍 .
윈 팰리스로 가주세요.

2 베네시안
澳門威尼斯人 The Venetian Macau

세계에서 가장 큰 카지노 리조트의 럭셔리 부설 호텔. 3,000개의 모든 객실을 스위트룸으로 꾸몄다. 객실은 스위트룸과 VIP 스위트룸으로 구분된다. 스위트룸의 경우 객실 크기가 70㎡(21평)로 최대 4명까지 머물 수 있다. 고급스러운 내장재가 눈에 띄는데 특히 대리석으로 꾸며진 욕실이 인상적이며 침구 재질도 만족스럽다. 아이 동반 여행자라면 아예 성인 침대 2개와 어린이 침대 2개로 구성된 파밀리아 스위트룸을 선택하는 것도 좋은 방법. 아기자기한 분위기를 원한다면 복층 구조의 로열 스위트룸을 선택하면 된다.

지도 MAP 10Ⓕ
주소 The Venetian® Macao, Estrada da Baía de N. Senhora da Esperança, s/n
전화 2882-8888
요금 $1,188~
홈피 www.venetianmacao.com

마카오 국제공항 · 마카오 페리터미널 · 타이파 페리터미널 5~20분 간격으로 셔틀버스 운행

唔該. 去 澳門威尼斯人
음꺼이. 허이 오우문와이네이시얀.
베네시안 마카오로 가주세요.

키즈존	수영장	피트니스 센터	편의점	레이트 체크아웃
호텔 내 초대형 놀이방인 큐브 키즈 플레이 존(09:30~21:30)이 있다. 기본 2시간 어린이 요금을 내면 부모 중 1명은 무료 입장 된다.	4개의 실외수영장과 1개의 스파풀이 있다. 본격적인 호캉스를 계획 중이라면 4시간 30분, 8시간 임대할 수 있는 4인용 카바나를 추천한다.	Level 8에 있는 대형 피트니스 클럽(06:00~23:00)은 호텔 투숙객만 이용 가능한데 덜 붐비는 덕분에 언제나 쾌적한 환경을 자랑한다.	호텔 쇼핑 구역에 왓슨, 매닝스, 노블 마트, 막스 앤 스펜서 등 드러그 스토어와 슈퍼마켓이 있다. 생수 구입 포인트를 체크해둘 것.	$250을 추가하면 16:00까지 여유 있게 체크아웃하거나 10:00에 이르게 체크인할 수 있다. 리셉션에 문의할 것.

파리지앵
3 澳門巴黎人 Parisien

3,000여개의 객실을 보유한 대형 호텔. 에펠탑의 유명세 때문인지 맞은편의 쉐라톤 그랜드 호텔과 비교할 때 숙박료가 다소 높게 책정돼 있다. 객실은 강렬한 붉은색으로 꾸며졌다. 4인(어린이 2인)이 머물 수 있는 패밀리룸 Famille Room은 47㎡로 꽤 널찍한 편이며 인테리어도 예쁘장하게 꾸며놓았다. 객실은 다소 실망스럽지만 실외수영장은 코타이 내에서도 시설이 좋기로 명성이 자자하다. 가수 싸이의 〈뉴페이스〉 뮤직비디오를 촬영된 곳으로 비치의 썬배드에 누우면 에펠탑과 몽마르트 언덕의 풍차가 한눈에 들어온다.

지도 MAP 10Ⓙ
주소 The Parisian Macao, Estrada do Istmo, Lote 3, Cotai Strip, Macao SAR
전화 2882-8833
요금 $974~2,698
홈피 www.parisianmacao.com

마카오 국제공항 · 마카오 페리터미널 · 타이파 페리터미널 10~20분 간격으로 셔틀버스 운행

唔該. 去 澳門巴黎人
음꺼이. 허이빠라이얌오우문.
파리지앵으로 가주세요.

키즈존	수영장	편의점	레이트 체크아웃
Level 6에 미래 도시 같은 인테리어가 인상적인 키즈존 큐브킹덤(09:30~21:30, $130)이 있다. 미취학 아동보다 초등학생 이상 어린이가 더 재미있게 놀 수 있는 공간. 특히 야외 회전목마가 인기 만점.	Level 6에 실외 수영장과 별도로 어린이를 위한 유료 물놀이장 아쿠아 월드(10:00~20:00, 1인 $160)를 운영한다. 대형 워터 슬라이드 등 놀이시설이 많은데 미취학 아동의 경우에는 탈거리가 많지 않다.	푸트코트 근처 517a에 노블마트라는 작은 슈퍼마켓이 있다. 일반 마켓보다 비싸지만 호텔 미니바보다 저렴하니 생수 등을 구입할 때를 대비해 위치를 확인 해두면 편리하다.	코타이에서 가장 저렴한 가격으로 16:00에 체크아웃할 수 있는 레이트 체크아웃 제도가 있다. 도착 24시간 전까지 호텔에 연락해 'Take Your Time'에 참여하고 싶다고 말하면 추가 요금을 안내해준다

스튜디오 시티 마카오
新濠影滙 Studio City

〈배트맨〉의 배경인 고담시티를 테마로 꾸며진 호텔 리조트. 약 1,600개의 객실을 갖추고 있다. 모든 객실이 스위트룸인 스타 타워 Star Tower와 일반 객실과 스위트룸이 섞여있는 셀레비티 타워 Celebrity Tower로 나눠져 있다. 사실상 두 개의 타워는 분리된 2개의 호텔이라고 보면 된다. 가장 작은 객실이 42㎡로 널찍한 편이다. 영화 세트장을 테마로 꾸며져 객실 인테리어가 유니크하다. 300수를 자랑하는 침구에 블루투스로 제어되는 스피커 시스템도 갖추고 있다. 실내 · 실외수영장이 있는데, 실내수영장은 투숙객만 이용할 수 있다.

지도 MAP 10Ⓙ
주소 Studio City, Estrada do Istmo, Cotai
전화 8865 6868
요금 $1,300~
홈피 www.studiocity-macau.com

마카오 국제공항 · 마카오 페리터미널 · 타이파 페리터미널 6~30분 간격으로 셔틀버스 운행

唔該. 去 新濠影滙
음꺼이. 허이 싼호잉우이.
스튜디어 시티로 가주세요.

키즈존	수영장	편의점
코타이에서 가장 큰 3,000㎡ 규모 놀이방. 워너 브라더스 라이센스를 받아 슈퍼맨, 배트맨, 원더우먼 등의 캐릭터로 꾸며졌다. 이용 시간을 제한하는 다른 호텔과 달리 무제한 시간제인데 대신 성인 1인에 어린이 1명 동반 입장이 아니라 보호자도 입장권을 구입해야 한다.	갤럭시 마카오와 경쟁 관계에 있는 초대형 워터파크, 리버 스케이프 River Scape가 있다. 유수풀과 인공 모래사장이 있어 어지간한 워터파크 부럽지 않은 규모를 자랑한다. 어린이 타깃 소소한 이벤트와 키 낮은 워터 슬라이드 등이 있어 자녀 동반 여행자에게 추천한다.	리조트 내 푸드코트 마카오 거밋 워크 Macau Gourmet Walk로 올라가면 시티박스 City Box라는 작은 편의점이 있다. 일반 마켓보다 2배쯤 비싸고, 객실 내 미니바 가격보다는 2배쯤 싸다. 생수 구입을 위해 위치 정도는 파악해두는 것이 좋다.

5 MGM 코타이
美獅美高梅 MGM Cotai

'예술'과 '숲'을 테마로 하는 카지노 리조트. 총 1,390개 객실을 보유하고 있다. 마카오 내 호텔 중 가장 많은 예술 작품을 보유하고 있어 '객실이 있는 갤러리'로 보아도 손색없다. 매일 호텔 내 예술작품을 소개하는 아트 투어를 실시하는데 호텔에서 오래 머무는 편이라면 참가해 볼만하다. 가장 작은 객실의 넓이가 43㎡로 인테리어는 중국인들의 취향을 반영한 듯 금색으로 꾸몄다. 내장재는 꽤 수준급. 대부분의 호텔과 달리 바닥에 카펫을 깔지 않은 점이 특이하다. 술을 제외한 생수와 음료가 담긴 무료 미니바 정책을 시행 중이다. 가격이 호되긴 하지만 싱글 몰트로 유명한 매캘란 위스키부터 중국의 마오타이주까지 미니바의 주류 메뉴 구성이 좋아 애주가들에게 인기가 좋다. 단, 자녀를 동반한 여행자라면 어린이 투숙객을 위한 설비가 드문 편이라는 것을 기억해두자.

지도 MAP 10Ⓚ
주소 Av. da Nave Desportiva
전화 8806-8888
요금 $1,265~3,985
홈피 www.mgm.mo/en/cotai

마카오 국제공항 · 마카오 페리터미널 · 타이파 페리터미널 MQM 코타이 순환 버스가 09:00~23:30까지 10분 간격으로 운행

唔該. 去 美獅美高梅
음꺼이. 허이 메이씨메이꼬우무이.
엠지엠 코타이로 가주세요.

수영장	피트니스 센터	편의점
광활한 규모의 실외수영장이 샌즈 코타이 센트럴을 마주 본다. 다양한 관상수가 푸르게 우거져 자연 그늘을 제공한다. 여유로운 호캉스를 즐기기에 최적.	코타이 내 호넬 피트니스 센터 중에서 가장 큰 규모를 자랑한다. 꽤 전문적인 시설을 갖추고 있다.	지하 셔틀버스 탑승장 바로 앞에 편의점 체인 서클 K가 있다. 시내 편의점과 동일한 가격으로 다른 호텔 내 슈퍼마켓의 절반 가격이다.

스케일 甲 연합체 호텔

1 갤럭시 마카오
澳門銀河 Galaxy Macau

5개의 대형 호텔을 거느리고 있는 매머드급 카지노 리조트. 호텔에 콕 박혀 '호캉스'만 즐기다 귀국하는 여행자들을 속출시킨 주범이다. 현재 반만 오픈한 상태로 계획대로 완공되면 총 10개의 호텔을 거느린 '초대형 연합체 호텔'이 탄생한다.

5개의 호텔은 세계 최대 규모의 인공 해변 그랜드 리조트 데크 Grand Resort Deck를 공유한다. 특히 575m의 길이를 자랑하는 유수풀이 자랑이자 트레이드마크. 레스토랑 구색도 코타이에 있는 어느 리조트에 뒤지지 않는다. East Square 에스컬레이터를 타고 지하 1층으로 이동하면 코타이에서 유일한 발 마사지 숍 Foot Hub(11:30~02:00)이 있다. 1시간 $298로 가격도 저렴한 편이며 호텔 투숙객 대상 할인 혜택도 적용된다.

지도 MAP 10Ⓔ
주소 Galaxy Macau, Cotai, Macau
전화 2888-0888
홈피 www.galaxymacau.com

마카오 국제공항 · 마카오 페리터미널 · 타이파 페리터미널 10~30분 간격으로 셔틀버스
※운행 호텔에 따라 입구가 다르기 때문에 정확하게 하차할 호텔 이름을 말해야 한다.

호텔 갤럭시 銀河酒店 Hotel Galaxy

갤럭시 마카오에서 가장 대중적인 호텔. 1,307개 객실을 갖추고 있다. 객실 크기는 35㎡로 꽤 널찍한 편이며 1인용 소파와 2인용 응접 테이블이 비치돼 있다. 목재 인테리어로 따듯한 느낌. 침구도 최고급까진 아니지만 안락한 수면을 취하는 데 부족함이 없다. 미니바 정책이 좀 특이한데, 입실한 첫날은 무료(주류 제외), 이튿날부터 요금이 붙는다.

요금 $1,950~

唔該. 去銀河酒店. / 음꺼이. 허이 응안호짜우띰.

호텔 오쿠라 마카오 澳門大倉酒店 Hotel Okura Macau

일본계 럭셔리 호텔 브랜드. 약 429개의 객실 중급 규모 호텔이다. 일본 호텔답게 전체적으로 깔끔하고 정갈한 인테리어가 특징. 욕실도 넓은 편으로 화장실, 샤워박스, 욕조가 분리되어 있다. 오쿠라의 일식이 가미된 조식은 명성이 자자하다. 호텔 내에 있는 오쿠라 미술관도 꼼꼼히 둘러볼 것.

요금 $1,698~

唔該. 去澳門大倉酒店. / 음꺼이. 허이 오우문따이총짜우띰.

반얀트리 마카오 澳門悦榕庄 Banyan Tree Macau

갤럭시 마카오의 하이라이트. 싱가포르계 리조트 & 스파 그룹 반얀트리 홀딩스 그룹에서 운영하는 세계적인 호텔 체인이다. 245개의 스위트룸과 11개의 풀빌라로 이루어져 있다. 스위트룸에는 휴식용 작은 풀이 설치되어 있다. 최고급 음향 시스템도 구비되어 있어 파티룸으로도 최고. 미니바의 음료는 주류를 제외하고는 모두 무료로 제공된다.

요금 $3,060~

唔該. 澳門悦榕庄. / 음꺼이. 허이 오우문윳윳쫑.

JW 매리어트 마카오 澳門JW萬豪酒店 JW Marriot Macau

매리어트 그룹의 5성 호텔 브랜드. 스위트룸을 포함해 모두 1,015개의 객실을 보유하고 있다. 동급 규모 5성 호텔 중에서 어디에도 빠지지 않는 시설을 자랑한다. 중국풍이 물씬 풍기는 다구들을 비치돼 있어 티타임을 즐길 수 있다. 이 일대에서도 꽤 손꼽히는 아침 뷔페를 자랑한다.

요금 $1,860~

唔該. 去澳門JW萬豪酒店. / 음꺼이. 허이 오우문 만호짜우띰.

리츠 칼튼 Ritz Carlton

매리어트 그룹의 플래그십 호텔 브랜드. JW 매리어트와는 입구가 나눠질 뿐 사실상 같은 건물이다. 230개의 스위트룸을 갖추고 있는데 가장 작은 방의 넓이도 85㎡로 넓다. 화려한 대리석 욕실과 이탈리아에서도 최고급 침구로 손꼽히는 리볼타 린넨은 왜 리츠 칼튼이 마카오에서 가장 호화로운 객실로 유명한지를 알 수 있는 좋은 예다.

요금 $5,090~

唔該. 去澳門麗思卡爾頓酒店. / 음꺼이. 허이 오우문 라이씨카이띤 짜우띰.

샌즈 코타이 센트럴
金沙城中心 Sands Cotai Central

미국의 카지노 그룹 샌즈가 운영하는 복합 리조트. 총 4개의 호텔을 거느리고 있다. 갤럭시 마카오가 실외수영장인 그랜드 데크 리조트 등의 주요 시설을 공유하는 방식으로 설계됐다면, 샌즈 코타이 센트럴은 대로를 따라 호텔이 일자로 배열돼 상대적으로 독립적인 형태다. 대신 공유하는 대규모 시설은 쇼핑몰 하나뿐이라는 단점도 존재한다. 어린이 투숙객을 위한 편의시설은 많은 편이다. 특히 플레닛 J(Shop 3000-3010, Level 3/ 월~금요일 10:00~19:00, 토 · 일 · 공휴일 10:00~20:00/1인 $220)는 마법책을 들고 위험에 빠진 가상의 왕국을 구하는 체험형 롤플레잉 어드벤처 게임으로, 매직 스크롤이라는 단말기를 들고 10만㎡나 되는 넓은 공간을 누비며 모험을 즐길 수 있다. 게임 도우미가 어린이를 도와 진행하기 때문에 그 사이 쇼핑 같은 어른들의 볼일을 보기에도 그만이다. 구름다리를 통해 포시즌과 파리지앵 그리고 베네시안으로 이동 할 수도 있다.

지도 MAP 10Ⓚ
주소 Sands Cotai Central, Estrada do Istmo. s / n, Cotai
전화 2886-6888
요금 $00000
홈피 www.sandscotaicentral.com

마카오 국제공항 · 마카오 페리터미널 · 타이파 페리터미널 10~15분 간격으로 셔틀버스 운행
※운행 호텔에 따라 입구가 다르기 때문에 정확하게 하차할 호텔 이름을 말해야 한다.

홀리데이 인 마카오 澳門金沙城中心假日酒店 Holiday Inn

중급 숙소 체인으로 총 1,114개의 객실을 보유하고 있다. 객실 등급은 일반 객실과 두 종류의 스위트룸으로 단순하지만 36개의 장애인용 객실이 마련되어 있다는 점은 꽤 선진적이다. 어린이 친화적이라는 건 홀리데이 인의 또 다른 장점인데, 12세 이하 어린이의 경우 2명까지 무료 투숙에, 동반 어린이 식사 무료라는 파격적인 혜택이 따라온다. 620㎡의 독립된 헬스클럽, 홀리데이 인 전용의 Pool Deck라는 실외 수영장이 있다.

요금 $719~

唔該. 金沙城中心假日酒店 / 음꺼이. 허이 까얏짜우띰

콘래드 호텔 澳門金沙城中心康萊德酒店 Conrad Hotel

힐튼 호텔의 럭셔리 브랜드. 총 636개의 객실을 보유한, 코타이에 있는 호텔 치고는 작은 규모다. 가장 작은 King Deluxe룸이 52㎡로 코타이에 있는 5성 호텔의 평균 객실 크기보다도 약간 크다.
객실의 전망에 따라, 맞은 편 파리지엥의 에펠탑이 보이는 객실이

있는데 이 경우 방값이 조금 더 비싸다. 자체적으로 운영하는 인도 전통 아유르베다 기반의 스파가 있고, 620㎡를 자랑하는 헬스클럽도 운영 중이다. 풀 덱 Pool Deck은 호텔 투숙자에게만 개방되는 수영장이고, 그 외에 4개의 풀을 공용으로 이용할 수 있다. 겨울철에도 이용할 수 있게 히터 시스템이 완비된 수영장도 있으니 겨울철에 방문했다면 확인해보자.

요금 $1,430~

唔該. 康萊德酒店 / 음꺼이. 허이 홍로이딱짜우띰.

쉐라톤 그랜드 澳門喜來登金沙城中心大酒店 Sheraton Grand

한국인이 선호하는 마카오의 주요 호텔 중 하나. 샌즈 코타이 센트럴에서 가장 큰 4,001개의 객실을 보유하고 있다. 에펠탑이 가장 잘 보이는 건 파리지엥이 아니라 쉐라톤 그랜드라고 할 정도로, 객실에서 바라보는 에펠탑 뷰가 끝내준다. 가장 작은 객실 크기는 42㎡. 좁다고 느끼기 힘든 크기다. 초기에 비해 가격이 좀 오른 편이지만 여전히 가성비는 좋은 편이다. 붉은색과 베이지색으로 맞춘 객실은 화사하고, 대리석으로 마감한 욕실도 고급스럽다.

수영장은 셋. 그중 두 개는 온수풀이 제공되고, 어린이 풀도 있다. 피트니스 센터는 좀 작은 편.

요금 $1,076~

唔該. 喜來登大酒店 / 음꺼이. 허이 헤이로이땅짜우띰

세인트 라지스 St. Regis 澳門瑞吉金沙城中心酒店

매리어트 그룹 소속의 럭셔리 호텔 브랜드. 약 400개의 객실을 보유하고 있는데, 그중 122개는 스위트 룸이다. 가장 작은 객실의 크기는 53㎡. 약간의 차이긴 하지만 스위트 룸을 제외한 일반 객실 중에서는 코타이에서 가장 방이 넓은 편에 속한다.

5성 호텔 안에서도 최고급으로 분류되는 곳으로 침구는 모두 St Regis에서 사용하기 위한 독점 생산품, 욕실 어메니티 스파 브랜드로 유명한 Remède 제품이다.

무엇보다 세인트 라지스를 선택하는 이유 중 하나는 버틀러 시스템일 것이다. 버틀러 시스템이란 객실마다 배정된 개인 비서 시스템인데, 레스토랑 예약, 음료 주문을 비롯해 심지어 짐을 풀고 싸는 것까지 도와준다. 트렁크만 객실로 옮겨준 후 안녕~ 하고 떠나버리는 일반의 서비스와는 격이 다르단 이야기.

190㎡의 피트니스 센터, 두 개의 풀로 이루어진 전용 야외 수영장, 그리고 스파 시설이 있다.

요금 $1,413~

唔該. 瑞吉酒店 / 음꺼이. 허이 써이깟짜욱띰

3 시티 오브 드림즈(COD)

新濠天地 City of Dreams

마카오 큰손 중 하나인 스탠리 호의 카지노 리조트. 맞은편에 자리한 베네시안이 중세를 테마로 한다면 시티 오브 드림즈는 초현대적인 느낌이다. 마치 SF영화 속 주인공이 된 기분. 총 4개의 호텔을 거느리고 있는데, 대개 카지노에 병합된 호텔이 똑같거나 비슷하게 생긴 것과 달리 저마다 개성이 뚜렷하다. 입점하는 호텔마다 고유의 외장을 보장했다는 점이 차별 포인트. 먹는 쪽에 대해서 유독 신경을 쓰는 스탠리 호 가문답게 마카오 카지노 중 가장 훌륭한 레스토랑 라인업을 자랑한다. 키즈존도 눈에 띈다. 키즈 시티 Kid's City(Level 3, 10:30~19:00/ 수 · 목요일 휴무)라고 불리는 1,580㎡ 규모의 초대형 어린이 놀이방이 있는데 미취학 아동부터 초등학교 저학년에 최적화된 공간이다. 어린이 요금만 내면 보호자 1인 동반 입장이 가능하다. 기본 이용 시간은 2시간.

지도 MAP 10Ⓖ
주소 City of Dreams, Estrada do Istmo, Cotai, Macau
전화 8868-6688
홈피 www.cityofdreamsmacau.com/en

마카오 국제공항 10:00~21:30 매 10~25분 간격으로 셔틀버스 운행
타이파 페리터미널 08:45~00:25 매 15~20분 간격으로 셔틀버스 운행
마카오 페리터미널 08:55~00:00, 매 5~15분 간격으로 셔틀버스 운행
※호텔에 따라 입구가 다르기 때문에 정확하게 하차할 호텔 이름을 말해야 한다.

그랜드 하얏트 마카오 Grand Hyatt Macau 澳門君悅酒店

2009년에 오픈한 호텔로 총 367개의 객실을 보유하고 있다. 가장 작은 객실 조차 52㎡로 넓다. 전망을 선택할 수 있는데, 파운틴뷰 객실에 묵는다면 맞은편 윈 팰리스의 분수쇼를 수시로 감상할 수 있다. 객실은 그랜드 하얏트라는 이름에 걸맞게 고급스러우며 특히 세라믹으로 만든 욕조가 인상적이다.

요금 $1,040~

唔該. 澳門君悅酒店 / 음꺼이. 허이 꽌윳짜우띰

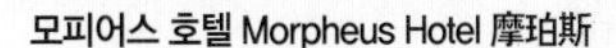

모피어스 호텔 Morpheus Hotel 摩珀斯

시티 오브 드림즈를 대표하는 초호화 호텔로 2018년 6월에 개장했다. 동대문 DDP를 설계한 해체주의 건축가 하자 하디드의 유작이기도 하다. 외관을 뻥 뚫어놓은 듯한 3개의 빈 공간은 중국인들이라면 누구나 좋아하는 8자의 형상화라고 한다. 객실은 모두 770개. 가장 작은 방도 58㎡로 스위트 룸을 제외한 객실 크기로만 치면 마카오에서 제일 넓다. 실내 인테리어도 혁신적이다. 다구와 와인잔이 보관된 찬장은 아예 금색! 욕실 어메니티는 에르메스, 심지어 헤어드라이어도 다이슨 제품이다. 객실 마다 비치된 스마트 태블릿으로 방의 조명부터 차양까지 모두를 설정할 수 있다. 모피어스 호텔에 비치된 면봉도 고급이라는 절규는 조금만 인터넷 품을 팔면 여기저기서 발견할 수 있다. 미래도시풍 수영장과 피트니스 센터는 기본.

요금 $2,698~

唔該. 摩珀斯 / 음꺼이. 허이 모팍씨

더 카운트 다운 호텔 The Countdown Hotel 迎尚酒店

시티 오브 드림즈 소속 호텔이지만 '가성비 甲 중저가 호텔'에 속해 따로(p.69) 소개하고 있다.

ESTRADA PARA VEICULOS
KI-KUAN LIMITADA

교통

한눈에 보는 출국 가이드

참 쉬운 입국 가이드

마카오 버스 완전 가이드

마카오 → 홍콩 이동 가이드

마카오 테마별 추천 코스

한국인 맞춤 빨리빨리 한 번에

한눈에 보는 출국 가이드

'아, 뭐부터 해야 하더라?' 공항에 도착하는 순간 머릿속이 멍.
몸도 마음도 바쁜 공항에서도 해맬 일 없도록 출국 순서를 한 번 더 파악해두자

공항 출국 과정

TIP 더 빠른 출국
항공사 앱으로 모바일 체크인 하거나 셀프체크인 기기(키오스크)를 이용해 탑승 수속을 밟고 셀프체크인 전용카운터의 자동수하물위탁(셀프 백드랍) 서비스로 수하물을 부치면 탑승 시간을 절약할 수 있다. 마카오로 연결되는 4편의 직항기 중 에어 마카오를 제외하고는 모두 셀프 체크인이 가능하다.

1 공항 도착
제1여객터미널과 제2여객터미널 중 출국 터미널을 확인한다.

▼

2 탑승 수속

전광판을 보고 항공사 카운터 위치를 확인한 후, 탑승 수속을 밟고 수하물을 부친다.

▼

3 출국 준비
입국장으로 들어가기 전 포켓 와이파이 수령 & 여행자 보험 가입 등의 용무를 마친다.

▼

4 입국장 진입
여권과 항공권을 제시하고 입국장 안으로 들어간다.

▼

5 보안 검색
소지품을 엑스레이 통과한다. 휴대폰, 노트북 등의 전자기기는 별도로 통과해야 한다.

▼

6 출국 심사
여권과 항공권을 제시하고 출국 심사를 받는다.

▼

7 면세점 쇼핑
탑승 30분 전까지 면세점 쇼핑을 즐기거나 인도장에서 면세품을 찾을 수 있다.

▼

8 탑승구 이동
항공권에 적힌 탑승 게이트로 출발 30분 전까지 이동하자.

▼

9 비행기 탑승
여권과 항공권을 제시하고 최종 탑승 수속을 받은 뒤 비행기에 탑승한다.

도심 공항터미널 출국 과정

1 도심공항터미널 도착

비행기 이륙 3시간 30분 전까지 서울역, 광명역, 삼성동 3곳 중 본인이 이용할 도심공항터미널에 도착한다.

▼

2 탑승 수속

도심공항터미널에서 탑승 수속을 밟고 수하물을 부친다. 과정은 공항 항공사 카운터와 같다.

▼

3 출국 심사

탑승 수속 후 출국 심사를 받는다. 공항에서 출국 심사를 받을 필요 없이 바로 출국장으로 입장할 수 있다.

▼

4 직통열차 or 버스 탑승

서울역 도심공항터미널은 인천국제공항과 직행열차로 연결된다. 광명역과 삼성동 도심공항터미널은 직행 리무진을 운행해 쉽고 빠르게 이동할 수 있다.

▼

5 공항 도착

제1여객터미널과 제2여객터미널 중 출국 터미널을 미리 확인하고 이동하자.

▼

6 전용 출국 통로 출국

여권과 항공권을 제시하고 최종 탑승 수속을 받은 뒤 비행기에 탑승한다.

▼

7 면세점 쇼핑

탑승 30분 전까지 면세점 쇼핑을 즐기거나 인도장에서 면세품을 찾을 수 있다.

▼

8 탑승구 이동

항공권에 적힌 탑승 게이트로 출발 30분 전까지 이동하자.

▼

9 비행기 탑승

여권과 항공권을 제시하고 최종 탑승 수속을 받은 뒤 비행기에 탑승한다.

초행자도 슬렁슬렁 바로 따라가는

참 쉬운 입국 가이드

마카오로 바로 가거나 홍콩을 거쳐 가거나.
한국에서 출발해 마카오로 도착하는 입국 방법을 모았다.

- 인천국제공항에서 출발하는 직항 항공편으로 마카오 바로 도착
- 인천~마카오 항공편이 대부분 심야 시간대 도착해 선택의 폭이 좁은 편
- 카지노 셔틀버스가 공항에서 마카오 주요 여행지를 연결. 단, 새벽에는 이용 불가

1 마카오 국제공항 도착
입국 入境 Arrival 안내판을 따라간다.

▼

2 입국심사
외국인 전용 訪澳旅客 Visitor 입국심사대에서 입국신고서와 여권을 제시하고 입국심사를 받는다.

▼

3 수하물 찾기
컨베이어벨트 번호를 확인하고 위탁수하물을 찾는다.

▼

4 세관 통과
세관검사대를 통과한다. 신고 품목이 없으면 무조건 그린 채널로 가면 된다.

▼

5 출국장 이동
출국 수속을 마치고 출국장 밖으로 나온다.

▼

6 시내 이동
카지노 무료 셔틀버스, 시내버스, 택시를 타고 시내로 이동한다.

마카오 입국신고서 작성 요령

❶ 영문 성
❷ 성별
❸ 영문 이름
❹ 국적
❺ 생년월일(일/월/년 순)
❻ 여권 번호
❼ 여권 발급지, 여권 발급일(일/월/년 순)
❽ 한국 주소
❾ 마카오 숙소 이름과 주소
❿ 비행기(배)가 출발한 도시
⓫ 비행기(배) 편명
⓬ 사인(여권과 동일하게)

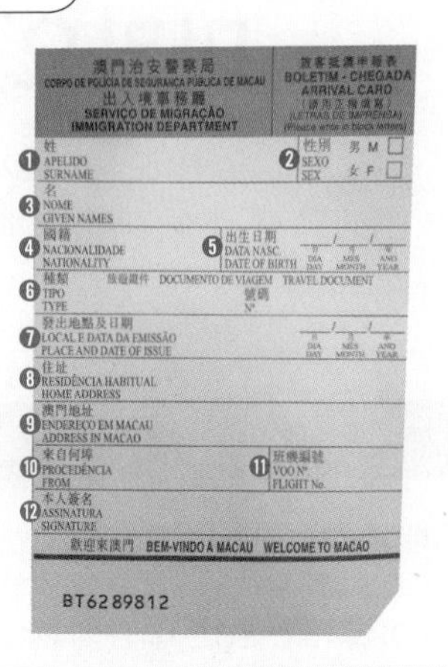
澳門治安警察局
CORPO DE POLÍCIA DE SEGURANÇA PÚBLICA DE MACAU
出入境事務廳
SERVIÇO DE MIGRAÇÃO
IMMIGRATION DEPARTMENT

BOLETIM - CHEGADA
ARRIVAL CARD
(LETRAS DE IMPRENSA)

❶ 姓 APELIDO SURNAME
❷ 性別 SEXO SEX 男 M ☐ 女 F ☐
❸ 名 NOME GIVEN NAMES
❹ 國籍 NACIONALIDADE NATIONALITY
❺ 出生日期 DATA NASC. DATE OF BIRTH ___/___/___ DIA DAY / MÊS MONTH / ANO YEAR
❻ 種類 TIPO TYPE 旅遊證件 DOCUMENTO DE VIAGEM TRAVEL DOCUMENT 號碼 Nº
❼ 發出地點及日期 LOCAL E DATA DA EMISSÃO PLACE AND DATE OF ISSUE ___/___/___ DIA DAY / MÊS MONTH / ANO YEAR
❽ 住址 RESIDÊNCIA HABITUAL HOME ADDRESS
❾ 澳門地址 ENDEREÇO EM MACAU ADDRESS IN MACAO
❿ 來自何埠 PROCEDÊNCIA FROM
⓫ 班機編號 VOO Nº FLIGHT No.
⓬ 本人簽名 ASSINATURA SIGNATURE
歡迎來澳門 BEM-VINDO A MACAU WELCOME TO MACAO

BT6289812

한국 → **홍콩** → **마카오**

• 마카오 직항보다 항공편이 많아 선택의 폭이 넓음
• 홍콩~마카오 간 이동 교통편이 체계적이라 이동하기 수월
• 마카오 여행과 홍콩 여행을 동시에 즐길 수 있어 부지런한 여행자에게 추천

1 홍콩 국제공항 도착

공항에서 마카오행 페리 탑승장 Ferry to Macau 표지판을 따라 이동한다.

▼

2 페리 환승 데스크 이동

페리 환승 데스크 Ferry Transfer Desk에서 터보젯(마카오 페리터미널행)과 코타이젯(타이파 페리터미널행) 목적지를 확인한다.

▼

3 페리 승선권 발권

데스크에서 페리 승선권을 구입한다. 출국할 때 위탁수하물을 탁송하고 받은 배기지 태그를 함께 제시해야 한다.

▼

4 보안 검색

보안검색대를 통과해 마카오행 페리에 탑승한다.

▼

5 마카오 국제공항 도착

입국 入境 Arrival 안내판을 따라간다.
이후의 입국 과정은 마카오 공항 입국 수속과 동일하다.

마카오 여행자의 발

마카오 버스 완전 가이드

무료 카지노 셔틀버스가 모든 입출국 포인트와 주요 카지노 호텔을 연결하고
노선 촘촘한 시내버스가 있어 버스로 가지 못 할 곳이 없는 마카오로!

카지노 셔틀버스

무료

마카오에서 가장 중요한 교통수단. 마카오 반도와 코타이 지역에 있는 대부분의 대형 카지노 호텔과 리조트에서 고객을 위해 운행하는 무료 셔틀버스다. 공항, 페리터미널, 중국 접경 등 주요 입출국 포인트에서 출발해 여행자들이 많이 찾는 웬만한 지역을 커버한다. 탑승 지점과 하차 지점, 환승 포인트만 알아두면 버스나 택시 없이 이동 문제가 해결될 정도. 단, 23:30 이후에는 운행이 종료돼 새벽 시간에는 이용할 수 없으며 카지노 이용객을 대상으로 하는 무료 서비스라 미성년자의 탑승을 제한하는 경우도 있다.

GOOD

□ 카지노 이용자가 아니라도 무료로 탑승
□ 공항, 페리터미널, 중국 접경 등 주요 주요 입출국 포인트마다 배치 & 운행
□ 마카오 반도 & 코타이 지역 대부분의 대형 카지노 리조트 & 호텔과 연결

BAD

□ 21:30~23:30 이후 운행 종료. 새벽 도착 항공편 이용 시 이용할 수 없음
□ 운행 주체에 따라 미성년자 탑승을 제한하는 셔틀버스도 있음.

시내버스

$6

셔틀버스가 커버하지 못하는 지역까지 커버하는 현지인들의 발. 요금은 일괄 $6이며 한국처럼 앞문으로 승차하고 뒷문으로 하차한다. 이외에는 차내에서 거스름돈을 받을 수 없는 점, 안내 방송이 나오지 않는 점 등이 다르다. 가장 큰 차이점은 버스 노선의 구성인데, 한국과 달리 같은 노선을 상행과 하행으로 왕복 운행하지 않는다. 예를 들어 A→B로 가기 위해 1번 버스를 탔을 때, B→A로 되돌아갈 때 맞은편 정류장에 1번 버스가 없는 경우가 많아 갈 때와 올 때 상행 하행 버스 노선을 각각 확인해야 한다. 교통카드 할인율이 높은 편이니 장기 여행이라면 버스카드를 구입하는 것을 추천한다.

GOOD

- □ 추가 요금 없이 일괄 $6
- □ 카지노 셔틀버스가 운행하지 않는 지역까지 촘촘하게 연결
- □ 새벽부터 심야까지 나이트 버스를 운행
- □ 교통카드 할인율이 높다

BAD

- □ 차내 거스름돈을 받을 수 없다.
- □ 차내 정류장 안내 방송은 없고 대신 스크린에 한자/포르투갈어 자막이 나온다.
- □ 정류장 한자/포르투갈어가 기본이며 간혹 영어 병기가 돼 있다.
- □ 상행~하행 노선을 왕복 운행하지 않아 갈 때와 올 때 차편을 각각 확인해야 한다.

마카오 여행에 홍콩 더하기

마카오→홍콩 이동 가이드

마카오와 홍콩은 수속하는 시간 포함해 2시간이면 오갈 수 있어
한 도시처럼 당일치기 홍콩 여행도 가능하다.

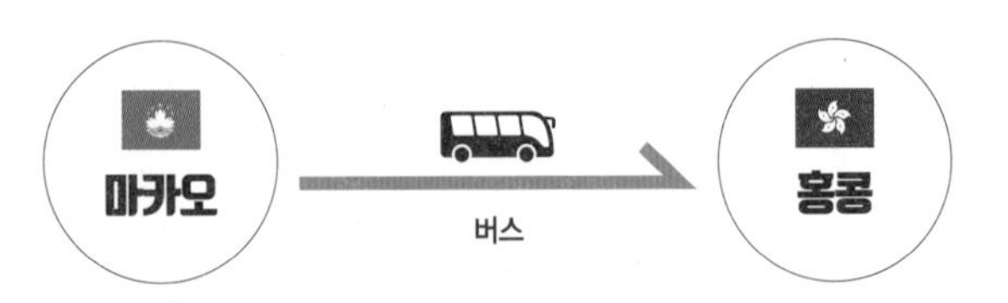

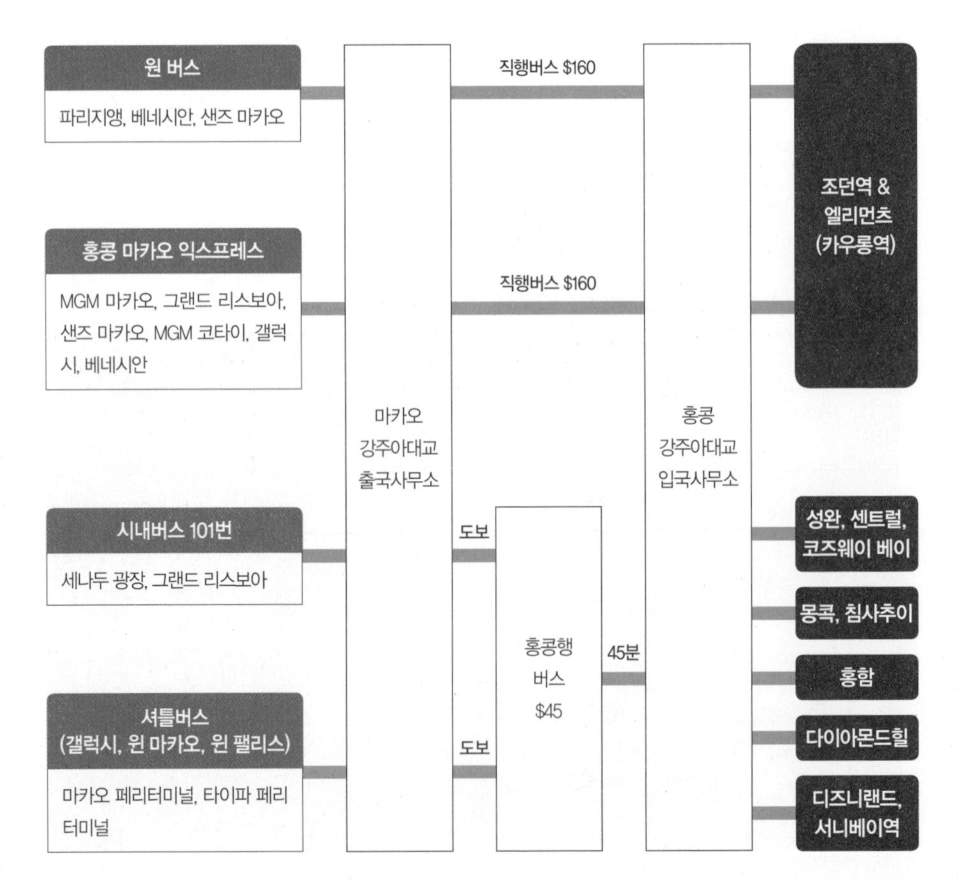

마카오와 홍콩을 연결하는 버스

① 직행버스

마카오~홍콩을 잇는 직행버스는 원 버스 港澳一號 One Bus와 홍콩 마카오 익스프레스 港澳快線 HK MO Express 두 종류다. 마카오 반도와 코타이의 주요 카지노를 경유해 강주아대교를 건너 조던역과 엘리먼츠(카우룽역)로 간다. 환승은 없지만 강주아대교를 오갈 때 마카오 출입국 사무소와 홍콩 출입국 사무소에서 각각 출입국 수속을 밟는 과정이 약간 번거롭게 느껴질 수도 있지만, 합리적인 가격에 환승의 불편을 덜 수 있어 마카오~홍콩을 이동할 때 가장 많이 이용하는 방법이다.

직행버스 탑승 방법 & 운행 시간표 p.125

② 시내버스

환승을 해야 하고 직행버스보다 시간도 오래 걸리지만 홍콩 각지로 바로 연결되는 장점이 있다. 마카오에서 홍콩으로 갈 때는 먼저 시내버스 101X번 혹은 갤럭시 마카오, 윈 마카오, 윈 팰리스 카지노 셔틀버스를 타고 강주아대교 출국사무소 港珠澳大橋邊檢大樓로 간 다음 출입국 절차를 마친 후 홍콩 측 입국사무소로 나오면 된다. 입국사무소 앞에 홍콩 각지로 가는 시내버스가 정차한다.

시내버스 탑승 방법 & 운행 시간표 p.126

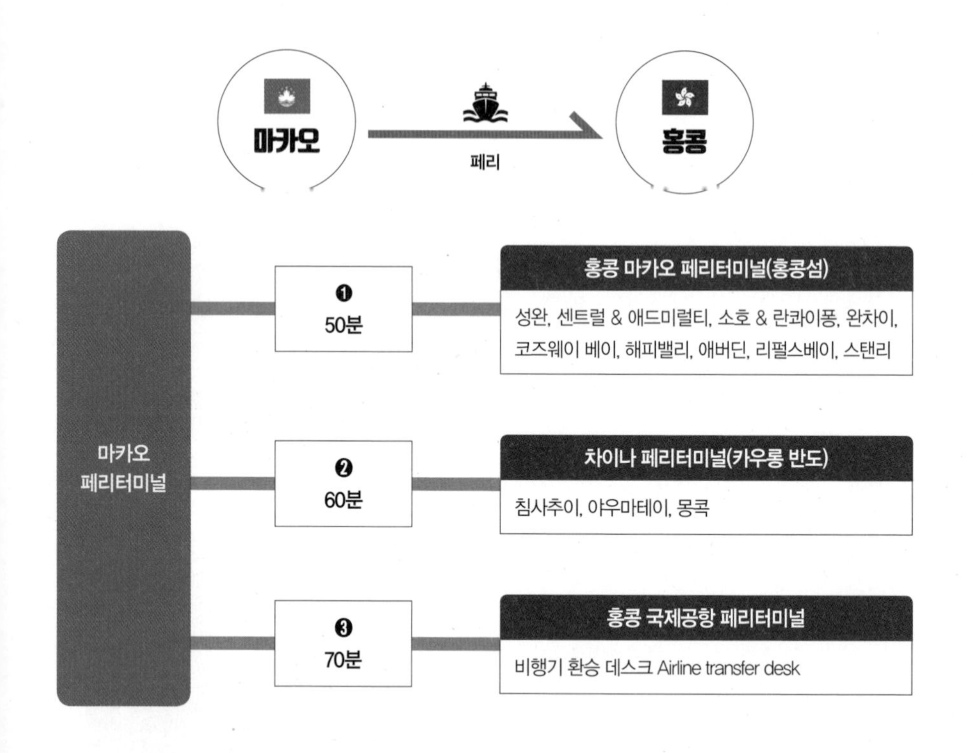

마카오·홍콩 간 페리 운항스케줄

❶ 홍콩 · 마카오 페리터미널(홍콩섬)

운행시간

07:00~23:59 1시간에 1대 / 심야 00:15, 00:30, 01:00, 01:30, 02:30, 04:00, 06:15

요금

이코노미 클래스 평일 $160, 주말 · 공휴일 $175, 심야 $200 / 수퍼클래스 평일 $335, 주말 · 공휴일 $360, 심야 $380

❷ 차이나 페리터미널(카우롱반도)

운행시간

07:05, 07:35, 09:05, 10:35, 11:05, 12:35, 14:05, 15:05, 15:35, 17:05, 17:35, 18:35, 19:35, 21:05, 22:05, 22:35

요금

이코노미 클래스 평일 $160, 주말 $175, 공휴일 · 야간 $200 / 수퍼클래스 평일 $335, 주말 $360, 공휴일 · 야간 $380

❸ 홍콩 국제공항 페리터미널

운행시간

07:15, 09:30, 11:30, 15:15, 19:45

요금

이코노미 클래스 $270, 수퍼클래스 $435

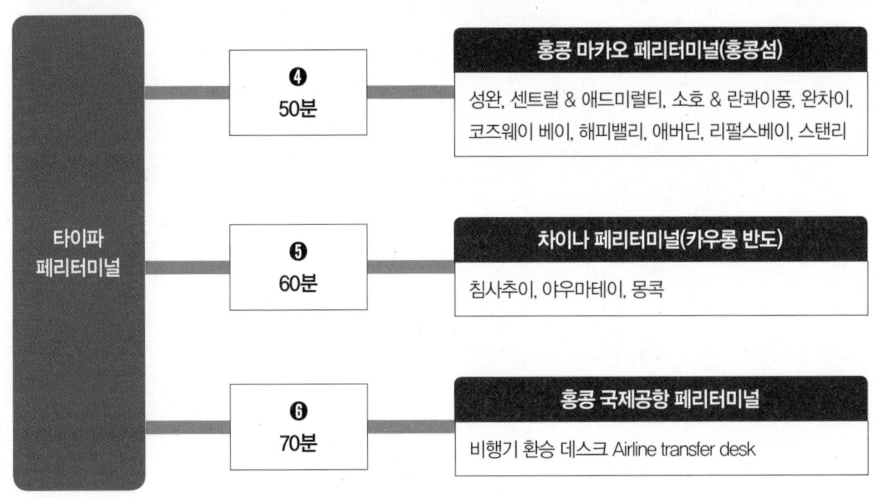

❹ 홍콩 · 마카오 페리터미널(홍콩섬)

운행시간

08:00~22:30 30분에 1대, 07:00, 23:30, 00:30

요금

코타이 클래스 평일 $160, 주말 · 공휴일 $175, 심야 $200 / 코타이 퍼스트 평일 $282, 주말 · 공휴일 $299, 심야 $327

❺ 차이나 페리터미널(카우롱반도)

운행시간

10:45, 16:45, 17:45, 18:45

요금

코타이 클래스 평일 $160, 주말 · 공휴일 $175, 심야 $200 / 코타이 퍼스트 평일 $282, 주말 · 공휴일 $299, 심야 $327

❻ 홍콩 국제공항 페리터미널

운행시간

07:55, 09:55, 11:55, 13:55, 15:55

요금

코타이 클래스 $270, 코타이 퍼스트 $408

계획 없이 걱정 없이 무작정 Go!

마카오 테마별 추천 코스

노 플랜 논스톱 마카오 여행을 위한 테마별 추천 코스가 여기 있다.
떠나기 전 가장 첫 번째로 할 일은 화살표를 따라 나의 마카오 여행 타입 찾기

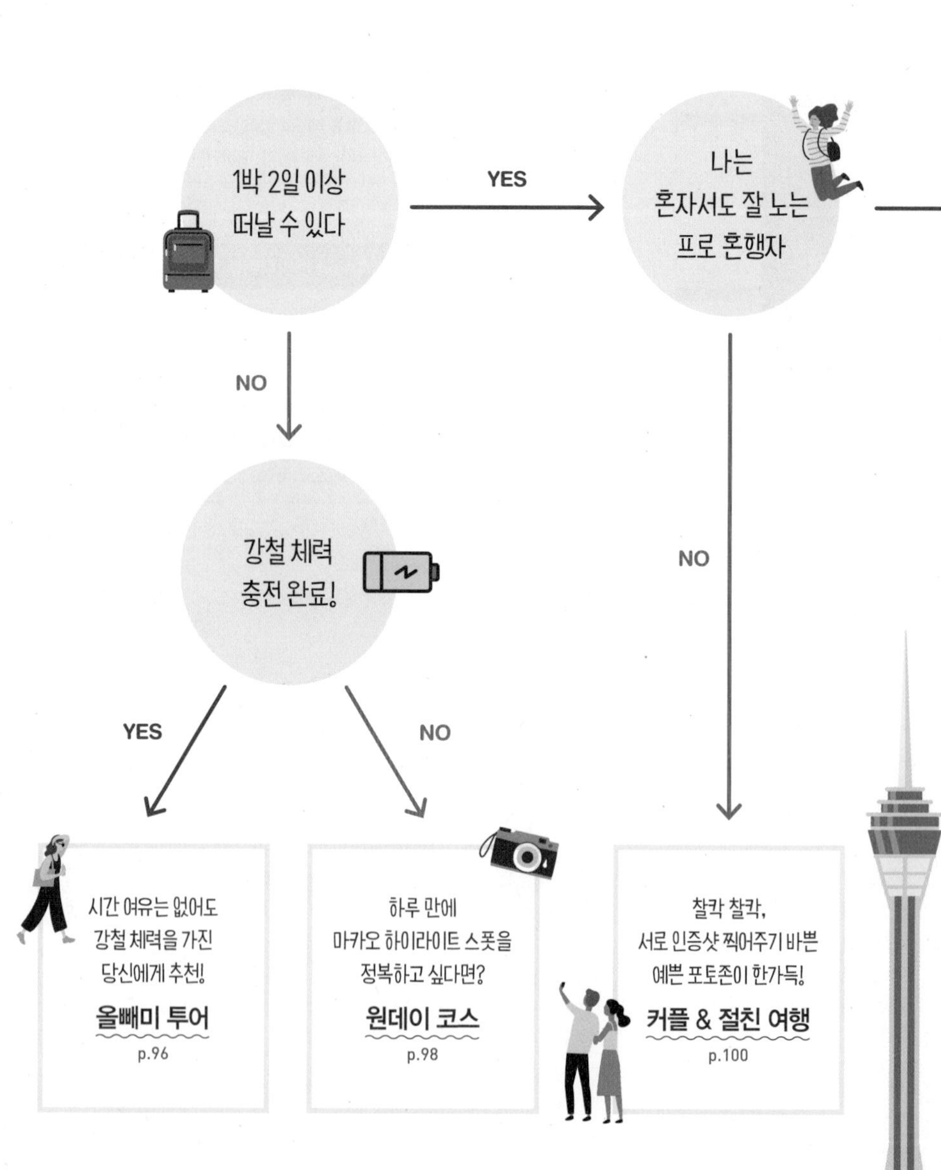

Welcome to MACAU

YES →

여행의
최종 목적은
먹방

YES ↙ NO ↘

현지의 맛,
로컬 맛집 찾기가
내 취미

마카오 유네스코
세계문화유산부터

현지의 맛 → YES ↙ NO ↘

마카오 유네스코 → YES ↙ NO ↘

먹는 데 도가 튼
프로 먹방러를 위한
로컬 맛집 도장 깨기

로컬 맛집 투어

p.106

미슐랭 별점이 반짝반짝
믿고 먹는 요리가 있고
검증된 분위기를 자랑하는

**미슐랭
레스토랑 투어**

p.102, p.104

유럽과 중국이 빚은
인류 최고의 유산을 따라
마카오 산책

**유네스코
세계문화유산 투어**

p.108

지금 이 순간
마카오에서 가장 핫한
문화 예술 명소를 한눈에

컬처 & 아트 투어

p.110

★ 마카오 올빼미 투어 ★

시간은 없지만 강철 체력을 가진 당신에게 추천한다. 이름하야 올빼미 투어! 에어마카오 825편을 타고 07:40 인천에서 출발해 오전 11:00 마카오에 도착, 12~13시간 자유 여행을 즐기고 01:15 마카오에서 출발해 05:40 인천으로 돌아오는 여정이다.

11:00
마카오 국제공항
▶ 큰 짐이 있다면 2층 출국장 짐 보관소에 맡기자(24시간 기준 $100)

시내버스 30분
공항에서 MT1번 탑승, M172 Praça Ferreira Amaral 정류장 하차 후 도보 6분
or 윈 마카오 셔틀버스 30분 + 도보 20분
or 택시 18분

12:20
마가레트 카페 이 나타
▶ 진리의 에그타르트

도보 6분

13:00
세나두 광장

도보 2분

13:30
웡치케이(점심식사)
▶ 새우완탕면

도보 3분

14:10
성 도미니크 성당

도보 4분

14:20
꼬치거리
▶ 마카오 대표 거리 간식 '커리 어묵' 맛보기

도보 5분

14:50
세인트 폴 성당 유적지

도보 10분

15:30
성 라자루 성당
포토존
성 라자루 성당길 P.197
에르아두오 마르케스 스트리트 P.197
보롱 스트리트 P.197

도보 7분

16:20
탑섹 미술관

시내버스 35분
M270 Tap Seac Multisport Pavilion 정류장에서 25번 탑승, T379 EST.DO ISTMO/SANDS COTAI CENTRAL 정류장 하차

17:20
샌즈 코타이 센트럴

셔틀버스 30분

18:00
파리지앵

도보 4~7분

19:00
저녁식사

추천 맛집
훠궈가 먹고 싶다면 「로터스 팰리스」 P.291
가벼운 중국 분식 「크리스탈 제이드 라멘 샤오롱바오」 P.292
실패 없는 딤섬+중식 「딘타이펑」 P.319

도보 15분

21:00
윈 팰리스

▶코타이 야경 감상 → 분수쇼 감상 → 스카이 캡 탑승 → 윈 팰리스 입장 순서로 이동

도보 10분

22:30
MGM 코타이 or 시티 오브 드림즈(COD)

▶ COD 내 모피어스는 한국의 DDP를 디자인한 자하 하디드의 유작이다.

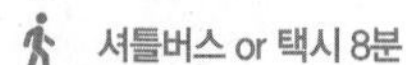

셔틀버스 or 택시 8분

23:20
마카오 국제공항

★ 마카오 원데이 코스 ★

하루 만에 마카오 여행의 하이라이트를 모두 훑기, 지금부터 소개하는 '원데이 코스'라면 가능하다. 1분 1초가 아쉬운 여행자를 위해 마카오 반도부터 코타이 지역까지, 가장 효율적인 동선을 담았다. 걸음걸음 하이라이트 간식, 명소, 볼거리가 풍성하게 펼쳐진다.

08:30
마가레트 카페 이 나타

▶마카오 명물 에그타르트에 따끈한 커피 한 잔

도보 8분

09:00
세나두 광장

도보 3분

09:30
아침식사

추천 맛집

뜨끈한 국물이 일품인 완탕면 맛집 「웡치케이」 P.170

도보 10분

10:30
세인트 폴 성당 유적지

포토존

마카오 대표 초인기 랜드마크 앞에서 인증샷 남기기 P.162

도보 15분

12:30
점심식사

추천 맛집

미슐랭 ★★★에 빛나는 스타 레스토랑 「더 에잇 8」 P.224

시내버스 16분, 도보 10분
M164 S.Francisco/Quate 정류장에서 6A번 탑승, M150 Calçada Vitória 정류장에서 하차

14:00
기아 요새

시내버스 16분 or 택시 10~15분
M270 Tap Seac Multisport Pavilion 정류장에서 18 · 18A · 9A번 탑승, M177 Macau Tower 하차

15:00
마카오 타워

시내버스 30분 or 택시 15분
M182 Macau Tower / Tunnel 정류장에서 26번 탑승, T375 Est.do Istmo/C.O.D 정류장에서 하차

17:00

시티 오브 드림즈(COD)

▶ 인기 절정 초특급 물쇼 "더 하우스 오브 댄싱워터(90분)" 감상하기

도보 10분

19:00

윈 팰리스

▶ 화려한 분수쇼, 스카이 캡 등 무료 즐길거리가 가득 P.294

도보 10분

20:00

저녁식사

추천 맛집

홍콩 · 마카오에서 가장 맛있는 베이징 덕 「베이징 키친」 P.284

도보 15분

21:20

베네시안

도보 8분

21:40

파리지앵

▶ 마카오의 새로운 랜드마크 에펠탑에서 야경 감상 & 인증샷 남기기

★ 마카오 커플 & 절친 여행 코스 ★

맛있는 거 잔뜩 먹고, 예쁜 거 잔뜩 사고, 이국의 낯선 풍경을 배경으로 마음껏 사진 찍을 수 있는 최적의 코스로 안내한다. 소중한 사람과 함께 떠난다면 더할 나위 없이 완벽한 일정. 물론, 사진 놀이 좋아하는 혼자 여행자에게도 강력 추천한다.

10:00
마가레트 카페 이 나타

▶마카오 명물 에그타르트에 따끈한 커피 한 잔

시내버스 8분, 도보 3분
M261 Av. D. João IV/ R. Do. Comandante Mata E Oliveria 정류장에서 7번 탑승, M237 Social Welfare Bureau 하차

11:00
성 미카엘 성당과 가톨릭 묘지

도보 3분

11:30
성 라자루 성당

포토존

성 라자루 성당길 P.197
에르아두오 마르케스 스트리트 P.197
보롱 스트리트 P.197

도보 2분

12:00
점심식사

추천 맛집

인기 No.1 매캐니즈 레스토랑 「알베르게 1601」 P.205

도보 1분

13:00
메르세아리아 포트쿠기사

▶ 알베르게 1601과 붙어 있는 포트투갈풍 잡화점에서 쇼핑

도보 10분

13:20
세인트 폴 성당 유적지

도보 2분

13:40
스타벅스 or 허유산

도보 5분

14:30
성 도미니크 성당

도보 5분

14:50
세나두 광장

시내버스 35분, 도보 2분
M143 Almeida Ribeiro/Rua Camilo Pessanha 정류장에서 21A · 26A번 탑승, C660 Assoc. de M. de Coloane 정류장 하차

16:20
콜로안 빌리지

포토존
성 프란시스코 사비에르 성당 P.327

도보 3분

17:00
로드 스토우즈 가든 카페

▶ 에그타르트에 포트와인 한 잔

시내버스 15분, 도보 10분
C686 Coloane Village 정류장에서 25번 탑승, T376 Est do Istmo / Parisian 정류장 하차

18:20
파리지앵의 에펠탑 or 스튜디오 시티의 골든 릴

도보 5~10분

19:00
저녁식사

추천 맛집
에펠탑안에서의 우아한 저녁 「라 씬」 P.290
최고급 광둥요리의 향연 「찌얏힌」 P.279
맥주와 함께 피시 앤 칩스와 버거 「맥 솔리즈 에일 하우스」 P.273
프랑스식 정찬 「보야즈 바이 알랭 뒤카스」 P.286

셔틀버스 코타이 커넥션 5분

21:00
윈 팰리스

▶ 세계에서 가장 화려한 분수쇼 감상 +스카이 캡 탑승하기

★ 미슐랭 레스토랑 투어(마카오 반도) ★

금강산도 식후경이라는 말은 언제나 옳다. 배가 든든해야 눈도 트이는 법. 그런 의미에서 먹는 것에 애정이 남다른 이들을 위해 하루 3번의 간식 타임과 3번 식사시간을 넣은 '삼삼 먹방 투어'를 짜보았다. 온종일 먹기 위한 코스로, 중간 중간에 보이는 명소는 온전히 배를 꺼트리기 위한 목적으로 끼워 넣었음을 밝히는 바이다.

10:00
마가레트 카페 이 나타
▶마카오 명물 에그타르트에 따끈한 커피 한 잔

도보 7분

10:40
세나두 광장, 레알 세나두

도보 2분

11:25
성 도미니크 성당

도보 2분

11:25
마카오 거리 간식 타임
추천 맛집
커리 어묵 골목 대표 주자「항야우」P.174
정통 이탈리안 젤라또 한입「키카」P.179

도보 6분

12:00
그랜드 리스보아 호텔

엘리베이터 2분 or 지하를 따라 도보 5분

12:30
점심식사
추천 맛집
딤섬을 먹고 싶다「더 에잇 8」미슐랭 ★★★ P.224
프랑스식 런치세트
「로부숑 어 돔」미슐랭 ★★★ P.226
정통 포르투갈 요리「권슈 어 갈레라」P.228

시내버스 10분, 도보 10~15분
M172 Praça Ferreira Amaral 정류장에서 9 · 9A번 탑승, M199 Avenida Panoramica do Lago Nam Van 정류장 하차

14:30
펜야 성당

도보 7분

15:00
릴라우 광장

도보 2분

15:15
만다린 하우스

도보 15분(펠리스다데 거리 경유)

16:20
점저식사

추천 맛집

미슐랭 빕 구르망 장기 집권 중인 완탕면 맛집 「청케이 면가」 P.173

도보 1분

16:50
보건 우유공사

▶ 고소한 우유 향이 솔솔 명물 우유 푸딩 맛보기

도보 2분

17:20
로자 다스 콘세르바스

▶ 기념품으로 선물용으로 인기 최고, 포르투갈 생선 통조림 & 포트와인 쇼핑

도보 13분

18:10
성 라자루 성당

▶ 마카오 제일의 인증샷 포인트

포토존

성 라자루 성당길 P.197
에르아두오 마르케스 스트리트 P.197
보롱 스트리트 P.197

도보 3분

19:20
메르세아리아 포트쿠기사

▶ 포트투갈산 생활 잡화 전문점에서 쇼핑

도보 1분

19:20
저녁식사

추천 맛집

감각적인 매캐니즈 레스토랑 「알베르게 1601」 P.205

도보 7분

20:50
세인트 폴 성당 유적지

▶ 아름다운 성당 유적지 주변 야경 감상 & 인증샷 남기기

★ 미슐랭 레스토랑 투어(코타이~콜로안) ★

아이부터 어른까지 매료시키는 마카오, 마력의 에그타르트가 있는 콜로안의 로드 스토우즈 본점에서 시작해보자. 아기자기한 콜라안 마을을 둘러보고 화려함이 가득한 코타이로 이동해 5성 호텔에서 딤섬을 먹거나 본토의 훠궈를 본격적으로 즐긴다. 벌써 배부르다고? 안될말이다. 군것질 거리와 샵들이 밀집한 타이파 빌리지를 거닐며 배를 꺼트린다. 저녁을 더 화려하게 즐길 수 있도록.

10:00
로드 스토우즈 가든 카페

▶ 아침은 에그타르트와 포트와인

도보 2분

10:50
콜로안 빌리지 산책

시내버스 17분, 도보 7~10분
C686 Coloane Village 정류장에서 25번 탑승, T376 Est do Istmo/Parisian 정류장 하차

12:30
점심식사

추천 맛집

딤섬을 먹고 싶다 「찌얏힌」 P.279
훠궈를 먹고 싶다 「로터스 팰리스」 P.291
인도 요리를 먹고 싶다 「골든 피콕」 P.274

시내버스 10분, 도보 2분
T376 Est. Do Istmo/Parisian 정류장에서 15번 탑승, T320 Rua Do Cunha 정류장 하차

14:30
쿤하 거리

▶ 레트로 감성 거리를 누비며 군것질 즐기기(with 커피)

도보 5분

15:10
타이파 주택 박물관

도보 15분(에스컬레이터 이용 추천)

16:10

차베이

▶ '블링블링' 취향저격 애프터눈 티 세트 맛보기

도보 5분

17:30

갤럭시 마카오

▶ 하늘에서 쏟아지는 다이아몬드 쇼 관람하기

윈 팰리스 셔틀버스 10분

18:10

윈 팰리스

▶ 분수쇼 감상 + 스카이 캡 탑승

도보 10분

19:00

저녁식사

추천 맛집

광둥요리를 먹어보자
「제이드 드래곤」 미슐랭 ★★ P.283
베이징 덕을 먹어보자 「베이징 키친」 P.284
딤섬과 가벼운 중식을 먹어보자
「딘타이펑」 미슐랭 ★ P.319
파스타와 핏자, 이탈리안을 즐겨보자 「베네」 P.311

도보 2~4분

20:30

파리지앵 에펠탑 or 스튜디어 시티 골든 릴

▶골든 릴을 타거나 에펠탑에 올라 코타이 화려한 야경 감상

★ 마카오 반도 로컬 맛집 투어 ★

저렴하게 배부른 여행 코스. 로컬 맛집이 몰려 있는 마카오 반도를 집중적으로 돌아보는 코스다. 배를 꺼트려야 또 먹을 수 있기 때문에 열심히 걷고 먹기를 반복한다. 큰 위장과 튼튼한 다리가 필수! 너무 힘들면 중간에 도망가도 되니, 안심하고 출발하자.

09:00
따롱퐁차라우

▶ 현지인만의 특권 '아침딤섬'으로 먹방 시작!

시내버스 10분
M136 PONTE 14 정류장에서 2, 10, 10A, 11, 21A번 탑승, M203 아마 사원 Templo Á Ma 정류장 하차

10:20
아마 사원

도보 10분(무어리시 배럭 경유)

11:00
릴라우 광장, 만다린 하우스

도보 6분

12:20
펜야 성당

도보 8분

13:10
점심식사

추천맛집
마카오 먹방 하이라이트 매캐니즈요리 맛보기
알리 커리하우스 P.148

시내버스 12분, 도보 3분
M192 Av.Republica 정류장에서 16번 탑승, M167 Praia Grande/Si Toi 하차

14:40
마가레트 카페 이 나타

▶ 마카오 명물 에그타르트도 놓칠 수 없다!

도보 5분

15:00
레알 세나두

도보 2분

15:20
세나두 광장

도보 2분

15:40
성 도미니크 성당

도보 2분

16:00
항아우
▶ 커리어묵에 버블티 혹은 아이스크림 곁들이기

도보 2분

16:30
마카오 대성당

16:50
세인트 폴 성당유적지

도보 10분

17:40
성 나자로 구역

도보 5분

18:20
탑섹 미술관
▶ '네덜란드 거리'라고 불리는 탑섹 광장 주변 꼼꼼하게 둘러보기

시내버스 20분, 도보 2분
M84 Horta e Costa/ Esc. Pui Ching 정류장에서 32번 탑승, M26 Fai Chi Kei / Terminal 정류장 하차

19:00
저녁식사
추천 맛집
미슐랭에 등재된 완탕면 명가 「로우케이」 P.245

시내버스 18분, 도보 4분
M26 Fai Chi Kei / Terminal 정류장에서 33번 탑승, M127 R. do Guimarães 정류장 하차

20:20
골든 믹스 디저트
▶ 마카오 내항 풍경과 함께 디저트 즐기기

시내버스 18분
M127 R. do Guimarães 정류장에서 26번 탑승, M182 Macau Tower /Tunnel 정류장 하자

21:10
마카오 타워
▶ 전망대에 올라 야경 감상

시내버스 15분
M177 Macau Tower 정류장에서 32번 탑승, M172 Praça Ferreira Amaral 정류장 하차

22:00
그랜드 리스보아
▶ 리스보아의 야경 감상 → 길 건너 윈 마카오로 이동

★ 유네스코 세계문화유산 완전 정복 ★

마카오의 25개 고건축물은 하나의 군 群으로 묶여 유네스코 세계문화유산에 등재되어 있다. 25개 건축물은 모두 마카오 반도에 있으며 몇 곳을 빼면 동선이 하나로 이어진다. 문화유산 등재 초기에는 모든 명소를 돌아보는 '도장 깨기' 스타일이 유행했지만 사실 전공자가 아닌 바에야 이렇게 여행을 즐기는 사람은 거의 없다. 이 코스는 유네스코 세계문화유산을 위주로 다른 요소들도 추가한 일종의 Ver 2.0다.

09:00
신무이 굴국수
▶ 그 유명한 마카오 '굴국수집'이 바로 여기

시내버스 20분, 도보 1분
M251 Centro Transfusões Sangue 정류장에서 10A번 탑승, M203 A-Ma Temple 정류장 하차

10:00
아마 사원

도보 10분(무어리시 배럭 경유)

10:40
만다린 하우스, 릴라우 광장

도보 5분

11:30
성 로렌스 성당

도보 5분

12:00
성 요셉 신학교와 성당

도보 7분

12:20
돔 페드로 5세 극장과 성 아우구스틴 성당

도보 2분

12:40
로버트 호 퉁경의 도서관

도보 3분

13:00
펠리스다데 거리

도보 2분

13:10
점심식사

추천 맛집
미슐랭 빕 구르망 장기 집권 중인 완탕면 맛집「청케이 면가」P.173

도보 2분

13:40
보건 우유공사

▶ 고소한 우유 향이 솔솔 명물 우유 푸딩 맛보기

도보 3분

14:00
쇼핑 로자 다스 콘세르바스

▶ 기념품으로 선물용으로 인기 최고, 포르투갈 생선 통조림 & 포트와인 쇼핑

도보 2분

14:20
삼카이뷰쿤 사원

도보 2분

14:35
레알 세나두

도보 2분

15:00
세나두 광장, 자비의 성채

도보 3분

15:20
성 도미니코 성당

도보 2분

15:40
꼬치거리

▶ 마카오 대표 거리 간식 '커리 어묵' 맛보기, 바로 앞에 로우카우 맨션도 함께 둘러보기 좋다

도보 2분

16:00
대성당과 대성당 광장

도보 5분(육포 골목 경유)

16:30
세인트 폴 성당 유적지와 나차 사원

도보 7분

17:10
성 안토니오 성당

도보 1분

17:25
까사 가든과 개신교도 무덤

시내버스 12분, 도보 16분
M124 Jardim Camões/ Terminal 정류장에서 17번 탑승, M253 Al. Dr. C. D'Assumpção 정류장 하차

18:00
돔갈로

★ 마카오 컬처 & 아트 투어 ★

어느 도시나 그 도시가 쌓아올린 문화적 성과들이 존재한다. 포르투갈과 중국이란 두 세계가 충돌하면서 탄생한 마카오는 그 어디에도 볼 수 없는 독특한 정서와 예술 세계를 구축했다. 예술 도시 마카의 면모를 확인할 수 있는 컬처 투어를 떠나보자.

09:00
아침식사

추천 맛집

60년 전통 노포에서 매일 빚어내는 딤섬 「따롱퐁차라우」 P.190

3대째 대를 이어온 완탕면 명가 「웡치케이」 P.170

도보 1분

09:40
시월초오일가

▶ 마카오를 대표하는 서민 거리의 오래된 찻집, 국수집, 건어물집 탐방

도보 8분

10:20
펠리스다데 거리

▶ 마카오에서 '가장 예쁜 길'에서 인증샷 한 장

포토존

도보 2분

10:35
로자 다스 콘세르바스

▶ 디자인의 미학이 돋보이는 포르투갈산 생선 통조림 쇼핑하기

도보 3분

11:10
세나두 광장

시내버스 10분, 도보 7분
M135 Almeida Ribeiro / Tai Fung 정류장에서 3A번 탑승, M262 Av. 24 de Junho / R. Do. Porto 정류장에서 하차

12:00
MGM 마카오

▶ 살바도르 달리와 데일 치홀리의 작품을 볼 수 있는 곳. 좀 쉬자.

도보 3분

12:40
점심식사

추천 맛집

매캐니즈 요리를 먹고 싶다면「돔갈로」P.231

도보 10분(관음상 경유)

13:50
마카오 예술박물관

▶ 박물관 기념품점도 놓치지 말고 구경하자

시내버스 7분, 도보 5분
M26 Centro Cultural de Macau 정류장에서 3A · 10A · 12번 탑승, M239 Terminal Marítimo de Passageiros do Porto Exterior 정류장 하차

15:20
마카오 페리터미널

시티오브드림(COD) 셔틀버스 18분

16:00
피에르 에르메 라운지

▶ 마카롱 2대 명가의 디저트 맛보기
▶자하 하디드의 유작 모피어스 호텔 구경은 덤

도보 10분

17:00
시티 오브 드림즈(COD)

▶ 인기 절정 초특급 물쇼 "더 하우스 오브 댄싱워터(90분)" 감상

도보 10분

19:20
저녁식사

추천 맛집

홍콩 · 마카오에서 가장 맛있는 베이징 덕「베이징 키친」P.284

마카오

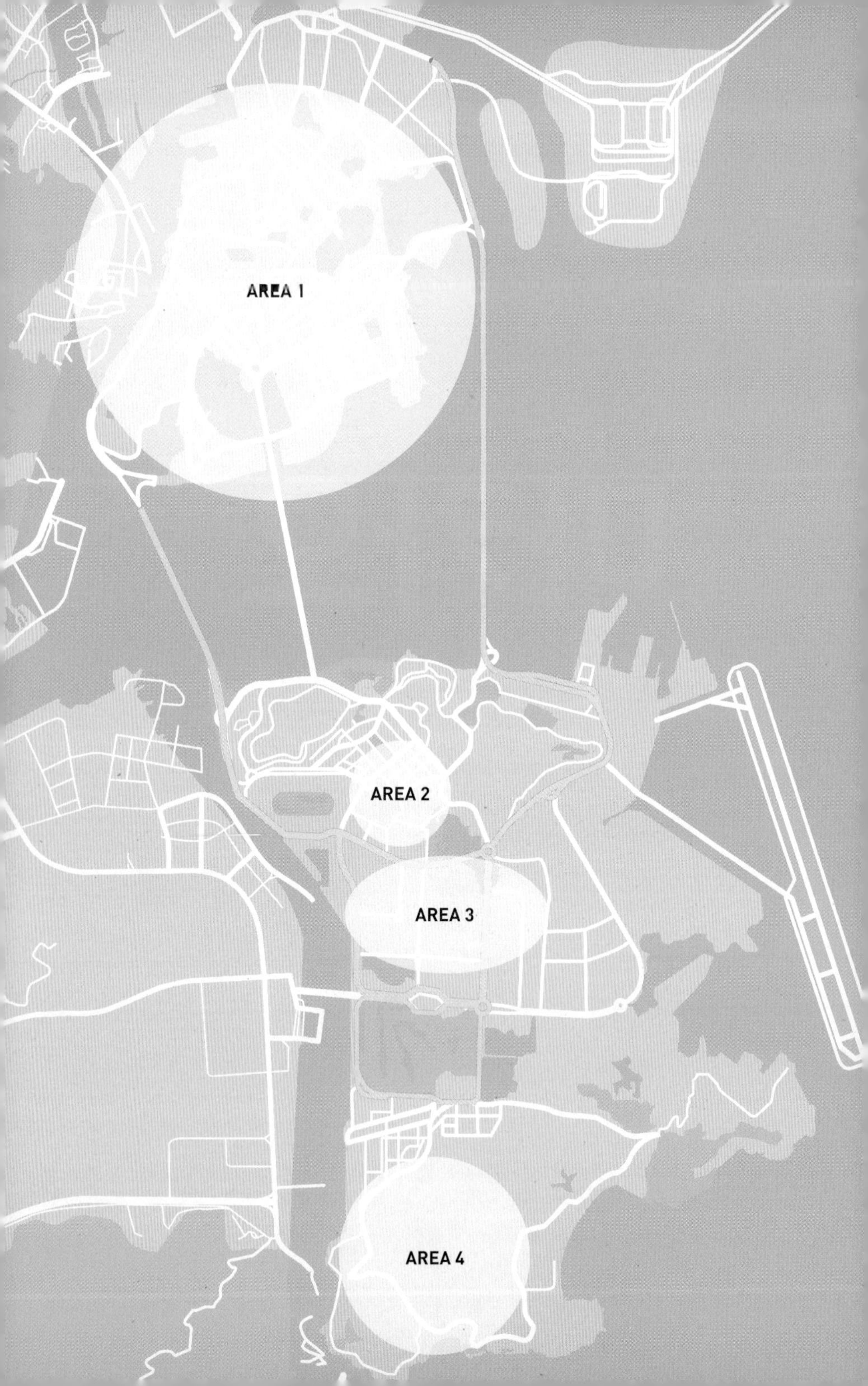
AREA 1
AREA 2
AREA 3
AREA 4

★ ★ ★ ★ ★

MACAO QUICK VIEW

마카오 한눈에 보기

마카오는 북쪽의 마카오 반도와 남쪽의 타이파 · 코타이 · 콜로안 지역으로 나뉜다.
이렇게 말하면 꽤 큰 도시국가의 느낌이지만, 총면적 28.2㎢로 무척 작은 크기다.

AREA

1 마카오 반도 澳門半島

불과 30년 전까지만 해도 '마카오'는 '마카오 반도'를 뜻했다. 마카오 전체 면적의 30%에 불과하지만, 마카오의 정치 · 경제 · 문화의 중심이자 마카오 인구의 80%가 모여 사는 북새통이다. 마카오 반도는 1557년부터 1999년까지 무려 447년의 포르투갈 지배를 받은 곳으로 진한 포르투갈의 정취를 느낄 수 있는 관광 1번지다.

AREA

2 타이파 氹仔

마카오 반도에서 주강을 건너면 만나는 첫 번째 구역. 예전에는 섬이었다. 북쪽에 거대한 주택가가 조성돼 있지만 여행자는 과거 타이파가 섬이었던 시절, 작은 어촌 마을이 있던 타이파 빌리지만 둘러보아도 충분하다. 낡고 오래된 풍경을 찾는 여행자들의 발길이 늘어나면서 조금씩 활기를 얻고 있는 상황. 인구가 유입되며 곳곳에 아파트촌이 건설되고 있다.

AREA

3 코타이 路氹

두 개의 섬 사이를 매립해 만든 일종의 간척지. 미국의 라스베이거스의 명성을 일찌감치 넘어선 최대 카지노 단지가 있다. 코타이에서는 베네치아와 파리 등 세계적인 여행지를 재현해놓은 카지노 리조트, 폭포수가 쏟아져 내리는 쇼핑센터, 인공 해변을 장착한 호텔 등 우리가 공상으로 생각한 그 모든 것이 현실이 된다. 단, 도박에 빠지지 않게 주의할 것.

AREA

4 콜로안 路環

마카오의 남쪽 끝. '땅끝'이라는 말이 어울릴 정도로 작은 마을이 하나 있는데, 한적하고 평화롭다는 말 외에 별다른 표현이 생각나지 않는다. 한국 드라마와 영화에도 단골로 등장했던 바로 그곳. 규모는 작지만 오늘날 마카오하면 누구나 떠올리는 마카오식 에그타르트를 탄생시켰고, 몇몇 밥집은 뜻밖에 수준을 자랑해 여행자를 배부르게 한다.

HOW TO GO

마카오로 가는 방법

마카오로 가기 위해 가장 많이 선택하는 방법은 인천~마카오 직항 항공편을 이용하는 것이다.
마카오로 가는 항공편이 여의치 않을 때는 인천~홍콩~마카오를 경유해서 가면 된다.
홍콩 국제공항에서 페리나 버스를 이용해 마카오로 이동할 수 있다.

마카오 국제공항에서 시내로 나가는 방법은 카지노 셔틀버스, 시내버스, 택시 크게 3가지이지만, 인천국제공항에서 마카오 국제공항으로 가는 총 7편의 직항 노선 중 5편이 00:45~01:35 사이 심야에 도착해 교통편 선택의 폭이 좁다. 공항 규모는 작은 편으로 출국장 밖으로 나오면 셔틀버스, 시내버스, 택시 탑승장 이정표가 보인다.

카지노 셔틀버스

마카오 반도와 코타이 지역의 카지노 호텔과 카지노 리조트로 연결되는 무료 셔틀버스는 마카오에서 가장 중요한 교통수단이다. 셔틀버스를 운행하는 숙소나 그 근처에 머문다면 주저 없이 이용할 것을 추천한다. 단, 공항에서 호텔로 연결되는 셔틀버스 운행 시간은 21:30~23:30이기 때문에 새벽에 입국하는 여행자들은 이용할 수 없다.

마카오 국제공항 카지노 셔틀버스

목적지		운행 시간	배차 간격
마카오 반도	MGM 마카오	09:00~23:00	10분
	윈 마카오	09:00~23:30	10~15분
코타이	시티 오브 드림즈(COD)	10:00~21:30	10~25분
	MGM 코타이	09:00~23:30	10분
	갤럭시 마카오	09:00~23:00	20~30분
	베네시안	10:00~22:30	15~20분
	스튜디오 시티 마카오	10:00~21:30	10~25분
	샌즈 코타이 센트럴 · 파리지앵(공동 운행)	10:00~22:30	15~20분
	윈 팰리스	10:00~18:00	15분

시내버스

마카오 시내버스 요금은 일률적으로 $6이다. 심야에도 나이트 버스를 이용할 수 있어 새벽 여행자들이 자주 이용한다. 공항 바깥으로 나가면 바로 탑승장이 보인다. 단, 시내에서 공항으로 들어올 땐 버스 정류장이 공항에서 상당히 멀리 떨어져 있어 꽤 많이 걸어야 한다. 공항에서 별도로 운행하는 공항버스는 없다.

마카오 국제공항 시내버스 노선

번호	운행 시간	주요 노선
26	06:00~23:30	마카오 국제공항~시티 오브 드림(베네시안)~샌즈 코타이 센트럴~콜로안 빌리지
51A	06:00~00:00	마카오 국제공항~베네시안~ 파리지엥
AP1	06:00~01:20	마카오 국제공항~마카오 페리터미널~중국 접경
MT1	07:00~22:30	마카오 국제공항~갤럭시 마카오~그랜드 리스보아 호텔
MT4	06:00~00:45	마카오 국제공항~윈 팰리스~스튜디오 시티~갤럭시 마카오~아마사원~소피텔 마카오~중국 접경
N2	00:35~06:00	마카오 국제공항~그랜드 리스보아 호텔~로우임옥 가든

택시

새벽 비행기로 도착하면 택시를 이용하는 경우도 많다. 마카오 택시는 마카오의 경제 수준에 비해서는 열악한 편이다. 영어를 전혀 못하는 기사들도 많아 예약한 호텔 이름의 한자 정도는 알아오는 게 좋다. 바가지를 씌우는 경우도 있으니 하차 시 요금 확인은 필수.

마카오 택시요금

- 기본요금 1.6km까지 $19, 이후 240m마다 $2씩 추가
- 추가요금 마카오 국제공항에서 탑승 시 $5 추가, 트렁크 하나당 짐 값 $3 추가

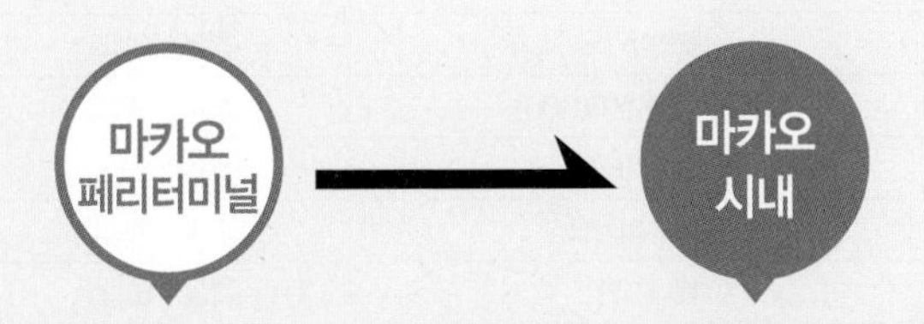

마카오에서 페리터미널은 공항만큼이나 중요한 입출국 포인트다. 직항 노선이 많지 않아 홍콩을 경유하는 이들이 많기 때문이다. 홍콩과 마카오를 연결하는 페리터미널은 마카오 반도에 있는 마카오 페리터미널 外港客運碼頭과 공항 쪽에 있는 타이파 페리터미널 氹仔客運碼頭 2곳이다. 입국 과정은 공항과 큰 차이가 없다.

카지노 셔틀버스

마카오에서 가장 중요한 교통수단인 만큼, 어지간한 카지노 호텔과 리조트 셔틀버스가 양쪽 페리터미널에서 출발한다. 마카오 반도와 코타이 지역 카지노로 가는 셔틀버스를 모두 이용할 수 있으니 목적지와 가까운 곳까지 운행하는 셔틀버스를 선택하자.

마카오 페리터미널 카지노 셔틀버스

	목적지	운행 시간	배차 간격
마카오 반도	MGM 마카오	09:00~23:30	13분
	윈 마카오	09:00~23:45	10~15분
	로얄 호텔	09:00~22:00	30분
	그랜드 리스보아 · 리스보아 호텔	08:30~22:30	15~20분
	스타월드 호텔 마카오	09:00~23:00	6~15분
	신트라 호텔	09:15~20:45	30분
	샌즈 마카오	09:00~00:00	20~30분
코타이	시티 오브 드림즈(COD)	08:55~24:00	10~25분
	MGM 코타이	09:00~23:30	13분
	갤럭시 마카오	09:00~23:00	10~20분
	베네시안	09:00~00:00	5~15분
	스튜디오 시티 마카오	08:00~00:00	6~25분
	샌즈 코타이 센트럴	09:00~00:00	10~15분
	윈 팰리스	09:00~23:30	15분
	파리지앵	09:00~00:00	20~30분

타이파 페리터미널 카지노 셔틀버스

	목적지	운행 시간	배차 간격
마카오 반도	MGM 마카오	09:00~23:30	13분
	윈 마카오	09:00~23:30	10~15분
	그랜드 리스보아 · 리스보아 호텔	08:30~22:30	15~20분
	스타월드 호텔 마카오	10:00~21:00	30분
	샌즈 마카오	07:30~01:05	10~15분
코타이	시티 오브 드림즈(COD)	08:45~00:25	7~30분
	MGM 코타이	09:00~23:30	13분
	갤럭시 마카오	09:00~23:00	10~20분
	베네시안	07:30~00:35	5~15분
	스튜디오 시티 마카오	08:45~00:25	7~30분
	샌즈 코타이 센트럴	08:15~00:35	10~15분
	윈 팰리스	09:00~23:30	15분
	파리지앵	08:15~23:45	10~20분

시내버스

셔틀버스가 커버하지 못하는 지역으로 이동한다면 시내버스도 좋은 대안이 된다. 특히 세나두 광장 쪽으로 바로 이동할 예정이라면 시내버스가 가장 나은 대안일 수 있다. 시내버스 요금은 일률 $6이다.

마카오 페리터미널 시내버스

번호	운행 시간	주요 노선
3A	05:40~0045	마카오 페리터미널~마카오 과학박물관~마카오 문화센터~그랜드 리스보아 호텔~세나두 광장
10	06:00~01:15	마카오 페리터미널~아마사원
10X	07:30~09:00	마카오 페리터미널~그랜드 리스보아 호텔
28A	06:30~00:10	마카오 페리터미널~그랜드 리스보아 호텔~타이파 주택 박물관~쿤하거리
28B	06:15~23:45	마카오 페리터미널~성 로렌스 성당~릴라우 광장~아마 사원~린퐁 사원
32	06:00~00:00	마카오 페리터미널~그랜드 리스보아 호텔~마카오 타워~그랜드 리스보아 호텔
56	06:00~00:00	마카오 페리터미널~시티 오브 드림~샌즈 코타이 센트럴
AP1	06:00~01:20	마카오 페리터미널~타이파 페리터미널~마카오 국제공항
N1A	00:00~06:00	마카오 페리터미널~그랜드 리스보아 호텔~세나두 광장~소피텔 마카오

타이파 페리터미널 시내버스

번호	운행 시간	주요 노선
MT1	07:00~22:30	타이파 페리터미널~마카오 국제공항~갤럭시 마카오~그랜드 리스보아 호텔~프레지던트 호텔
26	06:00~23:30	타이파 페리터미널~마카오 국제공항~시티 오브 드림(베네시안)~샌즈 코타이 센트럴~콜로안 빌리지
51A	06:00~00:00	타이파 페리터미널~마카오 국제공항~베네시안~파리지엥
AP1	06:00~01:20	타이파 페리터미널~마카오 국제공항~마카오 페리터미널~중국 접경

택시

공항과 마찬가지로, 페리터미널에서 승차 시 $5의 별도 추가요금이 부가된다. 짐 값은 트렁크 하나당 $3이다. 영어를 읽지 못하는 기사가 많으니 목적지의 한자명 정보를 확보해두는 게 편하다.

마카오 택시 요금

- 기본요금 1.6km까지 $19, 이후 240m마다 $2씩 추가
- 추가요금 페리터미널 탑승 시 $5 추가, 트렁크 하나당 짐 값 $3 추가

CITY TRAFFIC

마카오 시내 교통

마카오에는 무료 셔틀버스라는 매력적인 교통수단이 있다.
셔틀버스로 연결되지 않는 지역도 버스와 택시 같은 공공 교통수단이 커버한다.
무엇보다 원체 사이즈가 작아서 이동 문제로 골머리를 썩을 일이 없다는 것이 마카오 여행의 가장 큰 장점.

카지노 셔틀버스

마카오는 카지노 셔틀버스만으로도 어지간한 명소를 모두 둘러볼 수 있다. 무료인 데다 여행자들이 많이 찾는 지역을 연결해주기 때문에 셔틀버스 탑승 지점과 하차 지점, 환승 포인트만 알아 두면 웬만한 이동 문제는 해결된다. 공항은 물론 마카오의 주요 입출국 포인트인 페리터미널에서도 거의 모든 카지노 셔틀버스가 출발한다. 즉 마카오 어디에 있더라도 일단 페리터미널로 가면 주요 명소로 향하는 셔틀버스를 탈 수 있다는 이야기다.

그렇다고 해서 셔틀버스가 마카오 여행의 '만능 키'인 것은 아니다. 셔틀버스는 궁극적으로 카지노 이용자들을 위한 서비스이기 때문에 미성년자의 탑승을 제한해 가족 단위 여행자의 경우 탑승이 어려운 경우도 있다. 또한 비인기 구간의 경우 배차 간격이 길어 분단위로 시간을 쪼개서 움직이는 여행자들에게는 불리하다. 셔틀버스를 보다 유용하게 이용하고 싶다면 목적지별 주요 셔틀버스 종류부터 파악해두자.

셔틀버스로 연결되는 주요 여행지

목적지	셔틀버스 종류
세나두 광장	마카오 반도 그랜드 리스보아 코타이 스튜디오 시티 마카오, 시티 오브 드림즈(COD), MGM 코타이
마카오 타워	마카오 반도 윈 마카오, 코타이 갤럭시 마카오, 윈 팰리스
베네시안	마카오 반도 샌즈 마카오 코타이 샌즈 코타이 센트럴, 파리지앵
타이파 빌리지	코타이 스튜디오 시티 마카오, 윈 팰리스, MGM 코타이
파리지앵	마카오 반도 샌즈 마카오 코타이 샌즈 코타이 센트럴

셔틀버스로 연결되는 교통 요충지

목적지	셔틀버스 종류
마카오 국제공항	(마카오 반도) MGM 마카오, 윈 마카오 (코타이) 갤럭시 마카오, 베네시안, 샌즈 코타이 센트럴, 스튜디오 시티, 윈 팰리스, 파리지앵, 시티 오브 드림즈(COD), MGM 코타이
마카오 페리터미널	(마카오 반도) MGM 마카오, 윈 마카오, 그랜드 리스보아 · 리스보아 호텔, 스타월드 호텔, 신트라 호텔, 샌즈 마카오, 로얄 호텔 (코타이) 베네시안, 윈 팰리스, 파리지앵, 시티 오브 드림즈(COD), MGM 코타이, 갤럭시 마카오, 샌즈 코타이 센트럴, 스튜디오 시티 마카오
타이파 페리터미널	(마카오 반도) 그랜드 리스보아 호텔, 리스보아 호텔, 윈 마카오, 스타월드 호텔, 샌즈 마카오, MGM 마카오 (코타이) 베네시안, 윈 팰리스, 파리지앵, 시티 오브 드림즈(COD), MGM 코타이, 갤럭시 마카오, 샌즈 코타이 센트럴, 스튜디오 시티 마카오

시내버스

마카오 시내버스 요금은 일괄 $6이다. 한국과 같은 점도 있고 다른 점도 있다. 일단 같은 점은 한국처럼 앞문으로 승차하고 뒷문으로 하차한다는 것이다. 다른 점은 차내에서 거스름돈을 받을 수 없으며 환승 할인 혜택도 따로 없다. 하차 방송이 나오지 않고 차내 안내판에 한자와 포르투갈어 안내 자막이 흐른다. 무엇보다 가장 큰 차이점은 버스 노선 구성이다. 마카오는 한국과 달리 같은 노선을 상행과 하행으로 운행하지 않는다. 예를 들어 A→B로 가기위해 1번 버스를 탔다면, B→A로 되돌아갈 때 맞은편 정류장에 1번 버스가 없는 경우가 많다. 그러니 시내버스를 이용할 계획이라면 A↔B 노선뿐만 아니라 A→B, B→A로 목적지별로 노선을 구분해 갈 때와 올 때를 노선 정보를 각각 확인해야 한다. 교통카드 할인율이 높은 편이니 장기 혹은 장거리 여행이라면 버스카드를 구입하는 것을 추천한다.

INFO

마카오 버스정류장 고유 번호 읽기

구글 플레이스토어나 애플 앱스토어에서 'macau bus'로 검색한 후 시내버스 안내 애플리케이션 '巴士報站'을 다운로드 받으면 정류장 고유 번호로 정류장 위치와 해당 정류장에서 출발 도착하는 버스를 확인할 수 있다.

정류장 고유 번호
정류장 규모가 큰 경우 뒤에 /1 혹은 /2를 붙이기도 한다.

M172 Praça Ferreira Amaral

정류장 지역 대분류
M : 마카오 반도
T : 타이파, 코타이
C : 콜로안

정류장 이름
한자, 포르투갈어 병기가 기본이며
영어 병기가 있는 경우도 있다.

출발지 별 주요 버스노선

출발지	목적지	버스 번호
마카오 페리터미널 M239 Outer Harbour Ferry Terminal	세나두 광장 M134 Almeida Ribeiro/Weng Hang	3
	세나두 광장 M142 Kam Pek Community Centre	10
	그랜드 리스보아, 리스보아 호텔 M172 Praça Ferreira Amaral	3A, 28A, 32
	마카오 타워 M177 Macau Tower	32
	아마 사원 M203 Templo Á Ma	10
	시티 오브 드림즈(COD) T375 Est.do Istmo/COD	56
	샌즈 코타이 센트럴 T379 Est.do Istmo/Sand Cotai Central	
	쿤하거리, 타이파 주택 박물관 T320 Rua Do Cunha	28A

출발지	목적지	버스 번호
세나두 광장 M143 Almeida Ribeiro / Rua Camilo Pessanha	쿤하거리, 타이파 주택 박물관 T320 Rua Do Cunha	11, 33
	시티 오브 드림즈(COD) T375 Est.do Istmo/COD	21A, 26A
	샌즈코타이 센트럴 T379 Est.do Istmo/Sand Cotai Central	
	자이언트 팬더 파빌리온 C655 Seak Pai Van Park	
	콜로안 빌리지 C660 Assoc. de M. de Coloane	
	학사비치 C669 Hac Sa Beach	
세나두 광장 M135 Almeida Ribeiro / Tai Fung	마카오 페리터미널 M239 Outer Harbour Ferry Terminal	3, 3A, 10A
	로우임옥 가든(탑섹 광장) M76 Lou Lim Ioc Garden	5
	마카오 문화센터 M256 Macao Cultural Centre	3A,10A
	린퐁 사원 M11 Est. Arco/Templo Lin Fung	10
세나두 광장 M142 KAM PEK Community Centre	마카오 타워 M177 Macau Tower	5, 5X
	아마사원 M203 아마 사원 Templo Á Ma	2, 10, 10A, 11, 21A
마카오 타워 M177 Macau Tower, M182 Torre / Tunel Rodoviarios	성 로렌스 성당 M180 Rua S. Lourenço	18
	릴라우 광장 M191 Lilau Square	
	아마 사원 M203 아마 사원 Templo Á Ma	
	세나두 광장 M135 Almeida Ribeiro / Tai Fung	5
	로우임옥 가든(탑섹 광장) M76 Lou Lim Ioc Garden	5, 9, 9A, 16
	마카오 공항 T356 Macau International Airport	
	시티 오브 드림즈(COD) T375 Est.do Istmo/COD	26
	샌즈 코타이 센트럴 379 Est.do Istmo/Sand Cotai Central	
	자이언트 팬더 파빌리온 C655 Seak Pai Van Park	
	콜로안 빌리지 C659 Coloane Market	
시티 오브 드림즈 (COD) T375 Est.do Istmo/COD	자이언트 팬더 파빌리온 C655 Seak Pai Van Park	15, 21A, 25, 26, N3
	콜로안 빌리지 C660 Assoc. de M. de Coloane or C686 Coloane Village	
	학사비치 C669 Hac Sa Beach	15, 21A, 26A
	갤럭시 T365 Pai Kok / Galaxy	25B
파리지앵 T376 Est. Do Istmo/Parisian	쿤하거리, 타이파 주택 박물관 T320 Rua Do Cunha	15
	마카오 타워 M177 Macau Tower	26
	세나두 광장 M142 Kam Pek Community Centre	21A
	아마 사원 M203/1 Templo Á Ma	
쿤하거리, 타이파 주택 박물관 T320 Rua Do Cunha	세나두 광장 M142 Kam Pek Community Centre	11
	아마사원 M203/1 Templo Á Ma	
	그랜드 리스보아, 리스보아 호텔 M172 Praça Ferreira Amaral	22, 33
	탑섹 광장 M169 Educatioanl and Youth Affairs Bureau	
	그랜드 리스보아, 리스보아 호텔 M172 Praça Ferreira Amaral	11, 22, 28A
	마카오 페리 터미널 M239 Outer Harbour Ferry Terminal	28A

콜로안 빌리지 C686 Coloane Village	C.O.D(윈 팰리스) T400 Av da Nave Desportiva/ C.O.D	50
	스튜디오 시티 T360 Est do Istmo / Studio City	25
	파리지엥 T376 Est do Istmo / Parisian	
	중국 접경 M1 Border Gate	
	그랜드 리스보아, 리스보아 호텔 M172 Praça Ferreira Amaral	25, 50

택시

가장 편하지만 말도 많고 탈도 많은 교통수단. 마카오 정도의 경제 규모에 비해 택시는 관리가 잘 되지 않는 편이다 외국인 여행자가 택시로 인한 바가지요금 등의 피해 사례를 입어도 따로 신고할 창구가 없고, 힘들게 신고를 해도 솜방망이 처벌에 그치는 경우가 많다. 때문에 바가지요금과 목적지 빙글빙글 돌아가기 같은 금전적 횡포가 심심치 않게 발생한다.

이런 상황을 방지하려면 택시 탑승 전 구글맵스 등의 지도 앱을 켜서 가는 경로를 체크하며 다른 길로 들어가면 바로 지적하는 것이 좋다. 추가 짐 값 등 미터 요금 외 가산되는 금액도 철저하게 확인하자. 또 기사들 대부분이 영어를 못해 목적지의 한자 상호 정도는 미리 준비해갈 것을 권한다. 마카오, 홍콩, 중국 전화번호가 있다면 한국의 카카오 택시와 비슷한 마카오 택시 앱(Macau Taxi)을 이용할 수 있다. 2019년부터 이 운영되는 신규 서비스로, 현재 위치에서 운행 지정된 콜택시를 부를 수 있다.

마카오 택시 요금 계산법

택시 기본요금은 1,600m까지 $19이며 이후 240m마다 $2가 추가된다. 대기 시 60초마다 $2 추가. 추가요금 사항은 공항 · 페리터미널에서 탑승 시 $5, 짐 1개당 $2, 마카오→콜로안 이동 시 $2, 타이파→콜로안 이동 시 $2, 콜택시(앱 이용) $5 추가 등이 있다.

ex) 마카오 공항에서 영희, 철수, 민수 3명이 2개의 트렁크를 짐칸에 싣고 마카오 반도로 갈 경우 추가요금은 얼마를 내야 하는가?

공항 탑승 $5 +트렁크 2개 $4 = $9

따라서 미터기에 찍힌 요금에 $9 추가

MOVING GUIDE

홍콩↔마카오 이동 가이드

마카오와 홍콩은 넉넉잡고 2시간이면 오갈 수 있어 한 도시처럼 묶어서 돌아보기 좋다.
무엇보다 2018년 마카오-홍콩를 잇는 강주아 대교가 개통해 육로 교통편이 전격 확대됐다.
≪마카오 100배 즐기기≫는 국내 최초 마카오~홍콩 육로 교통편 가이드를 집중 소개한다.

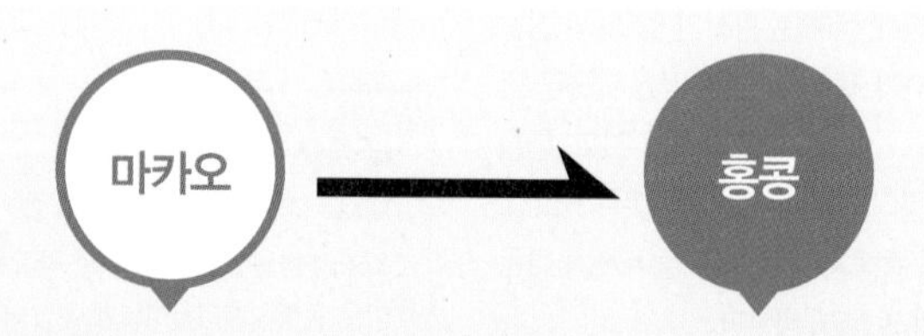

마카오와 홍콩은 페리나 버스로 연결된다. 2018년 마카오~홍콩 육로 교통편에 획기적인 전환점이 열렸는데, 바로 마카오와 홍콩 사이를 연결해주는 강주아 대교가 개통한 것이다. 단, 나름 별도의 독립행정구라 두 도시를 오갈 때는 여권을 휴대해야 한다.

페리

마카오는 공항만큼 페리터미널이 중요한 입출국 포인트다. 홍콩과 연결되는 마카오의 페리터미널은 두 곳이다. 하나는 마카오 반도에 있는 마카오 페리터미널 外港客運碼頭와 공항과 가까운 타이파 페리터미널 氹仔客運碼頭이다. 두 곳 모두 홍콩섬과 카우롱 반도의 침사추이 그리고 란타우섬에 있는 홍콩 국제공항(첵랍콕 국제공항)으로 가는 페리를 운행한다.
마카오 페리터미널이 운행 편수가 조금 더 많긴 하지만, 타이파에 머문다면 굳이 마카오 페리터미널까지 갈 필요는 없다. 페리 티켓을 구입 한 후 보안 검색과 출국 신고를 해야 배를 탈 수 있으며, 홍콩에 도착하면 홍콩 입국 신고(여권을 반드시 챙겨야 한다.)를 한다. 공항의 출입국 수속에 비해서는 꽤 간략화 되어 있으니 지례 겁을 먹을 필요는 없다.

페리로 짐 부치기
홍콩 공항을 거쳐 한국으로 가는 경우, 캐세이퍼시픽 등 일부 항공사에 한 해 마카오의 페리터미널에서 곧장 한국으로 짐을 부칠 수 있다. 다만 모든 항공사 적용 서비스는 아니니 터미널에서 확인하자.

• 마카오 페리터미널

위치
①버스 1A · 3 · 3A · 10 · 10A · 10B · 10X · 12 · 28A · 28B · 29 · 32 · 56 · 102X · AP1 · N1A번을 타고 M239 外港碼頭 정류장 하차
②마카오 반도의 MGM 마카오, 그랜드 리스보아 호텔, 리스보아 호텔, 로얄 호텔, 스타월드 호텔, 신트라 호텔, 샌즈 마카오, 윈 마카오에서 셔틀버스 운행
③코타이 지역의 COD, MGM 코타이, 갤럭시 마카오, 베네시안, 스튜디오 시티, 샌즈 코타이 센트럴, 윈 팰리스, 파리지엥에서 셔틀버스 운행

오픈 24시간

• 타이파 페리터미널

위치
①버스 26 · 36 · 51A · AP1 · MT1 · MT4 · N2번을 타고 M345 氹仔客運碼頭정류장 하차
②마카오 반도의 MGM 마카오, 그랜드 리스보아 호텔, 리스보아 호텔 , 스타월드 호텔, 샌즈 마카오, 윈 마카오에서 셔틀버스 운행
③코타이 지역의 COD, MGM 코타이, 갤럭시 마카오, 베네시안, 스튜디오 시티, 샌즈 코타이 센트럴, 윈 팰리스, 파리지엥에서 셔틀버스 운행

오픈 07:30~00:00

직행버스

2018년 마카오와 홍콩을 연결하는 강주아대교가 개통하면서 육로 교통편이 활짝 열렸다. 버스는 환승 없이 한 번에 가는 직행버스와 홍콩 각지로 연결되는 시내버스로 나뉜다.

직행버스는 원 버스 港澳一號 One Bus와 홍콩 마카오 익스프레스 港澳快線 HK MO Express 두 종류로, 마카오에서 홍콩의 엘리먼츠 백화점과 조던을 잇는다. 직행버스라고는 하지만 이는 환승을 하지 않는다는 의미로 강주아대교를 오갈 때는 마카오 출입국 사무소와 홍콩 출입국 사무소에서 각각 출입국 수속을 밟아야 한다.

두 곳 출입국 수속 모두 세관을 통과해야 하기 때문에 만약 개인 수하물이 있다면 수속을 밟을 때마다 차에서 짐을 내리고 실어야 한다. 그럼에도 불구하고 각 지점마다 버스표를 따로 사고 다시 탑승하는 것보다 편하고 가격도 비싸지 않아 가장 많이 이용하는 방법이다.

출발지 별 주요 버스노선

버스	운행 시간	노선	요금
원 버스	10:00~17:30(30분 간격), 18:30~21:30(1시간 간격) ※베네시안에서 출발할 경우 +5분 / 샌즈 마카오에서 출발할 경우 +20분	파리지엥 마카오(Bus Depot)→베네시안(Hotel Main Lobby)→샌즈 마카오(Pearl Lobby)→마카오 출입국 사무소→강주아대교→홍콩 출입국 사무소→조던→엘리먼츠 백화점	평일 $160, 평일 18:00 이후 · 주말 $180
홍콩 마카오 익스프레스 (MGM 마카오 출발편)	08:00, 09:00, 10:00, 10:40, 14:30, 15:30, 16:30, 17:20 매일 8편 ※그랜드 리스보아에서 출발할 경우 +10분 / 샌즈 마카오에서 출발할 경우 +20분	MGM 마카오(North East Gate)→그랜드 리스보아(near Main Gate)→샌즈 마카오(North Gate)→마카오 출입국 사무소→강주아대교→홍콩 출입국사무소→조던→엘리먼츠 백화점	평일 $160, 주말 $180
홍콩 마카오 익스프레스 (MGM 코타이 출발편)	08:20, 09:20, 10:20, 10:50, 11:15, 11:45, 12:15, 12:35, 12:55, 15:00, 16:00, 17:00, 17:30, 18:30, 18:30, 19:00, 19:30 매일 17편 ※갤럭시 마카오에서 출발할 경우 +10분 / 베네시안에서 출발할 경우 +20분	MGM 코타이(Lion Lobby)→갤럭시 마카오(Diamond Lobby)→베네시안(East Gate)→마카오 출입국사무소→강주아대교→홍콩 출입국사무소→조던→엘리먼츠 백화점	평일 $160, 주말 $180
홍콩 마카오 익스프레스 (갤럭시 마카오 출발편)	13:15, 13:35, 13:55, 20:00, 20:30, 21:00, 매일 6편 ※베네시안에서 출발할 경우 +10분, 스타월드에서 출발할 경우 +30분	갤럭시(Diamond Lobby)→베네시안(East Gate)→스타월드 호텔(Main Lobby)→마카오출입국 사무소→강주아대교통과→홍콩출입국 사무소→조던→엘리먼츠 백화점	평일 $160, 주말 $180

시내버스

원 버스와 홍콩 마카오 익스프레스의 가장 큰 단점은 상대적으로 비싼 가격과 초보자들에게는 다소 어려운 승하차 지점이다. 홍콩섬으로 한번에 연결되는 MTR 취완선과도 직접 연결되지 않는 곳에서 승하차해 홍콩섬으로 가야하는 입장의 여행자라면 이용하기 애매할 수밖에 없다. 그러다보니 여러 번 갈아타야 하는 번거로움이 따르더라도 시내버스로 이동하는 게 더 편리하다는 여행자도 많다. 시내버스만으로 마카오~홍콩 이동법을 소개하니 겁먹지 말고 따라가 보자.

홍콩~마카오 시내버스 이용 방법

① 강주아대교 출국사무소로 가자

강주아대교 출국사무소 港珠澳大橋邊檢大樓로 갈수 있는 카지노 셔틀버스는 현재 갤럭시 마카오, 윈 마카오, 윈 팰리스 출발편 3대 뿐이다. 이 셔틀버스는 마카오의 두 페리터미널을 경유해 강주아대교 출국사무소로 간다. 즉 마카오 어디에 있건 일단 페리터미널로 가면 강주아대교 출국사무소로 가는 셔틀버스를 탈 수 있다는 이야기다. 시내버스는 현재 101X번이 운행 중인데, 세나두 광장과 그랜드 리스보아 앞을 경유해 강주아대교 출국사무소로 간다.

② 마카오 출국수속

강주아대교 출국사무소에서 하차해 메인 건물로 들어가면 출국장이 나온다. 간단한 보안 검색을 거치고 출국 사무소에서 여권을 제시하면 수속 끝. 홍콩행 버스 티켓 판매대에서 표를 구입해 버스 탑승장으로 가면 된다. 참고로 강주아대교 구간은 마카오나 홍콩 특별행정구의 법을 적용받는 게 아니라, 중국법을 적용 받는다. 팔뚝에 붉은 완장을 찬 안내원이 무뚝뚝함을 과시해도 놀랄 필요는 없다. 물어보는 것에 대답은 잘 해준다.

마카오→홍콩 버스

- **운행** 06:00~23:59(5~15분에 1편), 00:00~05:59(15~30분에 1편)
- **요금** 06:00~23:59($65), 00:00~05:59($70)
- **소요 시간** 약 45분

③홍콩 입국수속

버스는 무정차로 란타우섬에 있는 홍콩 측 입국사무소에 정차한다. 출입국 관리소 Immigration 간판을 따라가면 입국신고대가 나온다. 입국심사를 받고 나오면 홍콩이다. 모두 일방통행이니 헤맬까봐 걱정할 필요는 없다. 사무소를 나오면 바로 버스 정류장이 보인다. 홍콩 측 입국사무소에서 탑승 할 수 있는 주요 버스는 다음과 같다.

버스	운행 시간	배차 간격	노선	요금
A11	05:35~00:30	15~35분	홍콩 국제공항~강주아대교 입국사무소~카우롱역~셩완~센트럴~코즈웨이베이~노스 포인트	HK$40
A21	05:30~00:00	8~20분	홍콩 국제공항~강주아대교 입국사무소~프린스 에드워드~몽콕~야우마테이~조던~침사추이~홍함역	HK$33
A22	05:20~00:10	15~40분	홍콩 국제공항~강주아대교 입국사무소~조던~홍함~카우롱베이~퀀통	HK$39
A29	06:10~00:10	15~60분	홍콩 국제공항~강주아대교 입국사무소~웡타이신~다이아몬드 힐~초이홍~카우롱베이~퀀통	HK$42
B5	06:30~01:15	12~20분	홍콩 국제공항~강주아대교 입국사무소~디즈니랜드 리조트~서니베이역	HK$5.8
NA11	00:50, 01:10	—	A11의 나이트 버스, 노선 동일	HK$52
NA20	00:35	—	홍콩 국제공항~강주아대교 입국사무소~청사완~삼수이포~프린스 에드워드~몽콕~야우마테이~조던~침사추이~홍함~왐포아 가든	HK$37.5
NA29	00:40, 01:10	—	A29의 나이트 버스, 노선 동일	HK$52

AREA 1

세계문화 유산지구

마카오 반도의 심장. 포르투갈풍 아줄레르 타일 바닥과 그 위에 우뚝 선 유럽풍 건축물. 여기서 골목 하나만 넘어가면 중국풍 거리가 펼쳐진다. 시간은 근대의 어느 시점에 나란히 멈춘 듯하지만, 공간은 혼재되어 있다. 어디에 눈길을 주느냐에 따라 유럽일 수도, 중국일 수도 있다. 유럽풍 분수대 앞에 앉아 인도, 중국, 일본의 영향을 고루 받은 마카오 제일의 주전부리 커리 어묵을 먹는 순간, 마카오의 멀티 컬처에 푹 빠져들게 된다.

세계문화유산지구 이렇게 여행하자

지역 자체가 동서로 길게 펼쳐져 있어 도보여행이 가능하다. 오래 걷기 부담스럽다면 세나두 광장을 기점으로 전반부와 후반부로 동선을 나누면 된다. 아마 사원 앞 광장, 릴라우 광장, 대성당 광장과 로버트 후퉁의 도서관 등은 중간 휴식처로 삼기 좋은 명소다. 모든 성당은 내부가 개방돼 있어 잠시 들러 쉬어가기 좋다.

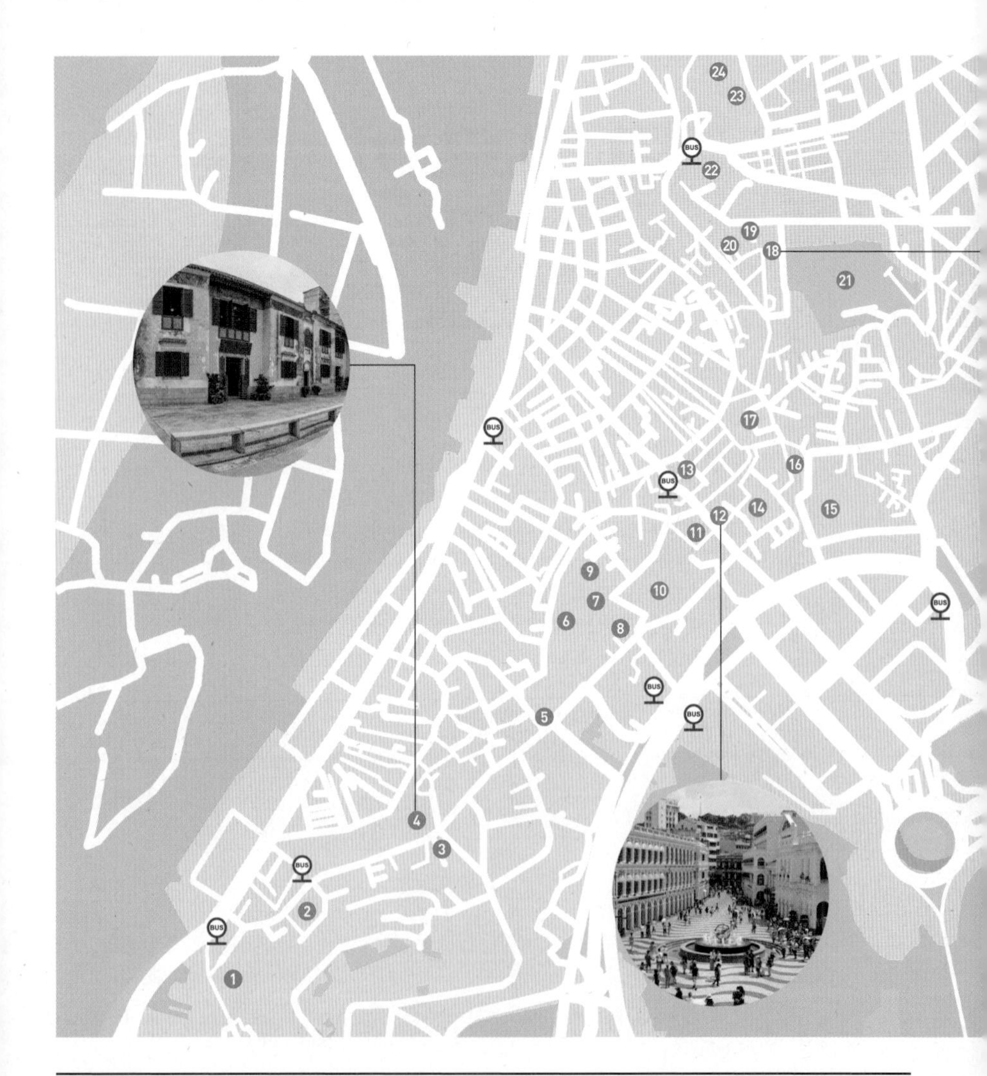

1

아마 사원의 백년부부의 나무에서 소원 빌기

2

포르투갈 반 중국 반 풍경, 펠리스다데 거리 산책

3

세나두 광장 물결무늬 타일 앞에서 마카오 방문 인증샷 찍기

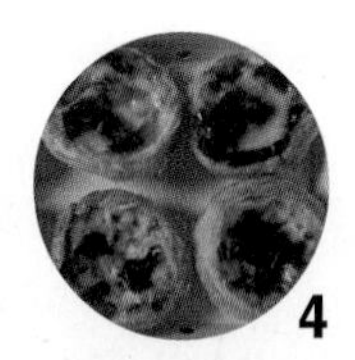
4

마가레트 카페 이 나타에서 명물 에그타르트 시식

5

다양한 국가의 맛을 버무린 커리 어묵에 밀크티 한 잔

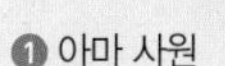

❶ 아마 사원
❷ 무어리시 배럭
❸ 릴라우 광장
❹ 만다린 하우스
❺ 성 로렌스 성당
❻ 성 요셉 신학교와 성당
❼ 성 아우구스틴 광장
❽ 돔 페드로 5세 극장
❾ 로버트 호 퉁경의 도서관
❿ 성 아우구스틴 성당
⓫ 레알 세나두
⓬ 세나두 광장
⓭ 삼카이뷰쿤 사원
⓮ 자비의 성채
⓯ 대성당
⓰ 로카우 맨션
⓱ 성 도미니크 성당
⓲ 세인트 폴 성당 유적지
⓳ 나차 사원
⓴ 마카오 성벽
㉑ 몬테 요새
㉒ 성 안토니오 성당
㉓ 까사 가든
㉔ 개신교도 묘지
㉕ 기아 요새

Sightseeing

아마 사원 媽閣廟 Templo de A-Ma

1488년에 지어진 도교 사원으로 마카오에서 가장 오래된 건축물이기도 하다. 풍랑으로부터 어민을 보호하는 여신 아마 媽閣를 모시고 있다. 과거에는 지금과 같이 큰 어선이 없어 작은 풍랑에도 배가 침몰하는 경우가 많았다. 그 때문에 중세 뱃사람들에게 변화무쌍한 바다 날씨는 공포와 숭배의 대상이었다. 그런 날씨를 관장하는 신이 바로 이 사원의 주인 아마다.
이름은 아마 사원이지만 관세음보살을 비롯해 여러 신을 함께 모신다. 이는 도교라는 종교 자체가 인도의 힌두교처럼 다신교적인 성격을 가지고 있기 때문이다. 온갖 신의 힘을 빌려 소원을 성취하는 편의성이 강한 신앙으로, 중국의 도교 사원에 불교의 여러 신이 모셔져 있는 건 드문 일이 아니다.
총 4개의 사당이 있는 사원 내부로 들어가면 모기향을 크게 늘려 놓은 것 같은 거대한 향이 연신 연기를 뿜어내는 장면을 볼 수 있다. 이건 선향 線香이라고 하는데 향이 오래 탈수록 소원성취에 도움이 된다고 믿는 중국인들의 믿음을 반영한 것이다. 제대로 만든 선향은 최소 사흘 내내 탄다고 하니, 신 입장에서는 코가 매워서라도 소원을 들어줘야 할 판이다.

위치 ①버스 1 · 2 · 6B · 10 · 10A · 11 · 18 · 28B · 55 · N3번을 타고 M203 媽閣廟站 정류장 하차 후 도보 2분 ② 마카오 페리터미널에서 택시로 15분
지도 MAP 5① **주소** Largo da Barra
오픈 07:00~18:00 **휴무** 없음 **요금** 무료

사원 내에는 '백년 부부의 나무 百年夫婦樹'가 있다. 새빨간 소원 부적이 눈에 띄는데, 부부나 커플이 소원을 빌면 유독 잘 이루어진다고 전해진다. 부적은 $40으로 비싼 편이지만, 기어코 백년해로(?)를 해야겠다면 하나쯤 달아보는 것도 좋겠다. 매년 음력 3월 23일에는 아마 여신의 생일을 축하하는 큰 축제가 열린다. 이 시기에 방문한다면 꼭 들러보자.

TALK

마카오의 기원

전해지는 말에 따르면 1513년 조르주 알바레스 George Alvares라는 포르투갈인이 아마 사원 앞에 배를 정박하고 이곳의 위치를 물었다. 이에 당시 중국인들이 가장 눈에 띄는 건축물인 아마 사원의 이름을 묻는 것이라 여겨 "마꼭 媽閣(아마 사원의 현지 발음)"이라고 대답했다. 서로 말이 안 통하는 상황에서는 대개 듣는 쪽이 가는귀를 먹기 마련. 조르주 알바레스 귀에는 마꼭이 꼭 마카오로 들렸고, 이후 이 일대의 지명이 마카오가 되었다는 이야기다.

Sightseeing

해양박물관 海事博物館 Museu Marítimo

대항해시대의 마카오 해양 관련 자료를 볼 수 있는 박물관. 지하 1층 · 지상 3층 규모로 포르투갈 선박이 최초로 정박했을 것이라 추정되는 장소에 세워졌다. 15세기 후반 마카오를 점거한 포르투갈은 마카오에서 지구의 절반을 지배하겠다는 꿈을 꿨다. 동으로 항로를 개척해 '황금의 나라' 지팡구(일본)를 찾고 유럽과 인도를 직결하는 인도항로를 개척하고, 전설 속 프레스터 존의 기독교 왕국을 찾으려 했던, 포르투갈이 가진 모든 욕망의 끝에 바로 마카오가 있었다. 해양박물관은 이렇듯 낭만과 욕망이 뒤섞인 대항해시대를 보여주는 박물관이다. 마카오는 물론, 중국의 시선으로 본 대항해시대 유물이 사이좋게 배치되어 있다. 선박 역사에 관심이 있거나, 게임 '문명' 시리즈를 하면서 캐러벨이나 프리깃 혹은 바이킹의 롱쉽 같은 선박을 운용하며 대양을 누벼본 이라면 재미있게 둘러볼 만한 공간이다.

위치 ①버스 1 · 2 · 6B · 10 · 10A · 11 · 18 · 28B · 55 · N3번을 타고 M203 媽閣廟站 정류장 하차 후 도보 2분 ②아마 사원에서 도보 5분 지도 MAP 5① 주소 Largo do Pagode da Barra 오픈 10:00~18:00 휴무 화요일 요금 $10

▲ 대항해시대를 연 캐러벨

▲ 바이킹의 롱쉽

펜야 성당 主教山小堂 Capela de Nossa Senhora Da Penha

바다가 내려다보이는 펜야 언덕에 자리 잡은 예쁘장한 성당이다. 언덕 자체가 그리 높지는 않지만 마카오 반도 최고의 스카이라인을 선사한다. '서쪽 바다를 내려다보는 성당'이라는 뜻의 서망양성당 西望洋聖堂과 주교가 살던 곳이라는 의미의 주교산성당 主教山小堂의 2가지 명칭으로 불리고 있다.

성당이 세워진 것은 1622년으로 1837년까지는 스페인에 본부를 둔 성 아우구스티노스 수도회 소속이었다. 1837년 포르투갈의 왕위 계승 전쟁 이후 성 아우구스티노스 수도회가 마카오에서 축출되면서 마카오 주교의 거처로도 이용되었다. 현재의 성당 건물은 1935년 재건한 것이다.

과거 가톨릭을 믿는 뱃사람들은 거친 항해에 나서기 전 이 성당에서 무사항해를 기원했다. 그런 점에서는 앞서 소개한 아마 사원의 가톨릭 버전이라고도 할 수 있다. 참고로 "펜야 성당은 바다의 성인 노틀담을 모시고 있다"라고 소개하는 자료가 많은데, 노틀담이라는 말 자체는 성모 마리아를 뜻한다. 아시아권 저자들의 프랑스어 그리고 프랑스 역사에 대한 무지로 인한 집단 오류임을 이 기회에 바로 잡는다.

위치 ①버스 9 · 16번을 타고 濠璟酒店 정류장에서 하차 후 도보 5분 ②아마 사원에서 도보 20분 지도 MAP 5Ⓙ 주소 Hilltop of Penha Hill 오픈 10:00~17:00 휴무 없음 요금 무료

무어리시 배럭 港務局大樓 Moorish Barracks

1874년 포르투갈의 식민지였던 인도에서 차출한 인도인 용병 세포이 Sepoy를 수용하기 위해 지어진 건물이다. 세포이를 온갖 전장에 두루 활용했던 영국과 달리 세포이의 해외 활용에 소극적이었던 포르투갈이 처음 인도 연대의 마카오 주둔을 허용한 곳이기도 하다. 당시 포르투갈 식민당국 입장에서는 인도 연대의 마카오 주둔 자체가 꽤 주요한 행사였는지, 이탈리아 건축가 카스토 Cassuto를 고용해 기존의 마카오 건축물과는 전혀 다른 아라비아 무굴 건축 양식이 가미된 건물을 신축했다. 막사가 아닌 이처럼 예쁜 건물을 지어주었다는 것이 특이하다.

현재는 마카오 항만청 본부로 쓰이고 있어 여행자들은 원칙적으로 경비원의 허락을 받은 후 관람할 수 있다. 대부분의 여행자들은 건물 외관만 보고 만다리 하우스로 이동하지만, 내부에 아이보리색 기다란 베란다와 인도풍의 아치형 기둥 등 좋은 사진을 남길 만한 포토존이 많다. 사무실 내부는 볼 수 없다.

위치 ①버스 18 · 28B번을 타고 M174 海事及水務局 정류장에서 하차 후 도보 2분 ②아마 사원에서 도보 5분 지도 MAP 5Ⓙ 주소 Calçada da Barra 오픈 09:00~18:00 휴무 없음 요금 무료

Sightseeing

릴라우 광장 亞婆井前地 Largo do Lilau

아마 사원이 포르투갈인의 첫 상륙지라면, 아마 사원에서 약 500m 떨어진 릴라우 광장은 포르투갈인의 최초 거주지다. 상륙 당시 온통 바위섬투성이였던 마카오에서 야트막한 언덕 위 샘물이 펑펑 쏟아져 나오는 릴라우 광장만 한 땅은 없었을 것이다. 실제로 포르투갈은 식민지 시절 내내 릴라우 광장 일대에 집착했다. 그 덕분인지 릴라우 광장 주변으로 예쁘장한 미색의 포르투갈풍 가옥이 잘 보존돼 있다. 이국적인 풍경이 아름다워 성 라자러스 성당지구, 세나두 광장과 함께 경관 지구로 꼽힌다. 광장의 오래된 나무는 언제나 넓은 그늘을 드리우고 유럽풍 분수가 조성된 샘에서는 물 흐르는 소리가 들린다. 흔한 이야기지만 릴라우 광장 분수의 물을 마신 사람은 언젠가 다시 마카오로 돌아온다는 이야기가 전해진다.

위치 버스 18 · 28B번을 타고 M174 海事及水 亞婆井前地 정류장에서 하차하면 버스 진행 방향에 광장이 보인다.
지도 MAP 5Ⓕ 주소 Largo do Lilau
오픈 24시간 휴무 없음 요금 무료

Sightseeing

만다린 하우스 鄭家大屋 Casa do Mandarim

19세기 중국을 대표하는 교육개혁 운동가이자 대부호였던 정관응 鄭觀應의 저택이다. 세나두 광장, 세인트 폴 성당 유적지와 함께 '마카오의 유네스코 세계문화유산 TOP3'에 꼽힌다. 1811년, 약 4,000m² 부지에 약 12동 120개의 방이 있는 대저택으로 건축되었다. 한창때는 집에 일하는 가솔들만 300명 가까이 됐다고 하니 당시의 규모를 짐작할 만하다.

중국 남부의 전통 가옥 양식을 바탕으로 당시 유행하던 각종 유럽풍 건축양식이 섬세하게 어우러져 있다. 이런 식으로 서양 장식이 중국 가옥에 융합된 경우는 대외 무역항이었던 광저우를 비롯해 일찌감치 서양 문물을 받아들인 지역에서 비교적 흔하다. 하지만 몇 개의 창을 스테인드글라스로 하는 등 서양 양식을 제한적으로 도입한 다른 건축물에 비해 만다린 하우스는 집 곳곳에서 다양한 국가의 건축 양식을 확인할 수 있다. 특히 인도풍의 천장 배치나, 프랑스 저택에서나

볼 수 있는 거대한 창, 포르투갈 느낌의 정원 장식 등은 이 집의 정체를 더욱더 흥미롭게 만든다. 당시 마카오에서 만날 수 있는 모든 양식의 총집합 같은 느낌. 그 때문에 만다린 하우스는 당시의 시대상과 건축을 엿보고 싶은 사람들에게는 성지와도 같다. 토~일요일에만 시행하는 가이드 투어의 인기가 높지만 광둥어만 지원해 한국인들에게는 그림의 떡이다. 가까운 장래에 영어 가이드 투어라도 시행하기를 기원해본다.

위치 버스 18 · 28B번을 타고 M191 亞婆井前地 정류장에서 하차, 버스 진행 방향 오른쪽 골목으로 들어가면 왼쪽에 입구가 나온다. 지도 MAP 5Ⓕ 주소 No. 10 António da Silva Lane 오픈 10:00~18:00 휴무 수요일 요금 무료

Sightseeing

성 로렌스 성당 聖老楞佐堂 St. Lawrence's Church

아마 사원부터 릴라우 광장으로 이어지는 길은 모두 마카오 초기 개척사와 연관이 있다. 아마 사원이 첫 상륙지, 릴라우 광장 주변이 초기 정착지였다면, 다음 순서는 무엇일까? 독실한 가톨릭 신자였던 포르투갈 사람들에게 살 곳 다음으로 중요한 건 예배를 볼 수 있는 장소, 즉 성당이었다. 그래서 마카오 유네스코 문화유산 따라 걷기의 다음 목적지는 자연스럽게 마카오에서 가장 오래된 성당 중 하나인 성 로렌스 성당으로 이어진다.

초기 정착 시절에는 한 칸의 예배당뿐이었는데, 1846년 현재의 커다란 성당 건물을 증축했다. 아마 사원이 중국 뱃사람들이 풍랑으로부터 자신을 보호해달라는 염원 하에 세워진 곳이라면, 성 로렌스 성당은 포르투갈인이 오랜 항해를 안전하게 마치게 해달라는 염원을 담아 건설한 곳이다. 이런 의미로 '바람을 순하게 하는 집'이라는 뜻의 펑썬통 風順堂이라는 이름으로 불리기도 한다. 참고로 성당 주변은 마카오 반도에서 꽤 잘사는 사람들이 모여 사는 부촌이다. 성당과 함께 일대를 슬쩍 둘러보는 것도 하나의 여행 방법이다.

위치 버스 9 · 16 · 18 · 28B를 타고 M180 風順堂街 정류장에서 하차하면 왼쪽에 성당이 있다. **지도** MAP 5Ⓖ **주소** Rua de São Lourenço **오픈** 07:00~21:00 **휴무** 없음 **요금** 무료

성 요셉 신학교와 성당 聖若瑟修院及聖堂 St. Joseph Seminary and Church

성 로렌스 성당과 같은 예수회 소속으로 1728년에 세워졌다. 지금은 불타버려 앞면만 남아 있는 세인트 폴 성당과 함께 아시아를 통틀어 단 2개 밖에 없는 바로크 양식 성당이다. 내부 제단에는 원래 세인트 폴 성당에 모셔져 있던 아시아 선교왕 프란시스 사비에르의 팔뚝 뼈가 안치되어 있다. 건축적 가치로 보나, 종교사적 의미로 보나 마카오에서 가장 중요한 성당 중 하나임에 틀림없다.

성 요셉 신학교는 성당보다 30년 늦은 1758년에 건립되었다. 중국, 일본 등 동아시아 지역 선교를 위한 인력을 교육하는 목적으로 건립됐으며, 실제로 마카오에서 아시아로 파견된 선교사들은 모두 이곳을 거쳤다고 보면 된다. 단, 성당은 일반에 개방돼있지만 신학교는 비공개 시설로 문이 굳게 닫혀있다. 성당의 입구로 가기 위해서는 주도로에서 왼쪽으로 방향을 틀어야 한다. 지도를 잘 살펴보자.

위치 버스 9 · 16 · 28B번을 타고 M179 巴掌圍 정류장에서 하차. 버스 진행 방향 왼쪽 길로 꺾어 올라간 후 왼쪽으로 방향을 틀어 올라간다. 전체 도보 7분 소요 지도 MAP 5Ⓒ 주소 Rua do Seminário 오픈 09:00~18:00(성당) 휴무 없음 요금 무료

Sightseeing

성 아우구스틴 성당 聖奧斯定堂 St. Augustine's Church

마카오 초기 개척 시절인 1591년에 건립된 성당. 마카오에 있는 대부분의 성당이 예수회 성당인 것에 비해, 성 어거스틴 성당은 스페인에 거점을 두고 있는 성 아우구스틴 수도회 소속이다. 참고로 성 아우구스틴은 교부 철학시대의 신학자이자 예수교 역사상 사도 바울과 함께 가장 큰 영향을 끼친 사람으로 알려진 아우구스투스의 영어식 발음이다.

성 아우구스틴 성당은 마카오 최대 규모의 종교 이벤트인 파소스 행진이 시작되는 곳으로도 유명하다. 파소스 행진은 전날 오후 7시부터 시작, 다음날 오후 4시 미사로 마무리되는 21시간짜리 행사다. 예수의 고난을 상징하는 사순절의 첫째 주 일요일 자정에 시작되는데 성 아우구스틴 성당에 모셔진 예수상을 들고 십자가를 짊어진 채 세나두 광장을 거쳐 성 도미니크 광장과 그 주변을 행진한다. 가톨릭 신자들 사이에서는 파소스 행진을 끝까지 완주하면 그해의 소원이 이루어진다는 믿음이 있어 상당히 열정적인 분위기다.

마카오에 머무는 많은 필리핀 노동자들은 성 아우구스틴 성당에서 미사

위치 ①버스 9 · 16 · 28B번을 타고 M179 巴掌圍 정류장에서 하차 후 도보 5분 ②돔 페드로 56세 극장 맞은편 지도 MAP 5ⓒ 주소 No.2 Santo Agostinho Square 오픈 10:00~18:00 휴무 없음 요금 무료

파소스 행진 일정	
2019년	3월 9~10일
2020년	3월 1~2일
2021년	2월 20~21일

를 본다. 필리핀 노동자들이 많은 이유는 필리핀이 스페인의 식민지를 거치며 가톨릭화가 됐고, 성 아우구스틴 수도회는 스페인에 기반을 두고 있기 때문이다. 성당 내부에 모셔진 성상도 다른 성당에 비해 화려한 편. 성당 중심에 있는 대좌는 중국 사당에 모셔진 신주와 비슷한데, 이는 건립 초기 성당 건축에 익숙하지 않았던 중국 장인들이 도교 사원 만들던 습관대로 만들었기 때문이라고 추측된다. 성당 내부를 돌아본 뒤에는 성당 옆 작은 광장에서 긴 도보에 지친 다리를 잠시 쉬었다 가기 좋다.

Sightseeing

돔 페드로 5세 극장 伯多祿五世劇院 Dom Pedro V Theatre

300석 규모의 작은 극장. 완공 당시 기준으로 아시아 최초의 서양식 극장이었다. 그리스 사원을 연상케 하는 신고전주의 건축물로 1860년 시공을 시작해 1873년 완공됐다. 극장 이름은 공사가 시작된 직후인 1861년, 24살의 나이에 요절한 비운의 포르투갈 왕을 기리기 위한 것이다.

설립 150년이 넘은 극장이지만 지금도 크고 작은 공연이 펼쳐진다. 특히 부정기적으로 열리는 오페라 공연은 돔 페드로 극장에서 열리는 가장 큰 행사다. 공연이 없을 때는 극장을 개방해 내부를 둘러볼 수 있다. 극장으로 들어가는 홀의 샹들리에가 인상적이다.

위치 ①버스 9 · 16 · 28B번을 타고 M179 巴掌圍 정류장에서 하차 후 버스 진행 방향 왼쪽 길로 꺾어 올라가서 오른쪽 윗길로 조금 더 올라간다. ②성 요셉 성당에서 도보 5분 지도 MAP 5© 주소 Santo Agostinho Square 오픈 10:00~18:00 휴무 화요일 • 공휴일 요금 무료

로버트 호 퉁경의 도서관 何東圖書館 Ho Tung Library Building

2018년에 개관 60주년을 맞은 마카오에서 가장 큰 공공도서관이다. 도서관에는 중국어 서적뿐이지만, 저택이었던 건물을 도서관으로 확장한 덕분에 널찍한 정원에서 지친 다리를 쉬었다 가기에 좋다. 물론 도서관 구경을 좋아하는 여행자에게는 더없이 흥미로운 여행지다.

본래 마카오 총독의 부인인 도나 캐롤리나 쿤야의 저택이었는데, 1918년 사업가이자 자선가인 로버트 호 퉁에게 매입되었다. 로버트 호 퉁은 제2차 세계대전 당시 전쟁의 화마를 피해 마카오로 이주했으며 전쟁이 끝난 후에는 다시 홍콩으로 이주했다. 그의 별장이었던 이 건물은 도서구입비 HK$25,000와 함께 마카오 정부에 기증되어 1958년 공공 도서관으로 일반에 공개됐다. 구관 건물 오른쪽으로는 투명한 유리창이 돋보이는 신관 건물이 보인다. 신관은 2006년 증축한 것이다.

위치 ①버스 9 · 16 · 28B번을 타고 M179 巴掌圍 정류장에서 하차 후 도보 6분 ②성 아우구스틴 성당에서 도보 3분 **지도** MAP 5© **주소** No. 3 Santo AgostinhoSquare **오픈** 월요일~토요일 10:00~19:00, 일요일 11:00~19:00 **휴무** 없음 **요금** 무료

시그넘 SIGNUM

마카오풍 인테리어 소품이 가득한 편집숍. 예쁘장한 찻잔부터 테이블 매트, 쿠션, 조명 등의 소품을 비롯해 소파나 의자 같은 가구도 구입할 수 있다. 동서양의 온갖 문화가 오묘하게 뒤섞인 마카오 특유의 분위기와 매칭되는 품목이 많아 편집숍이 아니라 마카오 자체 생산 제품만 취급하는 잡화점이 아닌가 싶은 생각이 들기도 한다.

컬러풀한 소품이 많아 일단 눈요기가 즐거운 데다 다기 등 일부 제품을 한국에 비해 꽤 저렴한 가격에 '득템'할 수도 있다. 아기자기한 기념품보다는 실생활에 사용하는 생활 소품이 많은 편이다. 가격대가 제법 높은 제품도 있으니 구입 전 신중한 가격 비교는 필수. 쇼핑 목적이 아니더라도 지나가는 길에 기분전환 삼아 가볍게 들러볼 만하다.

위치 ①버스 1 · 2 · 6B · 10 · 10A · 11 · 18 · 28B · 55 · N3번을 타고 M203 媽閣廟 정류장 하차 후 도보 3분. 레스토랑 아로차 옆 **지도** MAP 5① **주소** Rua do Alm. Sérgio no. 285, R/C **오픈** 12:00~20:00 **휴무** 수요일 **전화** 2896-8925 **홈피** signum.mo

Eating

아 로차 船屋葡國餐廳 A Lorcha

30년 전통의 매케니즈 레스토랑. '로차'는 배라는 뜻이다. 그 이름대로 실내 인테리어를 선실 내부처럼 꾸며두었다. 대항해시대의 선원들이 그랬듯 선실에 모여 술 마시고 웃고 떠들 다 보면 '캐러비안의 해적'의 1인이 된 것 같은 느낌이다.

규모가 큰 편은 아니라 테이블 간격이 비좁다. 하지만 마카오 반도에서 맛볼 수 있는 대부분의 포르투갈 · 매캐니즈 요리를 모두 주문할 수 있다. 다른 집에 비해 바칼라우, 스테이크 요리가 풍부하다는 게 이 집의 특징. 원래 인기 있는 집이라 저녁의 경우 시작하자마자 꽉 차는 경우가 많으니 홈페이지를 통해 예약하는 게 좋다.

위치 버스 1 · 2 · 6B · 10 · 10A · 11 · 18 · 28B · 55 · N3번을 타고 M203 媽閣廟 정류장 하차 후 도보 3분 지도 MAP 5① 주소 Rua Almirante Sergio No.289, Sao Lourenco 오픈 12:30~15:00, 18:30~23:00 휴무 화요일 예산 2인 $400~700 전화 2831-3193 홈피 www.alorcha.com

MENU

☐ **葡式八爪魚沙律** ········· **$58**
포르투갈식 문어 샐러드

☐ **西班牙式燴鮮蜆** ········· **$140**
스페인식 조개 스튜

☐ **非洲辣雞** ········· **$178**
아프리칸 치킨

☐ **煎香蒜牛柳伴薯條** ········· **$178**
마늘을 곁들인 프라이드 스테이크

☐ **薯絲炒馬介休** ········· **$188**
바칼라우에 으깬 감자와 달걀을 넣고 볶은 포르투갈요리

알리 커리하우스 亞利咖喱屋 Ali Curry House

사이완 호수를 따라 난 Av. Da Republica 民國大馬路 대로에 있는 호반 레스토랑. 매캐니즈 레스토랑으로 분류되지만 상호 때문인지 커리 요리가 상대적으로 많다. 다른 식당에서 포도주에 끓인 소꼬리 스튜를 판매할 때, 알리 커리 하우스는 커리 소고기 스튜를 파는 식. 메뉴는 뭔 요리가 이리 많을까 싶을 정도로 다양한데, 그 많은 걸 모두 먹을 만하게 만들어 낸다. 특히 이 집의 소고기 민치는 감자, 소고기, 우스터소스의 감칠맛이 일품이라 어른이나 아이 할 것 없이 좋아한다. 태국에서 먹을 수 있는 항정살 석탄구이가 있다는 점도 특이하다.

위치 버스 9번을 타고 M193 民國馬路/西灣湖 정류장에서 하차 후 도보 1분 또는 펜야 성당에서 도보 15분 지도 MAP 5Ⓙ
주소 4K Avenida da Republica, Sai Van 오픈 12:30~22:30 휴무 없음 예산 2인 $200~ 전화 2855-5864

MENU

□ 豉椒炒蜆 Black Bean Clams ········· $66
검은콩 소스 조개 볶음

□ 炭燒墨魚 Cuttlefish Chacoal Grill ········· $66
오징어 석탄구이

□ 非洲辣雞 African Chicken ········· $83
아프리칸 치킨

□ 干免治牛肉或豬肉 Fried Minchi W/ Beeg or Pork ········· $83
소고기·돼지고기 민치 볶음

□ 炭燒黑豬豬頸肉 Roast Alentejano Blacak Pork ········· $98
항정살 석탄구이

Eating

제이슨 카페 엔 비스트로 Jason Cafe & Bistro

유네스코 세계문화유산 코스 안에 있는 작은 식당. 거창한 요리를 내는 집은 아니고, 이런저런 소소한 세트 메뉴가 $100 이하라 저렴하게 한 끼를 해결할 수 있는 집이다. 이 집에서 아침을 해결하는 것도 좋은 방법이다.

위치 ①버스 6B · 18 · 23 · 28B · N2번을 타고 M187 區華利前地 정류장에서 하차 후 도보 7분 ②성 로렌스 성당 · 돔 페드로 5세 극장에서 도보 5분 지도 MAP 5© 주소 32E R. Central, Avenida de Almeida Ribeiro 오픈 월요일~금요일 10:00~22:00, 토요일 · 일요일 08:00~22:00 휴무 없음 예산 2인 $100~500 전화 2897-4399

MENU

- ☐ Portuguese Pico Bread Pork Chop ········ $38
  폭찹이 들어간 포르투갈식 피코 브레드
- ☐ Mushrooms Clam Spaghetti ········ $58
  조개 버섯 스파게티
- ☐ Curry OX Tail with Rice ········ $72
  소꼬리 커리 라이스

Cafe

테라 커피 하우스 Terra Coffee House

예쁘장한 커피 하우스. 최근 크고 작은 카페가 늘고 있는 마카오에서도 가장 진지한 자세로 커피를 내리는 집이다. 플랫 화이트처럼 요즘 트렌드를 반영한 인기 만점 커피 메뉴부터 감각적인 아이스티까지 음료 메뉴를 완벽하게 갖추고 있다. 여기에 피자 같은 소소한 요깃거리까지 알차게 선보인다. 자정까지 영업한다는 점도 이 집의 장점.

위치 ①버스 6B · 18 · 23 · 28B · N2번을 타고 M187 區華利前地 정류장에서 하차 후 도보 5분 ②돔 페드로 5세 극장에서 도보 3분 지도 MAP 5© 주소 20 R. Central, Avenida de Almeida Ribeiro 오픈 월~토요일 10:00~21:30, 일요일 12:00~20:00 전화 2893-7943 휴무 부정기 휴무 예산 2인 $70~ 홈피 ko-kr.facebook.com/terracoffee

MENU

- ☐ 短笛拿鐵 ········ $33
  피콜로 라테
- ☐ 頂級格雷伯爵紅茶 ········ $34
  그랜드 얼 그레이
- ☐ Set Lunch ········ $88~178
  런치 세트(매일)

Sightseeing

세나두 광장 議事亭前地 Largo do Senado

마카오 반도 제일의 랜드마크. 마카오를 동방의 리스본, 남유럽의 어디쯤으로 착각하게 만드는 주범이다. 전체 넓이 약 3,700m²의 광장에 물결무늬 타일이 촘촘하게 깔려 있고, 이를 중심으로 레알 세나두를 비롯해 우체국, 자비의 성채, 성 도미니크 성당이 병풍처럼 도열해 있다. 세나두 광장의 상징이기도 한 물결무늬 타일은 대항해시대 마카오를 개척한 포르투갈 선원들의 역동성을 상징한다. 당시 식민지 당국은 현재와 같은 타일을 깔기 위해 포르투갈에서 타일 공예 장인을 불러오기까지 했다고.

지금은 마카오 반도를 대표하는 랜드마크지만, 최초에는 의회 건물이었던 레알 세나두의 연병장 개념으로 만들어졌다. 현재와 같은 공동 광장으로 재탄생한 것은 1990년대 초로, 의외로 얼마 되지 않았다.

광장 한가운데는 분수대가 설치되어 있고, 분수대 한가운데 교황 자오선 Line of Demarcation 조형물이 설치돼 있다. 대항해시대에 유럽 중심의 세계를 만들었던 선두주자는 포르투갈과 스페인이었다. 두 나라 모두 발견하는 모든 곳을 자신들의 식민지라 여겼는데, 식민지 땅따먹기의 경쟁이 과열되면서 영토 분쟁이 거듭됐다. 누군가의 교통정리가 필요한 상황에서 당시 교황이었던 알렉산데르 6세는 "동서를 가르는 경도에 가상의 선을 만들어 그

선의 동쪽은 포르투갈, 서쪽은 스페인 땅으로 하자"는 황당한 중재를 내놓았다. 그리하여 1493년 그어진 선이 바로 교황 자오선이다. 이후 포르투갈과 스페인은 유럽의 주도권을 네덜란드와 영국에게 빼앗기고 교황 자오선도 의미 없는 선언이 되어버렸다.

위치 ①버스 3 · 3X · 4 · 6A · 8A · 18A · 19 · 26A · 33 · N1A번을 타고 M135 新馬路/大豐 또는 M134 新馬路/永亨 정류장에서 하차 후 버스 진행 반대 방향으로 길을 건넌다. ②마카오 페리터미널에서 그랜드 리스보아행, 시티 오브 드림과 스튜디오 시티에서 마카오 반도행, 갤럭시에서 스타월드 호텔행, 윈 팰리스에서 윈 마카오행 셔틀버스 이용 **지도** MAP 3Ⓗ **주소** Largo do Senado **오픈** 24시간 **휴무** 없음 **요금** 무료

Sightseeing

레알 세나두 民政總署大樓 Leal Senado

한때 마카오의 심장 역할을 했던 청사 건물로, 포르투갈 식민지 시절에는 총독부와 제국의회 건물을 겸했다. 마카오 반도 제일의 랜드마크인 세나두 광장의 이름도 이 건물에서 비롯되었다고. 본래는 마카오 개척 초기부터 중국 정부와 협상을 하던 정자가 있던 자리였는데 18세기 포르투갈 정부가 해당 부지를 인수한 뒤 1784년 지금의 건물을 지어 올렸다. 아름다운 신고전주의풍 외관이 아름답고 내부도 개방하고 있어 둘러볼 가치가 충분하다. 특히 2층으로 올라가는 계단의 아름다운 아줄레주 타일, 예쁘장한 정원과 루이스 까몽이스의 흉상, 그리고 세나두 광장이 훤히 내려다보이는 2층 홀은 꼼꼼히 둘러볼 체크 포인트. 꽤 드문 일이지만 2층 홀 발코니가 개방될 때에 맞춰 방문하면 유리창을 통해 광장을 내려다볼 수 있다.

건물 내 작은 도서관에는 17세기부터 모은 약 1만 8,500권의 포르투갈어 사료를 모아 두었다. 연구자들에게나 인기 있을 법한 공간이라 여행자의 흥미를 끌진 않지만, 도서관과 붙어 있는 작은 예배당은 한국 드라마 〈궁〉 결혼식 장면에 등장했던 나름의 명소다.

위치 ①세나두 광장 맞은편 ②로버트 호 퉁경의 도서관에서 도보 5분 지도 MAP 3Ⓖ 주소 No. 163 Av. Almeida Ribeiro
오픈 09:00~21:00 휴무 월요일 요금 무료

TALK

'레알' 충성스러운 의회

세나두 Senado는 의회를 뜻하고, 레알 Leal은 충성스럽다는 의미의 포르투갈어다. 굳이 '충성스러운 의회'라고 이름 붙인 까닭은 이렇다. 포르투갈은 1581년부터 스페인의 지배를 받았고 1640년부터 독립전쟁을 시작했다. 마카오 식민정부는 당시 한 치의 망설임도 없이 포르투갈 지지를 선언했는데 이로 인해 마카오는 스페인의 강고한 식민지였던 필리핀과의 무역로를 상실하고 한참 동안 경제적 어려움을 겪어야 했다. 포르투갈은 독립 후 이런 마카오의 공로를 인정해 마카오 의회에만 '레알'이라는 수식어를 붙였다. 일종의 공훈을 인정한 셈이다.

자비의 성채 仁慈堂大樓 Santa Casa da Misericórdia

세나두 광장 오른편에 있는 하얀색 건물. 그저 예쁘다 하고 지나치기 쉽지만 알고 보면 꽤 흥미로운 역사를 가진 곳이다. 1569년 마카오 주교의 요청으로 건설된 일종의 구호 단체로 모든 인류를 그리스도의 형제로 선언하고 14가지 구호 활동을 펼친다. 이 중에는 여행자를 보호하는 일도 있다. 세계 최초로 복권을 발행해 그 수익금으로 자선 사업을 하기도 한다. 건물 내부는 자신들의 선행을 보여주는 박물관으로 꾸며져 있다. 박물관 자체보다 내부 건물 구경이 더욱 흥미로운 것이 사실이지만 제사보다 잿밥에 관심이 더 많은들 어떠랴.

참고로 '자비의 성채'라는 이름은 건물명이 아니라 자선단체 이름이기도 하다. 세계에서 가장 오래된 일종의 NGO로 1498년 포르투갈의 엘레아노르 Leonor 여왕이 리스본에 설립했다. 설립자는 여왕이지만 국가, 혹은 교회의 간섭으로부터 완전히 독립된 기관이었다.

위치 세나두 광장에서 오른쪽 하얀색 건물 **지도** MAP 3Ⓗ **주소** Largo do Senado **오픈** 10:00~13:00, 14:30~17:30 **휴무** 월요일 • 공휴일 **요금** $5(박물관)

▼ 입구는 골목 안쪽에 있다.

Sightseeing

펠리스다데 거리 福隆新街 Rua da Felicidade

마카오에서 '가장 예쁜 길'을 꼽을 때 성 라자로 구역과 1등 자리를 다투는 거리. 얕은 오르막과 내리막이 이어지는 도로 양옆에 온통 붉은색으로 칠한 집들이 줄지어 서 있다. 펠리스다데는 한자로 '복되고 융성한 신작로'라는 뜻인데, 거창한 이름과 달리 과거 이 일대는 홍등가 지역이었다. 붉은 집 역시 홍등가를 뜻하는 의미라고.
홍등가가 공개 퇴출되면서 현재는 포르투갈과 중국풍이 혼재된 거리로 거듭난 상황이다. 거리를 걷다 보면 중국인들에게 특히 인기 높은 이미테이션 삭스핀 식당을 비롯해 미슐랭에 등재된 레스토랑과 개성 있는 기념품점 등을 차례로 만난다.
길 끄트머리에는 20세기 초에 만들어진 허름한 여관들이 있다. 그중 산바 호스텔 Sanva Hostel은 왕가위 감독의 영화 〈2046〉과 한국영화 〈도둑들〉의 촬영지였으며 명품 브랜드 프라다의 광고를 찍기도 했던 곳이다. 이처럼 노스탤지어가 가득하지만 대부분은 에어컨 등의 시설이 없어 겨울철을 제외하고는 머무는 게 녹록지 않다. 외국인 여행자들이 심심찮게 머물기도 하지만 호텔 입구를 두리번거리는 것까지가 일반적인 여행자들의 허용선이다.

위치 세나두 광장 맞은편의 레알 세나두를 바라보고 오른쪽 골목으로 진입, 갈림길에서 오른쪽 길로 올라가 오른쪽 골목 지도 MAP 3 Ⓓ, Ⓖ 주소 Rua da Felicidade 오픈 24시간 휴무 없음 요금 무료

Sightseeing

삼카이뷰쿤 사원 三街會館 Sam Kai Vui Kun

자그마한 재래시장 한복판에 있는 중국식 사원. 삼국지의 명장 관우를 모시고 있다. 사원에 붙은 이름처럼 본래 이곳은 '삼거리 회관 三街會館'이었다. 참고로 중국에서 회관은 고깃집이 아니라 커뮤니티 센터의 역할을 하는 곳이다. 지금이야 볼품없는 구시가 재래시장 느낌이지만, 과거 삼거리 일대는 마카오 제일의 번화가이자 부촌이었다. 그 중심에 자리한 회관은 한때 황제의 조칙을 전하는 마카오 내 중국인 커뮤니티 역할을 담당했다. 마카오가 포르투갈 식민지가 되면서 회관으로서의 역할이 축소되었고 급기야는 관우 사원으로 변모하게 된다. 사원 내부는 중국의 도교 사원이 다 그렇듯 늘 매캐한 선향 연기가 가득하다. 중앙에 있는 관우상과 사원 외벽의 소원 부적 정도가 볼 만하다.

매년 음력 4월 8일이 되면 술 취한 용의 축제 Feast of Drungken Dragon가 삼카이뷰쿤 사원 앞에서 벌어진다. 사원 앞에서 제사를 지내고 용춤과 사자춤을 추는데, 이때 마카오에 머물고 있다면 참여해보도록 하자.

위치 세나두 광장 초입 대로변에서 리스보아 반대편으로 올라가다가 두 번째 골목 지도 MAP 3Ⓖ 주소 Rua Sul do Mercado de São Domingos 오픈 09:00~18:00 휴무 없음 요금 무료

성 도미니크 성당 玫瑰堂 St. Dominic's Church

스페인에서 설립된 성 도미니코 수도회 소속의 성당으로 1587년 멕시코 출신 스페인 신부들에 의해 건설됐다. 마카오 성당 중 미모(?)로는 언제나 세 손가락에 꼽힌다. 세나두 광장에서 세인트 폴 성당 유적지로 가는 방향에 반드시 지나가는 위치에 있어 여행 인증샷을 찌는 이들이 많다. 아름다운 외관과 달리 성당 내부는 그리 화려하지 않은 편이다. 옥좌에 앉은 성모상이 있는 제단 주변, 그리고 도미니크 수도회의 상징인 십자가 정도가 눈에 띈다.

성당은 마카오 근현대사와 우여곡절을 함께했다. 포르투갈이 스페인으로부터 독립전쟁을 벌이던 시기, 스페인 장교들이 성당을 점거하고 포르투갈 독립 반대를 주장하다가 분노한 군중들에게 살해되는 사건이 벌어졌다. 1707년에는 마카오 주교에 의해 도미니크 수도회 수도사들이 모두 파문당하면서 수도사들은 성당 폐쇄로 응수하는 일도 있었다. 마지막 사건은 더 극적인데, 1828~1834년 포르투갈에서 벌어진 형제간의 왕위계승 내전에 휘말려 성당이 아예 폐쇄되고 군대의 물류창고로 전락해버리는 일을 겪기도 했다.

위치 세나두 광장 초입에서 안쪽으로 도보 5분. 오른쪽으로 노란색 성당이 보인다. 지도 MAP 3Ⓔ 주소 Largo de S. Domingos 오픈 10:00~18:00 휴무 없음 요금 무료

육포거리

성 도미니크 성당에서 세인트 폴 성당 유적지로 가는 길목에는 유독 육포상들이 많다. 그러지 않아도 인파가 미어터지는 거리인데 오가는 사람에게 시식용 육포를 들이미는 상인들까지 뒤섞여 더 혼잡하다. 여유롭게 즐기기는 어렵지만 마카오의 필수 먹거리인 육포를 종류별로 시식할 수 있다. 마카오 육포는 생고기를 말리는 것이 아니라 고기를 곱게 간 후, 재 반죽해 석쇠에 구워서 만든다. 크게 소고기 육포와 돼지고기 육포로 나뉘며 종류별로 맛과 향이 각양각색이다.

한국인 기호에 맞는 건 오리지널, 후추 맛, 마늘 맛 정도. 의외로 꿀이 들어간 돼지고기 육포도 나쁘지 않다. 참고로 육포는 한국 반입 불가 품목으로 현지에서 먹을 양만 구입해야 한다. 최소 판매 단위가 500g이라 인원이 아주 많지 않다면 여러 가지 맛을 구입하기 어렵다.

Sightseeing

로카우 맨션 盧家大屋 Casa de Lou Kau

19세기말 마카오 최고의 부호로 알려진 로우와씨우 盧華紹의 저택으로 1889년에 지어졌다. 참고로 로우와씨우 가문은 중화민국 시절 검찰총장을 배출한 정치 명문가다. 로카우 맨션은 전형적인 광둥식 벽돌 건물로, 3개의 건물 사이를 2개의 정원이 잇는 구성이다. 당시 부호들의 건물이 그렇듯 중국식 건축물에 서양식 양식이 더해졌다. 곳곳에 쓰인 조가비 장식, 중남미에서도 볼 수 있는 목조 천정 기법 그리고 아름다운 중국식 부조가 있는 외벽이 주목할 만하다. 다만, 앞서 소개한 만다린 하우스(p.138)에 비해서는 규모나 디자인에서 다소 떨어지기 때문에 건축물에 큰 관심이 없는 사람이라면 꼬치거리를 목적지로 삼아도 충분하다.

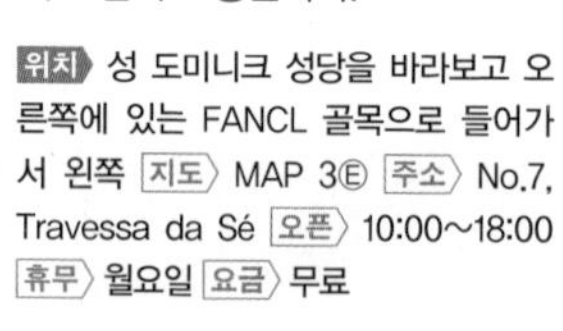

위치 성 도미니크 성당을 바라보고 오른쪽에 있는 FANCL 골목으로 들어가서 왼쪽 **지도** MAP 3Ⓔ **주소** No.7, Travessa da Sé **오픈** 10:00~18:00 **휴무** 월요일 **요금** 무료

zoom in

꼬치거리

로카우 맨션으로 가는 길이 북적인다면, 그건 로카우 맨션이 인기 있어서가 아니라 그곳에 꼬치거리가 때문이다. 중국과 마카오의 육해공을 망라한 온갖 식재료를 꼬치에 촘촘하게 꽂아 쌓아두었다. 소스는 커리부터 마라까지 다양하다. 원하는 만큼 꼬치를 고른 후 소스를 선택하면 꼬치를 가볍게 데친 후 걸쭉한 소스를 부어준다. 소스는 따로 값을 치르지 않고, 꼬치값만 계산된다. 주변에 버블티 전문점도 있으니 함께 이용해보자.

Sightseeing

나차 사원과 마카오 성벽
哪吒廟 & 舊城牆遺址
Na Tcha Temple & Troço das Antigas Muralhas de Defesa

1888년 마카오에 전염병이 돌아 수많은 사람이 죽자, 전염병의 확산을 막고 병으로 죽은 사람들의 원혼을 달래기 위해 사원을 세웠다. 나차는 불교사원 입구를 지키는 사천왕 중 하나인 비사천문의 셋째 아들이다. 전투력이 출중한 소년 신으로 중국의 소설 〈서유기〉와 〈봉신연의〉에도 등장한다.

사원 옆 성벽은 몬테 요새를 둘러쌌던 바깥 성벽으로 초기 마카오의 경계이기도 했다. 최근 구 마카오 성벽이 발굴되며 여기저기 유적이 흩어져 있는데, 나차 사원 옆에 있는 성벽이 가장 유명하고, 보존 상태도 뛰어난 편이다. 거대한 성당 유적지와 나란히 공존하는 도교 사원은 묘한 이질감을 선사한다. 바로 이것이 마카오의 본 모습 같기도 하다.

여기서 바라보는 세인트 폴 성당과 어우러진 마카오의 풍경이 꽤 예쁘기 때문에, 많은 여행자가 여기서 멈춰 서서 전망을 감상하곤 한다. 사원 주변은 늘 향을 태우기 때문에 약간 매캐하다.

위치 세인트 폴 성당 유적지 계단을 올라 왼쪽 좁은 길을 따라가면 나온다. 지도 MAP 3Ⓑ 주소 Calçada de S. Paulo, 6
오픈 08:00~17:00 휴무 없음 요금 무료

마카오 대성당 澳門主教座堂 Cathedral

본론에 앞서 일단 대성당 Cathedral과 성당 Church의 차이점부터 알아두자. 로만 가톨릭의 성직자 계급은 교황을 정점으로 추기경, 주교, 신부 순서로 이어진다. 여기서 주교란 한 교구의 장을 말하며, 이 주교가 머무는 성당을 대성당이라고 부른다. 한국의 경우 17개의 대교구가 있는데, 교구가 하나인 마카오에서는 당연히 주교도 1명이다. 쉽게 말해 마카오 대주교는 마카오 내 로만 가톨릭의 일인자이며, 마카오 대성당은 마카오에 있는 모든 성당 중 유일하게 주교가 집전하는 가장 권위 있는 성당이라는 이야기다.

마카오 교구를 대표하는 성당이긴 하지만 포르투갈의 힘이 빠지던 시점에 재건된 탓에, 약간은 언밸런스한 모습을 보이기도 한다. 외관은 웅장하다. 특히 정면에 난 2기의 네모 탑은 비록 낮긴 하지만 대성당이라 불리기에 손색없는 모습이다. 내부에 있는 스테인드글라스도 화려하기 그지없다.

위치 로카우 맨션에서 FANCL 골목 반대 방향으로 올라가 오른쪽, 왼쪽으로 2번 꺾으면 정면 왼쪽에 성당이 나온다. 도보 3분 소요. [[[또는]]] 세나두 광장 큰길에서 우체국 방향으로 내려간 후 레스토랑 에스카다가 있는 계단으로 올라가 버스 진행 방향으로 걸어가면 정면에 성당이 보인다. **지도** MAP 3Ⓗ **주소** Largo da Sé, 1 **오픈** 09:30~18:00 **휴무** 없음 **요금** 무료

1622년 마카오 개척 초기에 세워진 성당은 지금 같은 웅장한 건물이 아닌, 작은 오두막 형태에 가까웠다. 당시 세계 최강국이었던 포르투갈은 마카오를 기점으로 동아시아를 지배하려는 야욕을 가지고 있었지만, 그때만 해도 중국은 아주 강력한 국가였다. 포르투갈은 일단 방향을 틀어 아시아를 일단 기독교화 하기로 결심한다. 마카오 대성당은 이를 위한 첫걸음으로, 후에 조선, 중국, 일본을 아우르는 마카오 대교구의 본당 역할을 했다. 초기에 세워진 건물은 1836년 태풍으로 무너졌고 지금과 같은 건물이 세워진 것은 1850년의 일이다.

성당 뒤편에는 노란 건물이 현재 마카오 대주교의 거처다. 성당 앞에는 아주 예쁘장한 작은 광장이 있다. 광장의 분수는 마카오 방문 인증샷 촬영지이기도 하다. 화창한 날이면 벤치에 앉아 거리의 오가는 사람을 보며 시간을 보내기 그만이다. 매년 부활절 시기(춘분 후 첫 보름달 후 첫 번째 일요일)마다 대성당에서 출발하는 대규모 부활절 퍼레이드가 펼쳐지니 기억해두자.

Sightseeing

세인트 폴 성당 유적지 大三巴牌坊 Ruins of St. Paul's

마카오 반도의 랜드마크이자 가장 인기 있는 하이라이트 스폿. 한때 아시아에서 가장 크고 로마의 동쪽에서 가장 아름답다고 명성을 떨쳤던 성당의 자취가 남아 있다. 성당이 아닌 '성당 유적지'로 불리는 까닭은 1835년 의문의 방화 사건으로 전면부 벽면만 남기고 모조리 불타버렸기 때문이다. 마치 연극무대 세트처럼 뒷면만 앙상히 남아 있으나, 전면부만으로도 불에 타지 않았다면 더없이 화려하고 아름다웠을 성당의 풍치를 가늠해 볼 수 있다. 세인트폴 성당은 성 요셉 성당과 함께 마카오에 단 2개 남아있는 바로크풍 건축물이다. 바로크 건축의 가장 큰 특징은 장식미를 들 수 있는데, 총 5개 단으로 구분되는 외관에 층층이 정교한 조각을 가득 채우고 교회의 메시지를 세상에 전하고자 했다. 이국적인 바로크풍 건축물에 선명하게 새겨진 한자를 보고 있으면 현지화된 예수회 성당답다는 느낌이 든다.

성당은 1582~1603년 사이에 건설됐는데, 완공 직후 바로 화재가 일어나 1640년 재건됐다. 우리가 보는 세인트 폴 성당의 앞면은 1640년 버전이다. 예수회는 '동방 전도'를 기치로 삼았던 수도회다. 일본으로 기독교 선교를 진행하지만 일본 막부는 1597년 나가사키에서 27명의 가톨릭 신자를 처형하고, 1613년에는 본격적인 예수교 금지령을 내리기에 이른다. 위기감을 느낀 일본인 예수교 개종자들은 일본을 탈출해 마카오에 정착하게 되었다. 이때가 마침 세인트 폴 성당을 재건설하던 시기라 일본인 장인들이 대거 건축에 참여하게 되었고, 이 영향으로 성당 곳곳에 동양적 장식이 남게 됐다.

위치 세나두 광장에서 성 도미니크 성당 방향으로 걷다가 첫 번째 갈림길에서 왼쪽, 두 번째 갈림길에서 오른쪽으로 올라간다. 육포거리를 지나 올라가면 정면에 성당 계단이 나온다. 지도 MAP 3Ⓑ 주소 Largo da Companhia de Jesus

TALK

동아시아 최초의 유럽식 대학

세인트 폴 성당은 예수회의 교육기관이기도 했다. 예수회는 세인트 폴 성당에서 동방으로 파견되는 선교사들에게 신학을 비롯해 수학, 지리, 천문학, 중국어, 포르투갈어, 라틴어를 가르쳤다. 비정규 과목으로 일본어 교육도 이루어졌다. 성당 자체가 동아시아 최초의 유럽식 대학이었던 셈이다. 참고로 이곳에서 훈련을 받은 선교 사 중에는 청나라시대의 대선교사이자 〈천주실의〉의 저자인 마테오 리치도 있었다.

▼ '연애 거리'라는 뜻을 가진 Travessa da Paixao에서 바라본 성당 유적지

Sightseeing

교회 미술관 天主教藝術博物館 Museu de Arte Sacra e Cripta

마카오의 여러 성당과 수도원에서 수집한 역사적, 예술적 가치가 높은 가톨릭 성구, 성상 등 교회 용품들을 전시하고 있다. 예수회의 창시자 중 하나이자 아시아 선교의 왕으로 불리는 프란시스 사비에르의 소상, 은으로 만든 로코코풍의 대좌, 그리스도 순교도 같은 그림도 볼 수 있다. 특히 놓치지 말고 봐야 할 것은 세인트 폴 성당의 대화재 속에서도 그을음도 없이 발견된 '천사장 미카엘 Micael Archanel' 그림이다. 예술적으로도 아름답지만 기적의 주인공이기도 해 그림 앞에서 기도를 하는 신도들이 끊이지 않는다.

위치 세인트 폴 성당 유적지 뒤편 지하 통로를 따라가면 교회 미술관에 닿는다. 지도 MAP 3Ⓑ 주소 Largo da Companhia de Jesus 오픈 09:00~18:00(화요일 09:00~14:00) 요금 무료

zoom in

성당 유적 1단

성당 입구에 해당된다. 굳이 따지자면 인간과 교회가 연결되는 공간인데, 그래서인지 1단에 새겨진 조각 전체가 인간계를 상징한다. 우리가 들어가는 출입구, 상단에는 알파벳으로 'MATER DEI'라는 글자가 새겨져 있다. '마터 데이'라고 읽으며 '신의 어머니'라는 뜻이다. 정문의 좌, 우 문에도 상단에 알파벳 'IHS' 가 새겨져 있다. 이건 예수회의 로고, 즉 교회의 소속 수도회를 나타내는 조각이다.

성당 유적 2단

1단이 인간계라면 2단은 성자들의 세계로 4명의 예수회 출신 성자가 조각되어 있다. 왼쪽부터 프란치스코 보르자, 이냐시오 데 로욜라, 프란치스코 사비에르, 알로이시오 곤자가다. 이 가운데 예수회 창립자 이냐시오 데 로욜라와 아시아 선교의 절대자 프란치스코 사비에르는 성자, 구석(?)에 있는 프란치스코 보르자와 알로이시오 곤자가는 복자로 인정된 사람들이다. 중앙 문 위에는 깊은 믿음을 상징하는 종려나무가 조각되어 있다.

성당 유적 3단

성모 마리아의 세계다. 정중앙에 마리아상이 있고, 6명의 천사가 마리아를 향해 악기를 연주한다. 왼쪽에 차례대로 생명의 샘, 바다를 향해 나아가는 선박, 그리고 마리아의 화살에 맞아 고통스러워하는 악마가 있다. 악마의 발치에는 '鬼是誘人為惡'라는 글자가 세로로 새겨져 있다. 뜻은 '악마는 사람을 악의 길로 유혹한다'는 일종의 경고문.

오른쪽에는 순서대로 생명의 나무, 7개의 머리를 가진 용을 밟고 선 마리아, 화살이 박힌 채로 백골이 된 해골이 있다. 재미있는 점은 생명의 나무가 불교에서 깨달음을 상징하는 보리수라는 점이다. 당시 사람들에게 익숙한 모티브를 사용하다 보니 불교에 자주 등장하는 나무를 응용한 것 같다는 설이 있다. 화살이 박힌 해골 발치에는 '念死無為罪'라는 글자가 새겨져 있다. '죽음을 생각한다면 죄를 짓지 말자'는 경고문인데, 중국인이 썼다고 보기에는 중국어 문법에 맞지 않아 일본인들이 만든 문장으로 추측된다.

성당 유적 4단

4단은 고난받는 예수의 세계다. 중앙에 소년 예수가 있고, 예수를 둘러싼 테두리에는 백합과 국화가 조각되어 있다. 그 왼쪽에는 예수가 고난을 받던 당시의 도구들, 채찍, 가시관이 오른쪽에는 예수를 박았던 3개의 못, 십자가에 올릴 때 썼던 사다리 등 예수를 죽음에 이르게 한 소품들이 그의 고통을 상징하고 있다.

마지막으로 양쪽 끝에는 날개 달린 천사들이 조각되어 있다. 역시나 흥미로운 점은 중앙의 예수를 둘러싼 국화 조각이다. 일반적으로 성당에서 잘 새기지 않는 소재인데 일본인 장인들이 일본의 나라꽃을 조각해 자신들의 정체성을 반영했다는 게 정설로 받아들여진다.

성당 유적 5단

삼각형의 페디먼트는 고대 그리스와 로마 건축물의 지붕 장식이다. 르네상스 이후 다시 사용되며 바로크 건축에도 영향을 미쳤다. 성령을 상징하는 비둘기가 조각되어 있고, 비둘기 주위에는 하느님에 의한 천지창조를 상징하는 4개의 별, 그리고 태양과 달이 조각되어 있다.

Sightseeing

마카오 박물관 澳門博物館 Museu de Macau

몬테 요새의 무기고를 개조해 박물관으로 꾸몄다. 1998년 마카오 반환을 1년 앞둔 시점에 완공된 포르투갈 식민정부의 마지막 작품 중 하나다. 총 3개 층에 걸쳐 6,000여 점의 유물을 전시하고 있다. 그 규모와 내용 면에서 마카오 국립박물관 격이라고 보아도 무방하다.

1층은 '마카오의 기원 Genesis Macau'을 주제로 작은 어촌에 불과했던 마카오가 포르투갈 점령기를 겪으며 어떻게 변화했는지를 보여주는 역사진열관이다. 2층은 민속 박물관 분위기로 식민지시절부터 현재까지 마카오의 대중예술과 전통문화를 미니어처로 일목요연하게 보여주고 있다. 마카오를 비롯한 광둥 일대의 전통극인 오극 등 한국에서는 좀처럼 접하기 힘든 민속학적 자료들이 가득하다. 상상력이 뒷받침된다면 꽤 재미있게 관람할 수 있는 구역이다. 3층은 '현대의 마카오'를 주제로 20세기 이후의 풍경을 전시한다. 중국 반환 이후인 후반부로 올수록 중국풍이 가미되되 체제 선전 느낌이 드는 건 옥의 티라고 할 수 있다.

위치 세인트 폴 성당 유적지에 오르면 오른쪽에 두 갈래 길이 있는데, 왼쪽 길로 가다보면 박물관으로 향하는 에스컬레이터가 나온다. **지도** MAP 3Ⓑ **주소** Praceta do Museu de Macau **오픈** 10:00~18:00 **휴무** 월요일 **요금** $15(매월 15일 무료)

몬테 요새 大炮台 Fortaleza do Monte

포르투갈 시절을 대표하는 요새 중 하나다. 1617년부터 26년까지 9년에 걸쳐 건설되었다. 해적으로부터 예수회 재산을 보호한다는 명분하에 예수회 신부들이 주체가 돼 건설했지만 당시 마카오는 서류상 중국 영토였고, 포르투갈인은 단지 거주권만 얻은 상태였음으로 요새의 건설은 명백한 불법이었다. 요새에는 총 22문의 대포가 있었는데, 이 중 19문이 중국을 향하고, 겨우 3문만이 바다를 향해 있었으니 애당초 명분 자체가 거짓말이었던 셈이다.

그럼에도 이 3문의 대포는 꽤 큰 역할을 하는데, 1622년 마카오를 침공한 네덜란드 전함을 단 한 발로 명중시키는 성과를 올린다. 요새는 이후 마카오 식민정부 소유로 전환됐으며, 1대 마카오 총독이 몬테 요새에서 살기도 했다. 전성기 때 몬테 요새는 2년간 공성전을 벌일 수 있는 식량과 우물물에 의존한 식수, 그리고 탄약을 보유하고 있었다고.

몬테 요새는 1966~1996년까지는 기상대로 쓰였고 군사지역이 해제된 이후에는 옛 시대를 기억할 수 있는 공원이 되었다. 해발 52m로, 정상부에 오르면 평평한 성채 위에 놓인 대포, 그리고 마카오 반도의 스카이라인을 감상 할 수 있다.

위치 세인트 폴 성당 유적지에 오르면 오른쪽에 두 갈래 길이 있는데, 왼쪽 길로 가다 보면 박물관으로 향하는 에스컬레이터가 나온다. 지도 MAP 3© 주소 Praceta do Museu de Macau 오픈 07:00~19:00 휴무 월요일 요금 무료

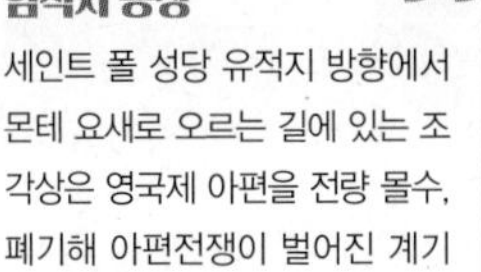

TALK

임칙서 동상

세인트 폴 성당 유적지 방향에서 몬테 요새로 오르는 길에 있는 조각상은 영국제 아편을 전량 몰수, 폐기해 아편전쟁이 벌어진 계기를 만들었던 청나라의 관료 임칙서의 동상이 있다. 중국의 국력을 오판해 결국 중국이 기나긴 외세의 지배를 받는데 기여했지만, 중국사에서는 그럼에도 불구하고 충신으로 분류. 이 자리에 동상을 세워 기념하고 있다.

Shopping

로자 다스 콘세르바스 LOJA DAS CONSERVAS

포르투갈의 자랑인 통조림을 쇼핑할 수 있는 상점. 요즘이야 통조림 하면 정크 푸드 느낌이 강하지만 과거 오랜 항해 속에 영양 결핍에 시달리던 포르투갈 뱃사람들에게 통조림은 그야말로 신이 내린 선물과도 같은 것이었다. 원래는 나폴레옹 전쟁 당시 유리병에 음식을 보관하는 전투식량 형태였는데, 영국으로 건너가 깨지기 쉬운 유리병 대신 캔에 담아내는 방식으로 발전했고 미국의 남북전쟁 직전 통조림 따개가 발명되면서 전 세계적으로 각광받기 시작한다.

포르투갈 사람들의 통조림 사랑은 예나 지금이나 변함없어 각 지역마다 지역을 대표하는 통조림 회사가 정어리부터 문어, 조개, 굴까지 온갖 해산물 통조림을 만들어내고 있다. 통조림을 쇼핑 아이템으로 추천하는 이유는 상점에 들어서는 순간 알아챈다.

한번 따면 버려질 통조림을 왜 예술 작품으로 만들었는지는 모르겠지만, 소장 욕구를 자극하는 예쁜 디자인의 통조림들을 보면 물욕이 저절로 샘솟는다. 실제로 많은 여행자가 먹는 목적보다도 인테리어 소품으로 집에 진열해놓기 위해 통조림을 구입한다고. 통조림에 곁들이기 좋은 몇 자기 포르투갈 와인도 판매하고 있다. 포르투갈의 그린 와인인 비뉴 베르데 Vinho Verde도 갖추고 있으니 관심 있는 사람은 와인 리스트를 꼼꼼하게 살펴보자.

위치 세나두 광장에서 도보 5분 지도 MAP 3G 주소 9 Tv. do Aterro Novo 전화 6571-8214 오픈 11:00~20:00 홈피 www.facebook.com/lojadasconservasmacau

카스텔벨 Castelbel

포르투갈에서 날아온 천연 비누 브랜드. 한국 여행자 사이에서는 '포르투갈 명품 비누'로 알려져 있다. 1999년 창립한 브랜드로 역사 자체가 오래되지는 않았지만, 꽤 공격적인 마케팅을 펼쳐 현재 포트와인 다음으로 유명한 포르투갈 대표 상품으로 자리매김했다.

시어버터, 코코넛 오일 등의 천연 자연 성분을 활용한 비누는 피부 트러블 개선에 효과가 있으며 특유의 은은한 향으로 마니아들 사이에서 꽤 인기가 높다. 무엇보다 포르투갈 본점과 가격대 차이가 거의 없다는 것이 가산점 포인트다. 빈티지 소포 느낌이 나는 포장이 트레이드마크로 선물용으로 찾는 사람도 많은 편이다. 포르투갈 본사에서는 선물하는 사람의 이름을 비누에 새겨주는 각인 서비스로 각광을 받는데, 아쉽게도 마카오점에서는 아직 서비스 준비 중에 있다.

위치 성 빈세트 성당에서 도보 5분 지도 MAP 3Ⓑ 주소 Pátio de Chon Sau 21 Lai Hong R/C B 전화 2835-8228 오픈 11:30~ 홈피 www.facebook.com/castelbel.macao

폴로 공장 成衣出口中心

아는 사람은 모두 아는 폴로 공장. 진짜 공장은 아니고 폴로의 중국 공장에서 생산된 브랜드 의류 중 B급 물량과 한 시즌이 지난 재고 상품을 처리하는 곳이다. 결코 옷 가게가 있을 것 같지 않은 위치에 있어 초행자는 대부분 긴가민가 하는 마음으로 지도를 따라간다.

위치적 약점에도 불구하고 원체 저렴하게 쇼핑할 수 있어 폴로 마니아들에게는 성지로 꼽힌다. 특히 아동복 쇼핑 경쟁이 치열하다. 성인의 경우 편하게 입을 수 있는 티셔츠나 후드 집업 등을 노려볼 만하다. 큰 기대를 하고 가면 실망하고, 별 기대 없이 가면 득템 찬스가 열리는 신통방통한 쇼핑 스폿이다. 신용카드 결제도 가능하다.

위치 세나두 광장에서 도보 7분. 마가레트 카페 이 나타에서 도보 3분 지도 MAP 3Ⓛ 주소 2 Tv. da Praia Grande 전화 2871-1356 오픈 10:45~19:30

Eating

웡치케이 黃枝記

1946년 시월초오일가에 창업한 대표적인 노포 중 하나. 마카오 분점은 1951년 개업했다. '마카오 완탕면' 하면 이 집을 제일 먼저 떠올릴 정도로 한국인 여행자들 사이에서 인기가 높다. 세나두 광장 옆이라는 탁월한 위치까지 더해 언제나 인산인해. 하지만 10여 년 전, 그러니까 마카오 여행 붐이 불기 전까지는 좋은 식당 중 하나였으나 현재는 현지인이 외면하는 100% 외국인 맛집이 되어버렸다. 세나두 광장에서 굳이 완탕면을 먹어야겠는 사람에게만 추천한다. 진짜 '웡치케이 완탕면'을 먹고 싶다면 시월초오일가에 있는 본점으로 가자. 한글 메뉴도 있다.

MENU

□ 鮮蝦雲呑麵 ········ $40
새우완탕면

□ 咖喱牛腩湯麵 ········ $46
커리 양지머리탕면

□ 蝦球海海鮮炒伊麵 ········ $128
새우와 해산물을 넣은 넙적 쌀국수볶음

□ 鮑魚帶子蝦球粥 ········ $320(3~4인분)
전복과 조개관자를 넣은 새우완자죽

위치 세나두 광장 초입에서 안쪽으로 조금 들어가면 왼쪽에 식당이 보인다. 지도 MAP 3Ⓗ 주소 17 Largo do Senado, Avenida de Almeida Ribeiro 오픈 08:30~23:00 휴무 없음 예산 2인 $100 전화 2833-1313

토우토우코이 陶陶居海鮮火鍋酒家 Tou Tou Koi

펠리스다데 거리에 있는 현지인 취향의 광둥요리 전문점. 마카오 반도 중심가의 보기 드문 '딤섬 포인트' 중 하나다. 09:00부터 문을 여는데, 손주를 데리고 온 동네 할머니부터 운동복 차림으로 나온 동네 총각, 오픈 시간을 기다리는 여행자 무리가 뒤섞여 있다. 목적은 단 하나. 이곳에서 파는 '아침 딤섬'이다. 가격을 보면 그리 싸지 않다고 느낄 수 있지만, 이 집은 하카우가 한 통에 무려 5개나 들어있다.

점심과 저녁에는 싱싱한 활해산물을 무게로 달아 조리해주는 집으로 바뀐다. 영어가 통하지 않는 집이라 〈마카오 100배 즐기기〉의 간편 메뉴가 없다면 주문이 어려울 수도 있다.

MENU

- □ 陶陶蝦餃皇 ········· $38
  새우 딤섬(하카우)
- □ 蟹肉豆苗帶子餃 ········· $38
  게살 조개관자 딤섬
- □ 鮑汁蝦籽千層腐皮 ········· $33
  전복 스프와 새우알을 곁들인 튀긴 두부말이 딤섬
- □ 脆皮燒肉飯 ········· $58
  바비큐 덮밥
- □ 燒味拼盤 ········· $138
  광둥식 3종 바비큐 세트

위치 세나두 광장 앞 큰길에서 리스보아 반대 방향으로 도보 3분, 맞은편 이슌 밀크 컴퍼니 골목으로 들어가 왼쪽 지도 MAP 3Ⓓ 주소 6–8 Travessa do Mastro, Avenida de Almeida Ribeiro 오픈 09:00~15:00, 17:00~00:00 휴무 부정기 휴무 예산 2인 $150~ 전화 2857–2629

밀리터리 클럽 澳門陸軍俱樂部網頁 Clube Militar de Macau

포르투갈 식민지 시절, 마카오 주둔군 장교들의 클럽이었던 곳으로 현재는 레스토랑으로 개조돼 일반에 공개되고 있다. 정통 포르투갈 요리를 표방하는 곳으로 점심 뷔페, 저녁 세트, 개별 일품요리를 주문할 수도 있다. 일반적으로 마카오에서 먹는 포르투갈요리가 전체적으로 기름지고 간이 강한 데 비해, 밀리터리 클럽은 오히려 간을 강하게 하지 않아 원재료의 맛을 살리는 차이가 있다. 일요일 뷔페의 경우, 마카오에 머무는 포르투갈 사람들이 모두 오나 싶을 정도로 포르투갈인이 모인 사교의 장이 열린다. 바라보는 것만으로도 꽤 재미있는 풍경이다. 단, 전화 예약이 필요하다.

MENU

□ Lunch Buffet ········· $198
점심 뷔페

□ Set Dinner Menu ········· $198
저녁 세트

□ Arroz de Marisco à moda do Clube ········· $200
밀리터리 클럽 스타일의 포르투갈식 해물밥

□ Bacalhau à Brás ········· $168
바칼라우에 으깬 감자와 달걀을 넣고 볶은 포르투갈요리

위치 ①버스 5 · 8 · 9 · 9A · 10 · 10B · 22 · N2번을 타고 M169 教育暨青年局 정류장 하차 ②세나두 광장에서 도보 10분 지도 MAP 3Ⓛ 주소 975 Av. da Praia Grande 오픈 월요일~금요일 13:45~15:15, 19:00~23:00, 토요일 · 일요일 12:00~14:30, 19:00~23:00 휴무 부정기 휴무 예산 2인 $400~ 전화 2871-4004

MENU

- □ 雲呑湯麵 ········· $32
  새우완탕면
- □ 牛筋湯麵 ········· $32
  도가니탕면
- □ 薑葱蝦子撈麵 ········· $36
  파와 생강을 곁들인 새우알 비빔면
- □ 蠔油菜 ········· $19
  굴소스를 곁들인 데친 계절 채소
- □ 辣椒油 ········· $35
  고추기름(한 병)

Eating

청케이면가 祥記麵家 Loja Sopa De Fita Cheong Kei

펠리스다데 거리에 있는 완탕면 명가. 2013년부터 현재까지 미슐랭에 장기집권 중인 맛집이다. 유명세에 비해 외관은 소박한 편. 펠리스다데 주변 식당의 특징상 중국인 손님이 많다.

자가제면 방식을 고수하고 있는데 국물에서 느껴지는 진한 건어물 맛이 특히 일품이다. 새우완탕면 외에 파와 생강을 곁들인 새우알 비빔면도 추천할 만하다. 요리에도 들어가는 조리한 새우알과 고추기름을 병에 담아 판매한다. 매력을 느꼈다면 구입해보자. 하나는 밥 볶을 때, 하나는 탕 요리에 조미료로 쓸 수 있다. 근처에 있는 聯記麵家도 괜찮은 완탕면을 선보인다. 가격은 더 저렴하다.

위치 세나두 광장 앞 큰길에서 리스보아 반대 방향으로 도보 5분 지도 MAP 3Ⓓ 주소 68 R. da Felicidade, Avenida de Almeida Ribeiro 오픈 12:00~00:30 휴무 없음 예산 2인 $80 전화 2857-4310

Eating

항야우 恆友

어묵에 매콤한 커리 국물을 끼얹어 주는 주전부리 맛집. 세나두 광장에서 주전부리하면 가장 떠오른다. 한국으로 치자면 길거리 떡볶이집 느낌. 비슷한 규모의 어묵 점포가 모여 나름 커리 어묵 골목을 형성하고 있다. 주문 방법은 간단하다. 진열대에 있는 꼬치를 먹을 만큼 양푼에 담아주면 가볍게 데친 후 그 위에 커리 양념을 뿌려준다. 이 집만의 매콤한 맛 소스가 있는데, 주문 전 점원이 "라 커이마(매운거 괜찮아요?)"라고 물어볼 때 "커이(괜찮아요)"라고 답하면 조금 더 매운 맛의 어묵을 즐길 수 있다. 어묵은 꼬치당 $10, 소고기 모둠 부산물은 $30이다. 어묵 몇 가지 외에 다시마, 버섯류, 그리고 양상추가 의외로 맛있다.

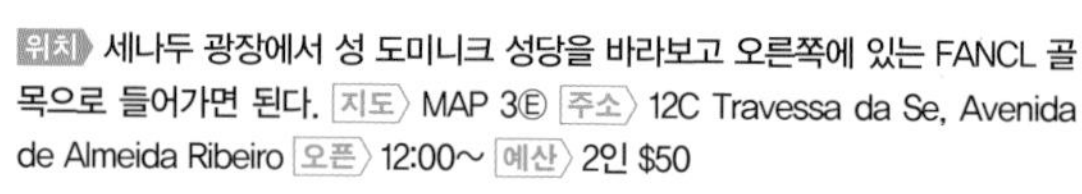
위치 세나두 광장에서 성 도미니크 성당을 바라보고 오른쪽에 있는 FANCL 골목으로 들어가면 된다. 지도 MAP 3Ⓔ 주소 12C Travessa da Se, Avenida de Almeida Ribeiro 오픈 12:00~ 예산 2인 $50

Eating

대교당 카페 大教堂咖啡 Cathedral Cafe

오스트레일리아인 주인장이 운영하는 작은 노천 카페. 세나두 광장에서 도보 3분 거리라는 것이 이 집의 결정적인 장점이다. 영업시간도 여행자 맞춤. 마카오는 조식이 포함된 고급 호텔에 머물지 않는 한, 아침식사를 하기 애매한 동네다. 그런 마카오에서 대교당 카페의 서양식 아침 세트는 든든한 한 끼가 된다. 오후에는 노천 좌석에 걸터앉아 포트와인 한잔을 즐기며 거리 풍경을 바라볼 수 있으니 그야말로 전천후 비스트로 겸 카페라고 할 수 있다.

MENU

□ Salmon Egg's Benedict ········· $105
연어 에그베네딕트 아침 세트

□ Set Lunch ········· $85~95
런치 세트

위치 세나두 광장에서 도보 5분 지도 MAP 3Ⓗ 주소 12A R. da Se, Avenida de Almeida Ribeiro 오픈 10:00~02:00 휴무 없음 예산 2인 $200~ 전화 6685-7621 홈피 www.facebook.com/macauaussie

뉴 야오한 백화점 푸드코트 新八佰伴美食廣場 New Yaohan Food Court

뉴 야오한 백화점 8층에 있는 푸드코트다. 한국의 백화점 지하 식품관 푸드코트와 지상 식당가를 반반 섞어놓은 분위기라고 보면 된다. 마카오 유일의 백화점이지만, 마카오에서 쇼핑하는 외국인들은 모두 코타이 쪽으로 빠지다 보니 백화점 내부는 마카오 현지인만 오가는 한적한 느낌이다. 푸드코트도 마찬가지. 식사시간에나 조금 붐빌 뿐, 한국의 백화점과 같은 혼잡함은 느껴지지 않는다. 대부분의 식당이 잘 관리되고 있으며, 맛도 나쁘지 않다. 마카오 반도에서 여행자 무리로부터 벗어나 고독한 미식가가 될 수 있는 공간이기도 하다.

위치 ①세나두 광장에서 도보 8분 ②시티 오브 드림 혹은 스튜디오 시티에서 마카오 반도행 셔틀버스를 타고 Grand Emperor Hotel 옆 하차 지도 MAP 3Ⓚ 주소 Av. Doutor Mário Soares n° 90 오픈 10:30~22:00 휴무 없음 예산 2인 $120 전화 2872-5338 홈피 www.newyaohan.com

식당	장르	특징
부산 한국요리 釜山韓國料理	한식	중국에서 시작한 중국계 한식 체인. 돌솥비빔밥이나 불고기 세트가 무난하다. 한식파를 위해 기억해두면 좋다.
사쿠라테이 櫻亭	일식	장어덮밥 같은 돈부리와 라멘을 취급한다. 식사 메뉴로는 덮밥이 더 낫다.
쇼쿤 테판 & 로바다 將軍爐端燒	일식	테판야키세트가 유명하다. 14:00~17:30사이의 할인 메뉴로 선보이는 꼬치도 훌륭하다.
차오프라야 리버 湄南河	타이	타이 스타일 쌀국수, 볶음밥, 세트 메뉴 등을 먹을 수 있다. 14:00~17:30에는 티타임 세트라는 이름의 할인 메뉴를 선보이기도 한다.
테이스트 코트 知味閣	중국	광둥식 덮밥을 선보인다. 광둥식 거위구이 덮밥 맛이 궁금하다면 이곳에서 맛보자.
해피 파빌리온 百喜亭	중국	$20~30선의 저렴한 딤섬 메뉴를 선보인다. 그 외의 중식은 그저 그런 수준.

마가레트 카페 이 나타 瑪嘉烈蛋撻店 Margaret's Café e Nata

마카오의 에그타르트 '투 탑' 중 하나. 이 집 에그타르트를 안 먹어본 사람은 있어도, 1개만 먹어본 사람은 없다는 말이 있을 정도로 유명하다. 사실, 마카오의 에그타르트 대표 명가인 로드 스토우즈 주인장과 마가레트 이 나타의 주인장은 가족 관계였다. 어떤 이유인지 두 집은 갈라섰고, 한 곳은 마카오 반도에서 한 곳은 꼴로안섬에서 에그타르트의 양대 지존으로 자리매김하고 있다. 에그타르트의 핵심은 필링인데, 마카오를 빛내는 이 두 집은 필링의 밀도에 있어서 누구도 따라올 수 없는 경지에 올랐다고 평가 받는다. 그 맛을 경험하고 싶다면 어마어마한 줄에 놀라지 말 것. 에그타르트 외에 샌드위치 같은 가벼운 식사거리도 판매한다.

위치 세나두 광장에서 그랜드 리스보아 방향 큰길로 내려간 후 맞은편 귀금속 매장 周大福 왼쪽 골목으로 들어가서 정면. 전체 도보 7분 소요 **지도** MAP 3 Ⓚ **주소** 17A Rua Alm Costa Cabral R/C, Avenida de Almeida Ribeiro **영업** 월 • 화요일 08:30~16:30, 목 · 금요일 08:30~16:30, 토 · 일요일 10:00~18:00 **휴무** 수요일 **예산** 2인 $20~ **전화** 2871-0032

Dessert

보건 우유공사 保健牛奶公司 Estabelecimento de Bebidas Pou Kim

이슌 밀크 컴퍼니만큼 유명하지는 않지만, 현지인들은 오히려 이 집의 우유푸딩을 더 쳐준다. 직접 키운 소에서 짠 우유로 푸딩을 만드는데, 그 인기가 좋아 주말에는 조기 품절되기도 한다. 단 맛이 덜하고 일부 한국인들이 싫어하는 비릿한 우유향도 적은 편이다. 생강 우유푸딩의 경우에는 생강의 알싸한 맛이 강한데 감기기운 있을 때 보양식으로도 딱이다. 찹쌀경단 탕위안을 넣은 깨죽도 추천한다. 이외에도 샌드위치 같은 가벼운 간식도 판매한다.

위치 이슌 밀크 컴퍼니가 있는 골목으로 들어가서 오른쪽 지도 MAP 3Ⓓ 주소 4 Travessa da Felicidade, Avenida de Almeida Ribeiro 전화 2893-8391 오픈 12:30~22:30 휴무 없음 예산 2인 $60

MENU

- □ 姜汁撞奶 ········· $30
  뜨거운 생강 우유푸딩
- □ 椰子姜汁撞奶 ········· $30
  뜨거운 코코넛 생강 우유푸딩
- □ 紅豆雙皮炖奶 ········· $30
  차가운 · 뜨거운 단팥 우유푸딩

Dessert

이슌 밀크 컴퍼니 義順鮮奶 Leitarua I Son

우유푸딩 전문점 중 가장 유명한 디저트숍. 우유푸딩은 우유를 끓인 후 응고시킨 광동지역 전통 디저트다. 우유를 데운 후 발효시킨 뒤 굳히면 요구르트가 되는데, 우유푸딩은 발효를 중단 시킨 후 응고 과정을 거친다. 끓인 우유의 진한 우유향 때문에 호불호가 갈리는 편이다. 이슌의 우유푸딩은 우유향이 진한 편으로 응축한 분유 맛에 가깝다. 우유향이 부담스럽다면 생강이나 단팥을 첨가한 푸딩을 선택하는 것도 좋은 방법이다. 마카오식 버거인 쭈빠빠우도 맛있다.

위치 세나두 광장 앞 큰길에서 리스보아 반대방향으로 도보 4분, 맞은편으로 길을 건너면 된다. 지도 MAP 3Ⓓ 주소 381 Av. de Almeida Ribeiro, Avenida de Almeida Ribeiro 전화 2837-3104 오픈 월~금요일, 일요일 11:00~21:00, 토요일 11:00~23:00 휴무 없음 예산 2인 $64

MENU

- □ 凍 · 熱馳名雙皮燉奶 ········· $32
  차가운 · 뜨거운 우유푸딩
- □ 凍 · 熱紅豆雙皮燉奶 ········· $35
  차가운 · 뜨거운 단팥 우유푸딩
- □ 豬扒飽 ········· $30
  마카오식 돼지고기 버거(쭈빠빠우)

Dessert

타이완 후쟈오빙 台灣帝鈞碳烤胡椒餅

후쟈오빙 胡椒餅은 고기와 채소로 속을 채운 만두를 화덕에서 구워낸 타이완의 명물 간식이다. 한국어로 굳이 번역하자면 화덕만두 정도. 타이완, 홍콩, 마카오는 공산당이 지배하는 중국과 달리 왕래가 자유롭게 보장됐고 반공의 보루로서 나름 동지애를 나누었던 지역이라 인적 교류가 활발했다. 타이완의 명물인 후쟈오빙도 이런 연유로 타이완에서 마카오로 이식됐다. 세나두 광장 인근에 있어 찾아가기 쉬운 편. 부담 없이 하나 입에 물고 우물거리기 좋다. 후추 향을 머금은 육즙 가득한 고기소는 꽤 매력적이다.

위치 세나두 광장에서 성 도미니크 성당을 바라보고 오른쪽으로 가면 갈림길이 나온다. 여기서 왼쪽 길로 가다가 오른쪽 골목 위쪽에 있다. 지도 MAP 3Ⓔ 주소 1C R. do Monte, Avenida de Almeida Ribeiro 전화 2836-2363 오픈 12:00~20:00 휴무 부정기 휴무 예산 2인 $36

Dessert

컴바이 Come Buy

꼬치거리, 정확하게 커리 어묵 거리의 입가심 코너. 한국의 '매운 떡볶이+쿨피스' 조합처럼, 마카오에서는 버블티를 한 손에 들고 커리 어묵을 먹는다. 덕분에 골목에는 수많은 커리 어묵집과 버블티 전문점이 공존하고 있다. 컴바이는 한국에서도 성업 중인 공차와 같은 타이완계의 버블티 브랜드다. 타피오카뿐만 아니라, 곤약 누들이 들어간 믹스 음료도 있고 망고 등의 열대과일을 가득 넣은 새콤달콤 과일주스 버전도 있다. 참고로 이 골목에도 공차가 있다. 두 군데서 똑같은 버블티를 구입해본 결과 컴바이가 우유 맛이 더 강하다.

위치 세나두 광장에서 성 도미니크 성당을 바라보고 오른쪽에 있는 FANCL 골목으로 들어가면 된다. 지도 MAP 3Ⓔ 주소 10B Travessa da Se, Avenida de Almeida Ribeiro 전화 2832-9998 오픈 12:00~23:30 휴무 없음 예산 2인 $40

Dessert

키카 熙佳意大利雪糕 KIAK

정통 이탈리안 젤라또를 선보이는 아이스크림 전문점. 커리 어묵 골목에 있어 일단 '매콤 짭짤'한 맛을 즐긴 후 텁텁한 입안을 가시기에 그만이다. 가게 입구에 커다란 아이스크림 모형이 있어 지나가다보면 바로 눈에 띈다. 젊은 여행자들의 취향을 반영한 트렌디한 장미맛, 민트 초콜릿, 블루베리 크림치즈 등이 대표 메뉴로 가장 많이 팔린다.

검은깨 아이스크림인 블랙 시세미 Black Semame, 시즈오카 녹차 Shizuoka Green Tea, 벚꽃맛 사쿠라 Sakura도 인기 있다. 참고로 이 집은 일본풍 식재의 아이스크림이 많은데, 메인 간판은 정통 이탈리안 젤라또, 간판 아래 현수막은 정통 일본식 젤라또라고 써 놓고 있다. 주인장에게 물으니 둘 다 된다는 의미라는데, 어쨌거나 두 종류 다 맛있긴 하다.

MENU

- □ 1가지 맛 ········· $30
- □ 2가지 맛 ········· $35
- □ 3가지 맛 ········· $45
  - □ 1ℓ ········· $200
  - □ 2ℓ ········· $300

컵 or 콘 선택 가능

위치 성 도미니크 성당을 바라보고 오른쪽에 있는 FANCL 골목으로 들어가면 끝 지점 왼쪽에 있다. 지도 MAP 3Ⓗ 주소 11 Travessa da Se, Avenida de Almeida Ribeiro 전화 2892-0957 오픈 11:00~21:00 휴무 없음 예산 2인 $60~

Dessert

푸타자나이 不是葡撻 Putajanai

마가레트 이 나타와 로드 스토우즈, 두 집이 가진 강력한 마카오 에그타르트계 지분에 드디어 금이 갔다. 아마도 곧 3강체제를 만들 것으로 예상되는 곳이 바로 지금 소개하는 푸타자나이이다.

이 집 에그타르트의 특징은 독일식 레이어 케이크인 바움쿠헨 안에 에그 필링을 넣었다는 점. 일종의 퓨전인 셈인데, 에그타르트의 바삭함에 입천장이 까졌던(!) 여행자들의 절대적인 환호를 받고 있다. 아예 바움쿠헨만 팔기도 하니 '나이테 빵'을 좋아한다면 시도해 볼만하다.

푸타자나이 바로 옆에는 크루아상집 카카오 Cacao와 카페 리띵크 커피 Rethink Coffee가 있다. 모두 마카오 간식계에선 뉴웨이브. 세 집을 번갈아 가며 맛보는 것은 대식가의 의무다.

위치 세나두 광장 앞 큰길에서 리스보아 반대방향으로 도보 4분 지도 MAP 3Ⓓ 주소 6 Tv. do Matadouro, Avenida de Almeida Ribeiro 전화 6642-6725 오픈 12:00~20:00 휴무 없음 예산 2인 $90 홈피 www.facebook.com/putajanai

Sightseeing

성 안토니오 성당 聖安多尼堂 St. Anthony's Church

성 로렌스 성당, 성 나사로 성당과 함께 마카오에서 가장 오래된 3대 성당으로 꼽힌다. 1558~1560년에 대나무 오두막으로 최초 건축돼, 1638년 석조 성당으로 재건됐다. 1809년과 1874년 화재를 겪으며 소실돼 지금 우리가 보는 건물은 1930년대에 지은 네 번째 건물이다. 마카오 주민들 사이에서는 '꽃의 성당'이라는 애칭으로 알려져 있는데, 이는 결혼식이 자주 열리는 성당이기 때문이다. 만약 방문한 당일, 성당 입구가 꽃이 장식되어 있다면 곧 결혼식이 열릴 예정이라는 뜻이다.

마카오의 성당 중 유일하게 토요일에 한국어 미사가 집전된다. 그 이유는 바로 한국 최초의 신부인 김대건과의 인연 때문이다. 1837년부터 마카오에서 수학한 김대건이 신학을 공부한 곳이 바로 성 안토니오 성당이었다. 김대건은 이후 조선에서 선교 활동을 하다가 처형됐고 그의 시신을 수습한 조선 가톨릭 신자들에 의해 그의 발등 뼛조각이 마카오의 성 안토니오 성당 재단 아래에 안치되었다. 성당 별실에 나무로 조각한 갓을 쓴 김대건 신부의 조각상이 있으니 찾아보자. 한국과의 인연 탓에 한국인 신부님이 재직 중이시다. 한국어 미사는 매주 토요일 16:00에 집전된다.

위치 ①버스 17번을 타고 M124 白鴿巢總站 정류장 하차 ②버스 8A · 18 · 18A · 19 · 26번을 타고 M201 白鴿巢前地 정류장 하차 지도 MAP 4Ⓗ 주소 Largo de Santo António 오픈 09:00~17:30 휴무 없음 요금 무료

Sightseeing

까사 가든 東方基金會會址 Casa Garden

포르투갈풍 저택이다. 1770년대, 당대의 부호인 마누엘 페레이라의 별장으로 건설됐으며 이후 영국의 동인도 회사가 매입해 마카오 본사 겸 직원 기숙사로 사용했다. 현재는 지역에서 문화 사업을 하는 동방기금이라는 재단의 본부로 쓰이고 있다. 1층이 갤러리로 개방 중인데, 몇몇 골동품이 전시되어 있을 뿐 큰 볼거리는 없다. 개신교도 묘지와 함께 마카오의 유네스코 문화유산 중 가장 비중이 낮은 곳으로 여행 동선이 겹친다면 한번 둘러볼 만하다.

위치 성 안토니오 성당 맞은편 지도 MAP 4Ⓓ 주소 Largo de Camões 오픈 09:30~18:00 휴무 없음 요금 무료

개신교도 묘지 基督教墳場 Old Protestant Cemetery in Macau

마카오에 있는 개신교도, 정확하게는 영국 성공회 교도들의 공동묘지다. 1821년 영국의 동인도 회사에 의해 만들어졌으며, 현재 약 162기의 무덤이 있다. 매장된 사람들 중 가장 유명한 사람은 최초로 성경을 중국어로 번역한 로버트 모리슨 Robert Morrison(1782~1834)이다. 그 곁에는 콜레라로 죽은 그의 첫 번째 부인 메리 모리슨의 무덤도 있다. 참고로 로버트 모리슨의 중국어 성경은 이후 중국 사회를 발칵 뒤집어 놓는 계기가 됐다. 바로 로버트 모리슨을 돕다 개종해 중국 최초의 목사가 된 양발이 중국어 성경 압축 요약본을 만들어 뿌렸는데, 이걸 본 사람 중에는 태평천국의 지도자 홍수전도 있었다. 알다시피 그는 성경을 자기중심으로 재해석 편찬해 본인을 예수의 동생이라 부르던 인물이기도 했다.

묘지 한편에 있는 교회도 역시 개신교회다. 모리슨 교회라고 부르는데, 안에 들어가 보면 여태 봐왔던 성당과 달리 화려한 장식이 거의 없음을 알 수 있다.

위치 성 안토니오 성당 맞은편, 까사 가든 초입 지도 MAP 4Ⓗ 주소 Juntò à Casa Garden 오픈 08:30~17:30 휴무 없음
요금 무료

Sightseeing

까몽이스 공원 白鴿巢公園 Jardim Luís de Camões

녹음이 거의 없는 마카오 반도에서 자연을 만날 수 있는 공원. 마카오 시민들에게는 산책하기 좋은 근린공원이며, 한국인 여행자는 김대건 신부의 동상을 보기 위해 한번쯤 방문하게 되는 기념 명소다. 원래 일대는 영국 동인도회사장의 저택이 있던 부지였는데, 1835년 영국이 마카오에서 영구 철수한 이래 저택을 헐고, 저택의 정원은 공원으로 개조해버렸다고.

공원 곳곳에 포르투갈의 자부심 어린 흔적들이 남아있다. 특히 대항해시대 포르투갈의 번영을 노래한 시인 루이스 까몽이스의 동상과 서사시 〈우즈 루지아다스〉의 주요 장면을 담은 모자이크가 대표적이다. 볼거리를 돌아보며 Estátua de Sto. André Kim이라고 적힌 안내판을 따라가면 최초의 한국인 신부인 김대건의 동상을 만날 수 있다.

대부분의 여행자들이 정문을 통해 공원으로 들어갔다가 다시 정문으로 나오는데, 공원 후문으로 나가는 방법도 있다. 공원 뒤편은 꽤 가파른 계단으로 내려가다 보면 바위로 된 도교 사원이 나타난다. 계단을 따라 큰길로 나가면 마카오의 전형적인 주택가가 나오는데, 건어물과 말린 국수 등을 내놓는 로컬 숍이 그득하다.

위치 ①버스 17번을 타고 M124 白鴿巢總站 정류장 하차 ②버스 8A · 18 · 18A · 19 · 26번을 타고 M201 白鴿巢前地 정류장 하차, 성당 맞은편 방향 지도 MAP 4© 주소 Praça Luís de Camões 오픈 06:00~22:00 휴무 없음 요금 무료

시월초오일가 十月初五日街 Rua de Cinco de Outubro

마카오 내항과 세나두 광장 사이에 있는 작고 기다란 길. 마카오 반도 하면 포르투갈풍 관광지를 떠올리기 쉽지만, 관광지 밖에서 고유의 문화를 고수하며 살아온 다수의 마카오인들도 있다. 시월초오일가는 그런 현지인의 삶을 엿볼 수 있는 길이다. 촌스럽고 투박한 변두리 느낌이지만, 진짜배기 뒷골목 탐험을 즐기는 사람에게는 꽤나 흥미로운 여행지가 된다.

길가에는 거주민 취향의 가게들이 다양하게 늘어서 있다. 삭스핀이나 마른 전복을 판매하는 건어물점, 찻잎을 파는 찻집, 완탕면에 들어가는 말린 에그누들을 파는 식당, 외국인들에게는 알려지지 않은 베이커리, 차찬탱, 죽면전가 등이다. 시월초오일가는 까몽이스 공원 후문으로 연결된다. 참고로 길 이름의 시월초오일, 즉 10월 5일은 포르투갈의 독립기념일이다.

위치 세나두 광장 앞 도로를 따라 4분 정도 걸어 올라가서 왼쪽으로 가다가 길 건너편에 北京同仁堂이 보이면 조금 더 걸어서 오른쪽 골목으로 들어간다. **지도** MAP 4Ⓚ **주소** Rua de Cinco de Outubro **오픈** 24시간 **휴무** 없음 **요금** 무료

Sightseeing

파트니 도서관 沙梨頭圖書館 Biblioteca do Patane

마카오 내항에 자리 잡은 도서관. 이 일대는 1930년대에 만들어진 내항을 바라보는 상가 밀집 지역이다. 마카오 내항의 가치가 떨어진 건 이미 수십 년 전으로 그나마 있던 조선소도 중국 대륙으로 건너가 버린 후 동네는 퇴락했다. 가게들은 모두 문을 닫았고, 건물은 서민을 위한 집단 숙소로 개조됐다. 그로부터 또 수십 년, 낡디 낡은 건물도 건축물로서의 수명을 다 해, 재개발을 앞둔 시점. 유럽과 동남아풍 건축양식이 혼합된 이 건물을 복원해 도서관으로 만드는 게 어떻겠냐는 아이디어가 나왔고, 마카오 정부는 이걸 냉큼 받아들였다. 이런 사연으로 한때 7채의 주상복합 상가였던 건물은 2017년 도서관으로 재개장했다. 7채의 벽을 뚫어 하나의 건물로 만들었는데 고풍스러운 외관은 유지하면서도 내부는 최신시설로 채웠다. 약 1만 3,833권의 장서와 4,086편의 시청각 자료가 있다.

위치 버스 4 · 33 · 101X · N1A번을 타고 M129 水上街市 정류장 바로 앞 지도 MAP 4Ⓒ 주소 da Ribeira do Patane 오픈 월요일 14:00~20:30, 화요일~토요일 09:30~20:30 휴무 공휴일 요금 무료

Shopping

오문 o-moon

한눈에 '메이드 인 마카오'임을 알아볼 수 있는 로컬 기념품점. 마카오 곳곳에서 만날 수 있는 포르투갈풍 아줄레주 타일의 흰색과 푸른색을 메인으로 사용하는 디자인 제품을 장기로 선보인다. 아줄레주 타일을 떼어다가 크기를 조그맣게 줄여 놓은 것 같은 마그네틱이나 코스터 등의 기념품이 가득하다. 마카오의 랜드마크를 모아놓은 마스킹테이프도 인기. 이외에도 카드지갑 같은 소소한 가죽 아이템이나 아이디어가 반짝이는 스마트폰 케이스 등의 디자인 소품이 풍성해 아기자기한 소품과 문구류를 좋아하는 여행자라면 지르는 즐거움(?)을 누릴 수 있다. 가격대가 높은 제품이 별로 없어서 갖고 싶은 것을 고르는 재미가 쏠쏠하다.

위치 세나두 광장 앞 도로에서 도보 7분 **지도** MAP 4Ⓚ **주소** Rua de Cinco de Outubro No.124A **전화** 2850-8370 **오픈** 월~금요일 12:00~20:00, 토·일요일 10:00~22:00 **홈피** www.omoonmacau.com

영케이차관 英記茶莊

시월초오일가에 자리한 차 전문점. 마카오에서 가장 오래된 차상으로 2대째 대를 이어 운영 중이다. 2대 주인도 나이가 있는 편인데 마카오 최고의 '차박사'라는 자부심도 상당한 데다 실제로도 해박한 지식을 자랑한다. 간단한 영어 소통에는 문제가 없기 때문에 차에 대한 학문적 소통을 할 생각이 아니라면 기본적인 의사소통에는 별 문제가 없다.

가게 양 옆으로 차가 진열되어 있는데, 1근(500g)단위로 가격이 적힌 다양한 차들을 만날 수 있다. 판매는 1량 两 즉 50g단위부터 판매된다. 즉 차 한 통에 2000元이라고 적혀 있다면 이건 500g 가격이므로 1량에 200元이라는 이야기가 된다.

보이차로 정평이 높지만, 차에 대한 지식이 없다면, 안전하게 철관음 鐵觀音이나 우롱차 烏龍茶, 홍차 紅茶를 알아보는 게 낫고, 물을 부으면 피어나는 화차 花茶도 다양하게 구비하고 있다. 가격은 아주 저렴한 편이다.

참고로 옆집에 있는 와련 華聯도 비슷한 분위기의 차상이니 함께 들러봐도 좋다. 길 건너편에 있는 보이차가 가득 있는 중차공사 中茶는 차를 판매하는 중국 국영기업이다. 영케이 차관 덕에 이 일대가 찻집 골목이 되는 분위기.

위치 세나두 광장에서 도보 10분 지도 MAP 4Ⓖ 주소 R. de Cinco de Outubro 115 전화 2892-0377 오픈 09:30~19:30

록케이쪽민 六記粥麵 Estab. Comidas Lok Kei

마카오에서 가장 오래된 죽면전가 중 하나로 1945년에 개업했다. 지금이야 누가 봐도 퇴락한 느낌이지만 록케이쪽민이 생길 때만 해도 이 일대는 마카오 제일의 번화가였다.

정말 묘한 것은 오래된 동네에서 그것도 저녁 장사만 하는 일종의 심야식당이고, 아는 사람만 찾아오는 그야말로 현지 맛집인데도 불구하고 어떻게 알았는지 외국인 여행자들이 코를 큼큼거리며 귀신같이 찾아든다는 것이다.

대표 메뉴는 면 요리와 게를 통째로 넣은 죽이다. 전통 방법에 따라 대나무 밀대로 밀어서 뽑는 자가제면 면발은 탄력 있고 밤새도록 몽글하게 끓여낸 죽의 식감은 부드럽다. 특히 게 한 마리를 통째로 넣은 죽의 구수하고 담백한 맛이 일품이다. 이외에도 내장 요리 등 한국인에게 호불호가 갈리는 몇몇 메뉴를 제외하고는 모두 흡족할 정도로 맛있다. 그 맛을 미슐랭이 모를 리 없어, 6년 연속 이 집을 빕 구르망에 등재시키고 있다.

위치 ①성 안토니오 성당에서 도보 10분 ②버스 1·3·3X·16·26·26A·33·N1B번을 타고 M127 海邊新街 정류장 하차 지도 MAP 4Ⓒ 주소 Shop D, G/F, 1 Sha Lei Yan Mo Avenue, Patane 오픈 18:00~02:30 휴무 부정기 휴무 예산 2인 $70~ 전화 2855-9627

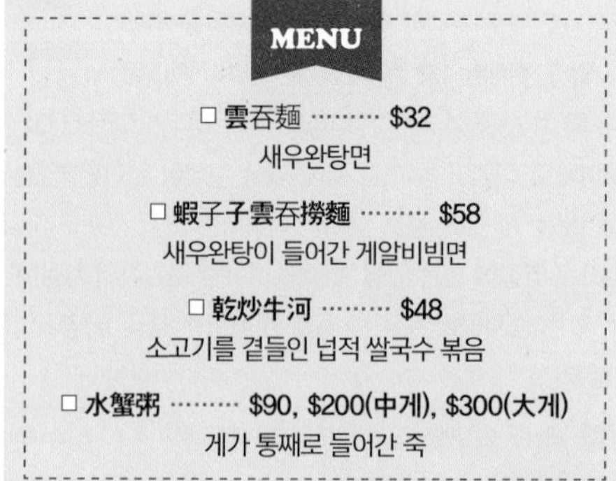

MENU

□ 雲呑麵 ········· $32
새우완탕면

□ 蝦子子雲呑撈麵 ········· $58
새우완탕이 들어간 게알비빔면

□ 乾炒牛河 ········· $48
소고기를 곁들인 넙적 쌀국수 볶음

□ 水蟹粥 ········· $90, $200(中게), $300(大게)
게가 통째로 들어간 죽

Cafe

골든 믹스 디저트 楊枝金撈甜品 Golden Mix Dessert

마카오 먹방이 홍콩 먹방보다 결정적으로 뒤처지는 주요 요인은 디저트다. 에그타르트나 우유푸딩을 제외하면 딱히 떠오르는 디저트가 없을 터. 하지만 골든 믹스 디저트는 부지런히 찾아보면 마카오에도 괜찮은 디저트집이 있다는 것을 증명한다.

특히 이 집의 한자 상호이기도 한 양치깐루 楊枝金撈는 코코넛과 망고주스를 섞는 밸런스가 탁월하다. 한번 맛보면 왜 '골든 믹스'라는 영어 상호를 고수하는지 알 수 있다. 한국인 여행자 사이에서 호불호가 갈리는 두리안팬케이크도 두리안을 먹을 줄 아는 이라면 반드시 도전해볼 만하다. 크림을 섞지 않고 100% 두리안 과육으로 만든 보기 드문 수작이다.

MENU

□ 至尊楊枝金撈 ········· 小 $35, 中 $40
지존 양치깐루

□ 黑芝麻湯丸 ········· $22
검은깨 찹쌀경단을 넣은 생강탕

□ 金撈榴莲班戟 ········· $38
두리안 팬케이크

□ 芒果椰子汁 ········· $36
망고 코코넛 셰이크

위치 ①파트니 도서관에서 도보 3분 ②버스 1·3·4·6·26A·33·101X·N1A번을 타고 M129 水上街市 정류장 하차 지도 MAP 4Ⓒ 주소 31B Av. de Demetrio Cinatti, Patane 오픈 15:00~01:00 휴무 없음 예산 2인 $80 전화 2895-0543

Eating

따롱퐁차라우 大龍鳳茶樓 Tai Long Fong Casa de Cha

저녁에 가끔 광둥극 공연을 하는, 말 그대로의 정통 광둥식 딤섬 레스토랑이다. 06:00부터 딤섬을 주문할 수 있어 즉 딤섬 중의 딤섬이라는 '아침 딤섬'을 즐길 수 있다. 시월초오일가 초입에 있다. 딤섬을 빚는 솜씨는 조금 투박한 편이지만, 오히려 그 소박함이 더 좋다는 손님도 많다. 가격이 저렴한 건 덤. 주문지를 읽을 수 없다면, 사진이 있는 영어 메뉴를 요청할 수 있다.

위치 세나두 광장에서 도보 10분 지도 MAP 4Ⓚ 주소 127 Rua de Cinco de Outubro, Avenida de Almeida Ribeiro 오픈 06:00~20:00 휴무 없음 예산 2인 $100 전화 2892-2459

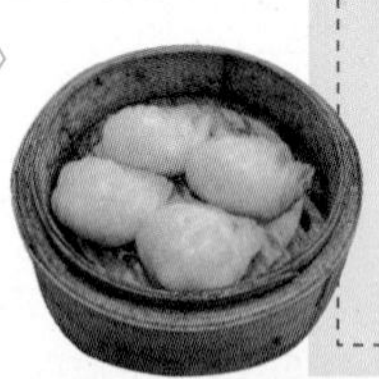

MENU

□ 蜜汁叉燒包 ········· $16
달콤짭짤한 고기만두(차슈빠우)

□ 順德鯪魚球 ········· $16
이 집의 간판 메뉴인 튀긴 어묵

□ 蠔油鮮竹卷 ········· $20
굴소스를 곁들인 두부껍질말이 딤섬

□ 龍鳳鮮蝦餃 ········· $26
새우 딤섬(하카우)

□ 鯆魚燒賣皇 ········· $26
돼지고기 딤섬(씨우마이)

영케이 두부면식 榮記荳腐麵食

순두부 노점으로 시작해 창업 60년을 맞는 노포. 달콤한 디저트용 순두부와 다양한 면 요리가 이 집 메뉴의 전부다. 면식 간판을 써놓고도 이런저런 볶음밥을 파는 다른 집과 달리 진짜로 면만 취급하는 외길인생이다. 추천할 만한 면 요리는 표고버섯 향이 일품인 표고버섯 면. 마카오의 면집이니 완탕면도 당연히 훌륭하고 오징어어묵면도 빼놓으면 섭섭하다. 순두부에 시럽과 연유를 부어주는 디저트 메뉴도 맛은 낯설지만 의외로 입에 잘 맞는다.

위치 세인트 폴 성당 계단 오르기 전 스타벅스 뒤쪽 길로 끝까지 내려가 오른쪽으로 조금 더 들어가면 나온다. 지도 MAP 4Ⓖ 주소 47 R. da Tercena, Avenida de Almeida Ribeiro 오픈 08:00~18:30 휴무 부정기 휴무 예산 2인 $50 전화 2892-1152

MENU

- □ 冬菇麵 ········· $25
  표고버섯면
- □ 雲吞麵 ········· $25
  완탕면
- □ 墨魚丸麵 ········· $26
  오징어 어묵면
- □ 龍蝦丸麵 ········· $26
  로브스터 어묵면
- □ 牛腩麵 ········· $25
  소고기면

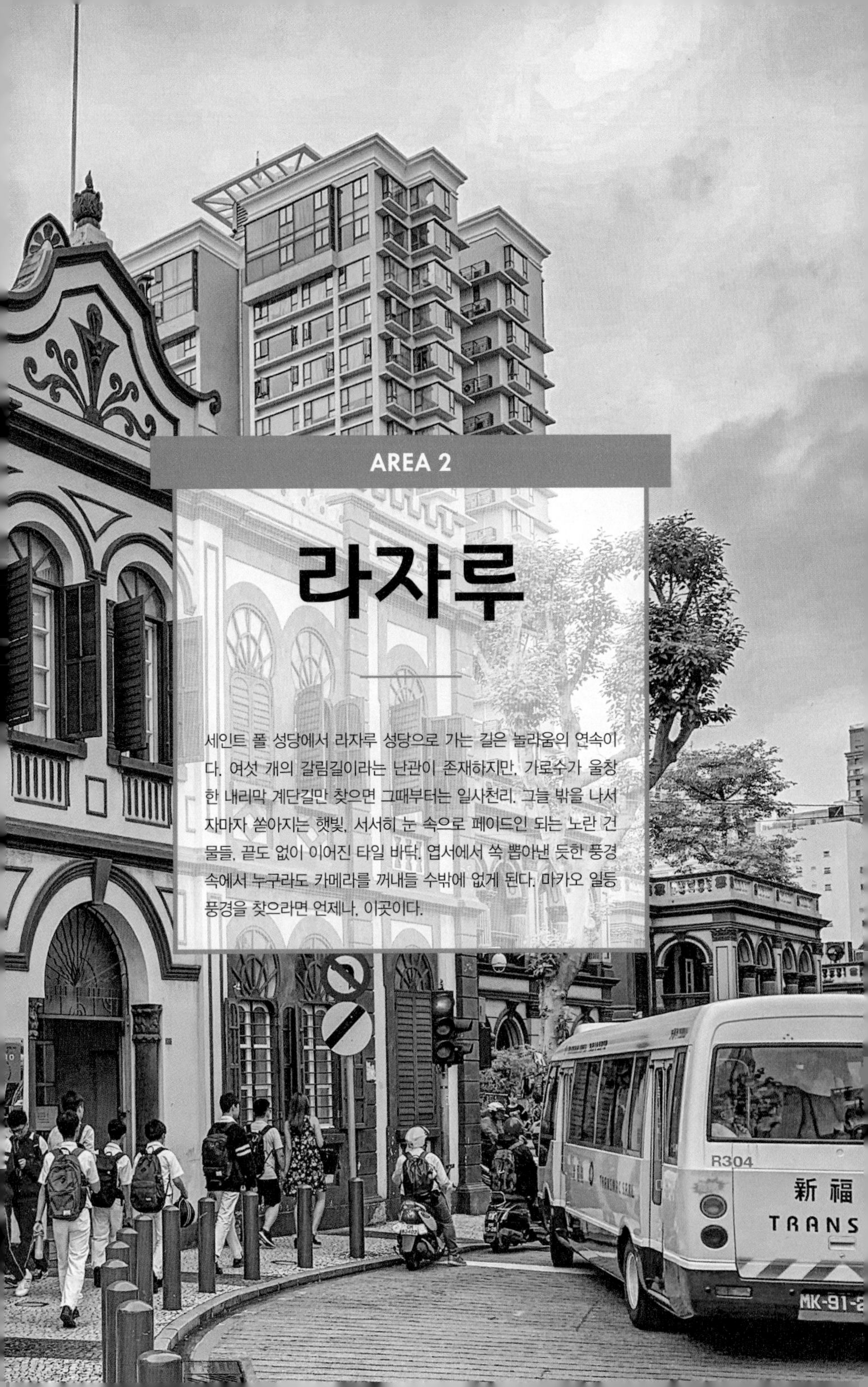

AREA 2

라자루

세인트 폴 성당에서 라자루 성당으로 가는 길은 놀라움의 연속이다. 여섯 개의 갈림길이라는 난관이 존재하지만, 가로수가 울창한 내리막 계단길만 찾으면 그때부터는 일사천리. 그늘 밖을 나서자마자 쏟아지는 햇빛, 서서히 눈 속으로 페이드인 되는 노란 건물들, 끝도 없이 이어진 타일 바닥. 엽서에서 쏙 뽑아낸 듯한 풍경 속에서 누구라도 카메라를 꺼내들 수밖에 없게 된다. 마카오 일등 풍경을 찾으라면 언제나, 이곳이다.

라자루
이렇게 여행하자

라자루 지역은 크게 남유럽풍의 화사한 성 라자루 구역과, 마카오 문화예술의 중심지라 할 수 있는 탑섹 광장 구역으로 나뉜다. 방문 비율로 따진다면 8:2 정도. 훌륭한 식당 몇몇이 눈에 띄지만 먹을 만한 레스토랑이 많지는 않다. 대신 최근 이 일대에 커피 전문점 속속 생겨나고 있어 지친 다리를 쉬었다 가기에는 그만이다.

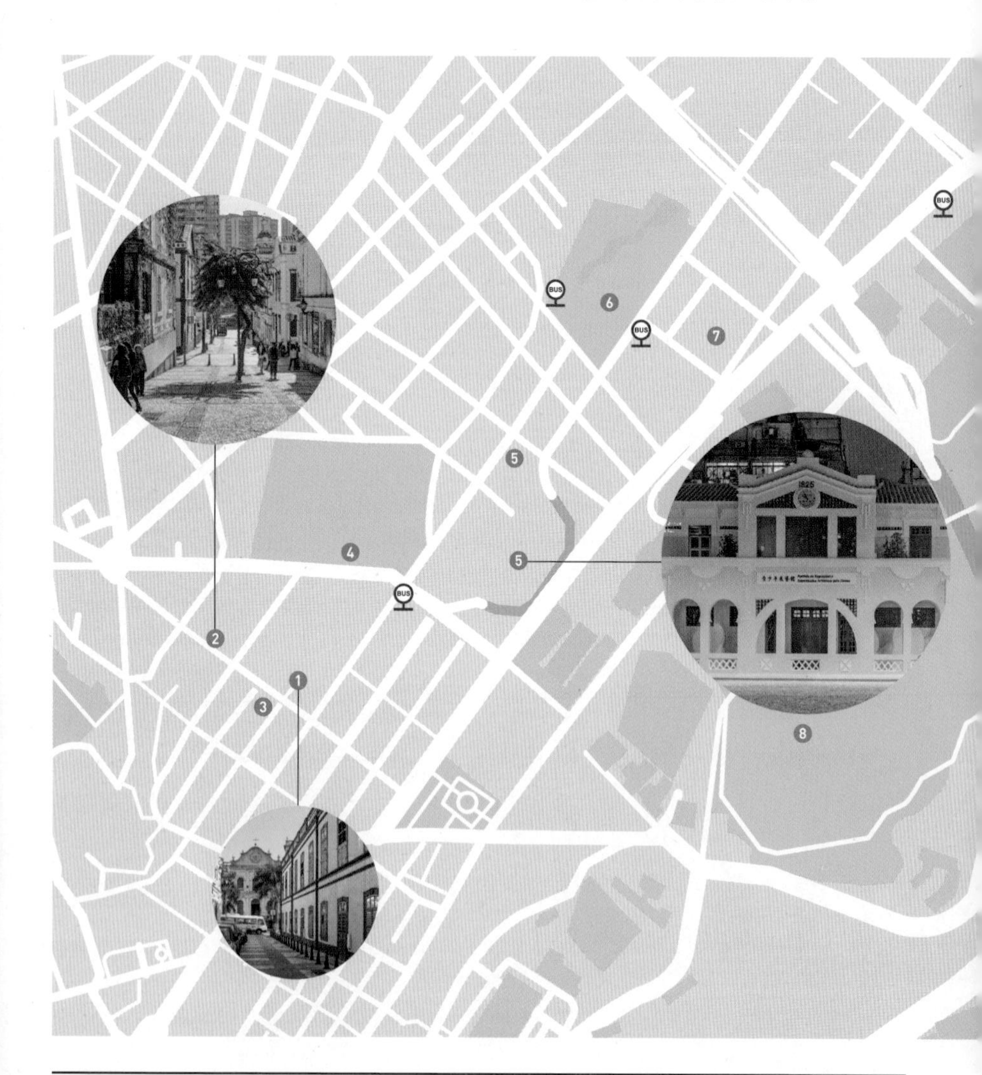

라자루 '3色 스트리트 (p.197)' 산책

탑섹 광장 탐방 후 탑섹 미술관에서 감성 충전

마카오에서 가장 아름다운 전망을 자랑하는 기아 요새에서 기념사진 촬영

믿고 먹는 알베르게 1601에서 만족스러운 식사

마카오 제일의 바리스타 총집합 지역에서 커피 한 잔

❶ 성 라자루 성당
❷ 라자루 3色 스트리트
❸ 타이풍통 아트 하우스
❹ 성 미카엘 성당과 가톨릭 묘지
❺ 탑섹 광장
❻ 로우임옥 공원
❼ 탑섹 미술관
❽ 기아 요새

Sightseeing

성 라자루 성당 望德聖母堂 Igreja de São Lázaro

1557~1560년 사이 건설된 마카오에서 가장 오래된 성당 중 하나. 당시 주교였던 카루네이로 Belchior Carneiro가 천벌이라 취급받던 한센병 환자들을 위한 구호처로 건설했다. 건립 당시만 해도 외곽에 자리했지만 도시가 확장되면서 성당 건물이 시내에 포함되게 되었고, 이로 인해 성당은 이전 대상 혐오 시설로 내몰리게 된다. 지금도 그렇지만, 한센병 환자 시설에 대한 반발은 상당히 거세 결국 성당은 헐려진 뒤 마카오 서쪽에 있는 현재의 중국령 헝진다오 橫琴島로 이전됐다가 다시 콜로안으로 옮겨졌다. 지금 보는 신고전주의풍 건물은 1885년 재건된 것으로, 최초의 성당 유적이라고 말할 수 있는 것은 성당 앞뜰에 '희망의 십자가'뿐이다.

위치 세인트 폴 성당에서 도보 10분 또는 버스 2A · 7 · 8 · 8A · 9 · 9A · 12 · 18 · 22 · 25번을 타고 M270 塔石體育館 정류장에서 하차 후 도보 4분 **지도** MAP 6Ⓔ **주소** Adro de São Lázaro **오픈** 08:30~12:00, 15:00~18:00 **휴무** 없음 **요금** 무료

SPECIAL

라자루 3色 스트리트

라자루 지역은 마카오에서 포르투갈의 색채와 흔적이 가장 짙게 배 있는 지역이다.
라자루 성당을 둘러싼 3개의 길에서 컬러풀한 풍경을 감상할 수 있다.

▶성 라자루 성당길
瘋堂斜巷 Calçada da Igreja de S. Lázaro

라자루 지역의 메인 스트리트 격으로 세인트 폴 성당 유적지에서 내리막 계단을 통해 연결된다. 무심코 들어선 사람도 뭐 이렇게 예쁜 길이 있나, 하고 감탄하게 만드는 풍경을 선사한다. 특히 기하학적 문양이 아로새겨진 돌길과 길가에 도열한 식민지풍 건물은 여기가 한때 포르투갈의 땅이었다는 사실을 말해준다. 참고로 거리 초입에 있는 자비의 성채 소속 양로원 Old Lady House에 이 일대에서 가장 감각적인 숍과 멋진 레스토랑이 입점해 있다. 뜰 한가운데 있는 어마어마한 크기의 녹나무를 보기 위해서라도 안으로 들어가 볼 것을 추천한다. 단지 몇 발자국 뗐을 뿐인데 또 다른 풍경이 펼쳐진다.

지도 MAP 6Ⓔ

▶에르아두오 마르케스 스트리트
馬忌士街 Rua de Eduado Marques

마카오 전역을 통틀어 가장 예쁜 포르투갈풍 거리. 가로

등이 걸린 노란색 주홍색 이층집과 거리를 따라 주차된 자동차들, 'V자'를이루며 교차하는 오르막길과 내리막길은 그 자체로 그림이 된다. 차가 많이 다니지는 않지만 간혹 쌩하게 속도를 내는 차량도 있으니 도로에서 인증샷을 찍을 땐 반드시 전후방을 살필 것.

지도 MAP 6Ⓔ

▶보롱 스트리트
和隆街 Rua do Volong

성 라자루 성당길에서 라자루 성당을 왼편에 두고 오른쪽으로 꺾이는 길이 보롱 스트리트다. 성 라자루 성당길 같은 화려함은 덜 하지만, 대신 한적하고 크고 작은 숍이 있어 조용히 구경하기에 더없이 좋다. 가로등이 불을 밝히는 야경이 더 멋스럽다.

지도 MAP 6Ⓔ

Sightseeing

타이풍통 아트 하우스 大瘋堂藝舍 Tai Fung Tong Art House

성 라자루 성당 맞은편에 있는 갤러리. 중국과 유럽의 건축양식이 적극적으로 결합된 이 재미있는 건물은 1910년에 건설됐다. 한때 병원이기도, 학교이기도 했던 이곳은 현재 전 시대를 망라한 중국 예술 작품을 전시하는 갤러리로 운영된다. 개인 소장품 위주라 엄청난 작품이 있는 건 아니지만, 마카오에 원채 예술 명소가 없는지라 오가면서 들러볼 만하다.

위치 탑섹 광장에서 도보 5분 **지도** MAP 6Ⓔ **주소** 45 R. Nova de São Lazaro **오픈** 14:00~18:00 **휴무** 월요일 **요금** 무료

zoom in

탑섹 미술관 塔石藝文館 Tap Seac Gallery

2003년에 문을 연 공공 갤러리. 호기심을 자극하는 예쁘장한 건물 탓에 미술애호가가 아닌 여행자들의 걸음도 멈추게 만든다. 본래는 네덜란드 부호의 저택이었는데 지금은 설치미술 위주의 기획전시가 진행되는 예술 명소로 사랑받고 있다. 기획의 규모나 구성면에서는 마카오 내 유수의 미술관 중 단연 최고로 꼽힌다. 종종 마카오 문화청 주최로 대형 기획전을 선보이곤 하는데 이 시점에 맞춰 방문한다면 그야말로 행운아. 홈페이지를 통해 전시 내용과 일정을 미리 확인해 보자.

지도 MAP 6Ⓕ **오픈** 24시간 **휴무** 없음 **요금** 무료

탑섹 광장 塔石廣場 Praça do Tap Seac

마카오 문화의 산실. 마카오를 문화예술의 메카로 육성하기 위한 기획 중 일부로, 2007년 기존에 있던 경기장 건물을 헐고 13,000m² 규모의 문화 광장을 조성했다. 광장을 중심으로 마카오 중앙 도서관, 마카오 문화부, 마카오 역사 자료관, 그리고 청소년 전람관이 자리 잡고 있어 차례로 둘러보기 좋다. 광장 일대는 1920년대 지어진 예쁘장한 식민지풍의 건물들이 많아 '네덜란드 거리'라고도 불린다. 1년 내내 크고 작은 행사가 벌어져 구경거리도 풍성한 편이다. 식민지풍의 건물을 구경하다가 좋은 전시나 공연을 만나는 것은 그야말로 기분 좋은 보너스. 주말에는 버스킹 등의 거리 공연도 진행된다. 딱히 행사가 없더라도 펜스에 앉아 마카오 사람들의 일상을 들여다보는 것도 소소한 재미를 선사한다.

위치 ①세인트 폴 성당 유적지에서 도보 10분 ②호텔 로열에서 도보 5분 **지도** MAP 6Ⓕ **주소** Praca do Tap Seac **오픈** 24시간 **휴무** 없음 **요금** 무료

▲ 중앙도서관

▲ 청소년전람관

Sightseeing

쑨원 기념관 國父紀念館 Casa Memorial do Dr. Sun Yat Sen

타이완과 중국에서 국부로 추앙받는 혁명가 쑨원 孫文 (1866~1925)의 기념관. 그가 1890년부터 1892년까지 3년간 개업의로 머물렀던 마카오 집을 기념관으로 꾸며두었다. 내부에는 쑨원의 삶을 시간순으로 전시하고 있다. 홍콩에서 의대를 다니던 쑨원이 민주주의를 목격하면서 온건한 개혁을 꿈꾸게 된 과정, 청제국의 리훙장에게 보낸 개혁안이 묵살돼 혁명론으로 방향을 전환하게 된 배경, 밀고자로 인해 시도로 끝난 첫 번째 봉기의 의미 등 2000년간 이어지던 황제체제를 끝내고 공화국 시대를 연 혁명가의 삶을 들여다볼 수 있는 의미있는 명소다.

위치 버스 2 · 2A · 5 · 9 · 9A · 12 · 16 · 22 · 25B · 28C번을 타고 M76 盧廉若公園 정류장 하차 **지도** MAP 6Ⓑ **주소** Av. Sidonio Pais **오픈** 10:0~17:00 **휴무** 화요일 **요금** 무료

Sightseeing

성 미카엘 성당과 가톨릭 묘지 聖味墓墳地•聖彌額爾小堂 Cemiterio de S. Miguel Arcanjo & Church

마카오에 있는 7개의 묘지 중 가장 큰 곳으로 1875년 건설됐다. 개신교도 묘지(p.182)가 유네스코 세계문화 유산으로 지정된 유적에 가깝다면, 성 미카엘 성당의 가톨릭 묘지는 마카오에 사는 사람들이 실제 이용하는, 현재까지도 기능하고 있는 공동묘지다.

교회와 성당의 분위기가 서로 다르듯, 개신교 묘지와 가톨릭 묘지도 그 분위기가 서로 다르다. 개신교는 장식을 절제해 검소한 분위기인데 비해 가톨릭 묘지는 보다 화려하게 꾸미는 것이 특징. 이곳도 비석마다 조각상을 세워두었는데 어떤 묘지는 묻혀있는 사람의 생전 직업을 유추할 수 있을 정도다. 유족들이 정성껏 관리해 묘지마다 원색의 꽃이 장식돼 있다. 덕분에 볕이 좋은 날에는 묘지가 아니라 조각 공원을 산책하는 기분으로 거닐기 좋다.

묘지에는 성 미카엘 경당(규모에 따라 경당<성당<대성당으로 나뉨)이 딸려 있다. 무덤가 성당이기 때문인지 화려한 장식은 절제되어 있지만, 스테인드글라스 등 성당의 모습을 충실하게 갖추고 있다. 참고로 매년 11월 2일은 마카오 정부가 지정한 '위령의 날'로, 성묘하는 방문객들이 모여들어 한국의 추석과 비슷한 분위기를 연출한다.

위치 세인트 폴 성당에서 도보 10분 **지도** MAP 6Ⓔ **주소** Estrada do Cemitério **오픈** 08:00~18:00 **휴무** 없음 **요금** 무료

로우임옥 공원 盧廉若公園 Lou Lim Loc Garden

마카오에서 유일하게 중국 강남 풍경을 만날 수 있는 공원. 1906년 지어진 로우임옥 공원은 당대의 대부호이자, 손문의 후견인이기도 했던 로우카우의 대저택이었던 곳이다. 건설 당시 이름은 예원 豫園이었는데, 웅장한 인공자연을 지향하는 강남 정원의 교범처럼 지어졌다. 정원 내 울퉁불퉁한 돌들은 가산 假山이라 부르는 일종의 가짜 산이다. 연못은 당연히 넓은 바다를 묘사한 셈. 비단잉어가 가득한 연못에서는 여름마다 연꽃화원이 펼쳐진다.

공원 안에는 마카오 차 문화관이라는 건물 하나가 딸려있다. 1층에는 중국풍 다구를 전시하고, 2층은 차를 마시는 공간을 재현해두었다. 포르투갈풍 건물에 중국 기와를 씌워 동서양의 조화가 오묘하다. 끝내주는 절경이 있는 것은 아니지만 마카오다운 '하이브리드 풍경'을 바라보며 쉬어가기 좋다.

위치 ①버스 8A번을 타고 M77 羅利老馬路 정류장 하차 ②호텔 로열에서 도보 10분 지도 MAP 6Ⓑ 주소 Estrada de Adolfo Loureiro 오픈 06:00~21:00 휴무 없음 요금 무료

기아 요새 東望洋炮台 Fortaleza da Guia

마카오에서 가장 높은 해발 90m 높이에 세워진 군사 요새. 17세기 초에 건설됐다. 지도를 보면 알 수 있듯 마카오 반도 한가운데, 군사적으로는 가장 중요한 지점에 위치해 있다. 하지만 막상 마카오가 네덜란드와의 전쟁에서 외부의 침입을 받았을 당시에는 몬테 요새의 명사수에 밀려 큰 활약을 하진 못했다고. 지금은 마카오 시내의 스카이라인 뷰포인트로 인기가 높다. 요새를 찾는 대부분의 여행자가 전망을 보기 위해 방문한다 해도 과언이 아닐 정도.

요새는 성을 중심으로 마치 공원처럼 꾸며져 있다. 성은 약 800m² 넓이로 케이블카로 연결된다. 성 남쪽에는 등대와 성당 건물이 남아 있는데 두 건물 모두 한 미모(?) 하는 인기스폿으로 카메라 셔터 세례를 한 몸에 받는다. 건설 시기는 성당이 앞선다. 약 1622년경 한 수녀에 의해 건립되었다고 전해진다. 1996년 성당 복원도중 건립 당시에 그려진 것으로 보이는 프레스코

화가 발견돼 마카오 고고학계를 흥분시킨 바 있다. 단, 성당 내부 촬영은 엄격히 금지되어 있으니 참고하자. 등대는 중국 최초의 서양식 등대로 1865년에 지어졌다. 날이 맑을 때는 약 32km 밖에서도 등대가 보였다고 한다.

위치 2 · 2A · 6A · 12 · 17 · 18 · 18A · 18B · 19 · 22 · 23 · 25 · 25B · 32 · 56번을 타고 M61 二龍喉公園 정류장에서 하차한 후 버스 진행 방향으로 가면 왼쪽에 입구가 있다. **지도** MAP 6Ⓙ **주소** Estrada do Engenheiro Trigo **오픈** 09:00~18:00 **휴무** 없음 **요금** 무료(케이블카 왕복 $3, 편도 $2)

기아 요새 땅굴 松山軍用隧道 Galerias Subterraneas do Monrede Guia

2013년부터 일반에게 공개된 기아 요새의 땅굴. 1930년대 중국이 중일전쟁으로 소란스러워지자 포르투갈 식민지 당국은 혹시 모를 전쟁 상황에 대비해 기아 요새 지하에 군용 터널을 건설했다. 전해지는 이야기에 따르면 땅굴은 시내로 이어진다고 하는데, 현재 공개되는 구간은 기아 요새에서 접근할 수 있는 A 터널과 B 터널 2곳뿐이다. 각 터널의 길이는 200m 내외로 내부에는 참호를 비롯해 무기고, 당시 만든 발전소 같은 공간들이 있다. 여름에 들어가면 꽤 시원하지만 그 이상의 큰 볼거리는 없다.

Shopping

메르세아리아 포트쿠기사 MERCEARIA Portuguesa

마카오에서 가장 예쁜 풍경을 만나는 성 라자루 지구, 그 안에서도 가장 예쁜 건물로 꼽히는 자비의 성채 소속의 양로원 Old Lady House 건물에 숨어 있는 자그마한 상점. 정확히는 포르투갈에서 온 잡화를 취급하는 생활 잡화 편집숍이다. 올리브 오일, 와인, 꿀, 잼 같은 식자재부터 비누, 핸드크림, 로션 같은 가벼운 화장품까지 다양한 상품을 취급한다. 물론 포르투갈의 자랑인 해산물 통조림도 판매하고 있다.

취급 상품 종류는 여느 잡화점과 비슷한 것 같지만, 막상 상점 안에 들어서면 평소에는 결코 예쁘다고 생각하지 않았던 잡화가 하나같이 예뻐 약간 홀리는 느낌. 포르투갈 자체가 한국에 많은 정보가 알려지지 않은 국가라 대부분의 상품이 생소하다. 최소한 마카오에서 포르투갈 상품을 이렇게 다양하게 진열해놓은 집은 없다고 해도 과언이 아니다. 단, 현금 계산만 가능하니 쇼핑 시 참고하자.

위치 세인트 폴 성당 유적지에서 도보 10분 **지도** MAP 6Ⓔ **주소** R. de Eduardo Marques, 1號 3 Edificio Fortuna **전화** 2856-2708 **오픈** 월~금요일 13:00~21:00, 토・일요일 12:00~21:00 **홈피** http://merceariaportuguesa.com

Eating

알베르게 1601 婆仔屋葡國餐廳 1601 ALBERGUE 1601

마카오에서 가장 감각적인 매캐니즈 레스토랑. 성 라자루 구역 SCM 안쪽에 있다. 17세기에 건설된 자비의 성채 부속 건물을 레스토랑으로 꾸몄는데 호텔 레스토랑을 제외하면 마카오 반도 내에서 고급스러운 파인 다이닝 분위기를 즐길 수 있는 매캐니즈 레스토랑은 이곳이 거의 유일하다.

고저택의 멋을 살린 감각적인 인테리어, 정갈한 서비스, 고급스러운 요리에 걸맞게 요금은 약간 높은 편이다. 하지만 분위기 값은 톡톡히 한다. 마카오 반도 내 대부분의 매캐니즈 레스토랑이 현지인과 관광객이 뒤섞여 왁자지껄한 분위기인 데 비해 이곳은 상대적으로 조용한 분위기에서 식사를 즐길 수 있다. 무엇보다 오래된 고택이 주는 공간 자체가 낭만적인 곳이다.

MENU

- □ Pasteis de Bacalhau ········· $78
  바칼라우 크로켓
- □ Arroz de Marisco ········· $248
  포르투갈식 해물밥
- □ Bacalhau à Brás ········· $188
  바칼라우에 으깬 감자와 달걀을 넣고 볶은 포르투갈요리
- □ Gambas à Guilho ········· $98
  마늘을 곁들인 새우 구이(5마리)

위치 세인트 폴 성당 유적지 뒤쪽 길을 따라 도보 10분, 7거리가 나오면 세븐일레븐을 오른쪽에 두고 들어간다. 지도 MAP 6Ⓔ
주소 8 Calcada da Igreja de S. Lazaro, Ferreira de Almeida 오픈 월~금요일 12:00~15:00, 18:00~22:30, 토 · 일요일 12:00~22:30 휴무 부정기 예산 2인 $400 전화 2836-1601

싱글 오리진 單品 Single Origin

최근 마카오에 우후죽순 생기고 있는 로스터리 커피 전문점 중에서 가장 높은 평가를 받는 곳. 유럽에서 연수를 받은 오너 바리스타가 신선한 원두로 직접 커피를 내려 한잔 한잔 완성도가 높다. 싱글 오리진이라는 상호가 말해주듯, 에티오피아에서부터 과테말라까지 여러 가지 단일 품종 커피를 선보인다. 훌륭한 얼그레이 홍차 케이크와 든든한 샌드위치 등의 디저트 메뉴도 준비돼 있으니 오후에 들러 애프터눈 커피를 즐기기에 안성맞춤이다.

위치 ①로얄 호텔에서 도보 4분 ②성 라자루 성당에서 도보 2분
지도 MAP 6Ⓔ 주소 Rua de Abreu Nunes, No 19, Edf. Tong Fat,, Ferreira de Almeida 오픈 12:00~20:00 휴무 부정기
예산 2인 $100 전화 6698-7475

MENU

- □ Seasonal Single Origin Bean ········· $55
  시즈널 싱글 오리진
- □ Affogato Salted Caramel ········· $58
  소금 카라멜 아포가토
- □ KyoAffogato(Matcha) ········· $54
  교토식 말차맛 아포가토
- □ Early Grat Cake ········· $38
  얼 그레이 케이크

Cafe

트리 카페 樹咖啡 Tree Café

탑섹 광장 뒤편에 있는 아주 작은 카페. 바쁘게 걷느라 지친 오후, 한 숨 쉬었다가기 좋은 힐링 포인트다. 한국처럼 안락한 소파가 있는 카페는 아니지만 카페 곳곳에 아기자기한 감성이 녹아 있다. 바깥 풍경을 볼 수 있는 바 Bar 자리에 앉아 풍경을 감상하며 커피 한 잔을 즐기기 더없이 좋다. 커피에 곁들일 디저트로는 봄과 여름에만 맛볼 수 있는 딸기 와플을 추천한다. 이외에도 과일과 크림으로 푸짐하게 데커레이션한 와플 메뉴가 준비돼 있다.

위치 ①버스 2A · 7 · 8 · 8A · 9 · 9A · 12 · 18 · 22 · 25번을 타고 M270 塔石體育館 정류장에서 하차 후 도보 4분 ②세인트 폴 성당에서 도보 10분 **지도** MAP 6Ⓔ **주소** Rua do Tap Siac, No 5B, The Serenity, Santo Antonio **오픈** 13:00~22:00 **휴무** 목요일 **예산** 2인 $50 **전화** 6618-6651

MENU

- □ Coffee Americano ········ $25~27
  아메리카노
- □ Coffee Vanila Latte ········ $33~35
  바닐라 라테
- □ Strawberry Waffle ········ $34
  스트로베리 와플

Cafe

블룸 커피하우스 品咖啡 bloom Coffee House

싱글 오리진, 테라 커피 하우스와 함께 '마카오 3대 커피 명가'로 꼽히는 카페. 커피는 물론 원두와 커피 추출 도구를 판매한다. 마카오에서 커피를 진지하게 시작하려면 일단 블룸 커피하우스에서 장비(?)부터 갖추는 것이 정석. 스타벅스 같은 대형 체인점 수준은 아니지만 내부가 널찍한 편이라 복작대지 않는다는 것도 장점이다. 자체 제작한 커피 드립팩이 있는데 커피 마니아에게는 여행길 내내 큰 힘이 된다. 최근 몇 년 사이 크게 나아지긴 했지만, 아직까지도 사약 수준의 커피를 내놓는 카페가 많은 마카오에서 안정적인 커피 맛을 보장하기 때문이다. 커피 메뉴 중 카페라테의 평이 가장 좋으니 참고할 것.

위치 ①로얄 호텔에서 도보 5분 ②세나두 광장 방향 FANCL 매장 오른쪽 길로 도보 7분 **지도** MAP 6Ⓘ **주소** 5 R. de Horta Costa, Ferreira de Almeida **오픈** 월~금요일 08:30~19:30, 토·일요일 11:00~19:00 **휴무** 부정기 **예산** 2인 $80 **전화** 6666-4479 **홈피** blooomcoffee.myshopify.com

MENU

- □ Flat White ········ $36
  플랫 화이트
- □ Latte ········ $28/36
  카페라테
- □ Long Black ········ $28/36
  롱 블랙
- □ Affogato ········ $42
  아포가토

AREA 3

마카오 타워 (남부)

마카오 타워가 우뚝 선 마카오 남부에는 오래된 카지노 리조트와 호수공원, 박물관, 갤러리가 가득하다. 마카오 반도 내에서 맛집이 가장 많은 지역이기도 하다. 신도시 느낌이 물씬 풍기는 지역으로 정부가 주관하는 문화 축제가 대부분 이 일대에서 열린다. 옛 지도를 보면 알 수 있듯 이 일대는 과거 물가였는데, 매립을 통해 땅을 넓혀 지금의 지형이 되었다. 즉 코타이 이전, 사람이 일군 원조 '매립의 땅'이라 할 수 있다.

마카오 타워(남부)
이렇게 여행하자

남북으로 좁고 동서로 긴 지형이라 모두 둘러보려면 버스 한두 번은 타야 한다. 버스 노선은 꽤 잘 짜여 있는 편. 각기 개성이 뚜렷한 3개 지역으로 구분하면 좋은데, 마카오 타워와 호수를 묶어서 한 덩어리, 그리고 MGM 마카오와 윈 마카오를 묶어 한 덩어리, 마지막으로 남동부의 마카오 문화센터 구역을 묶어 구분한다.

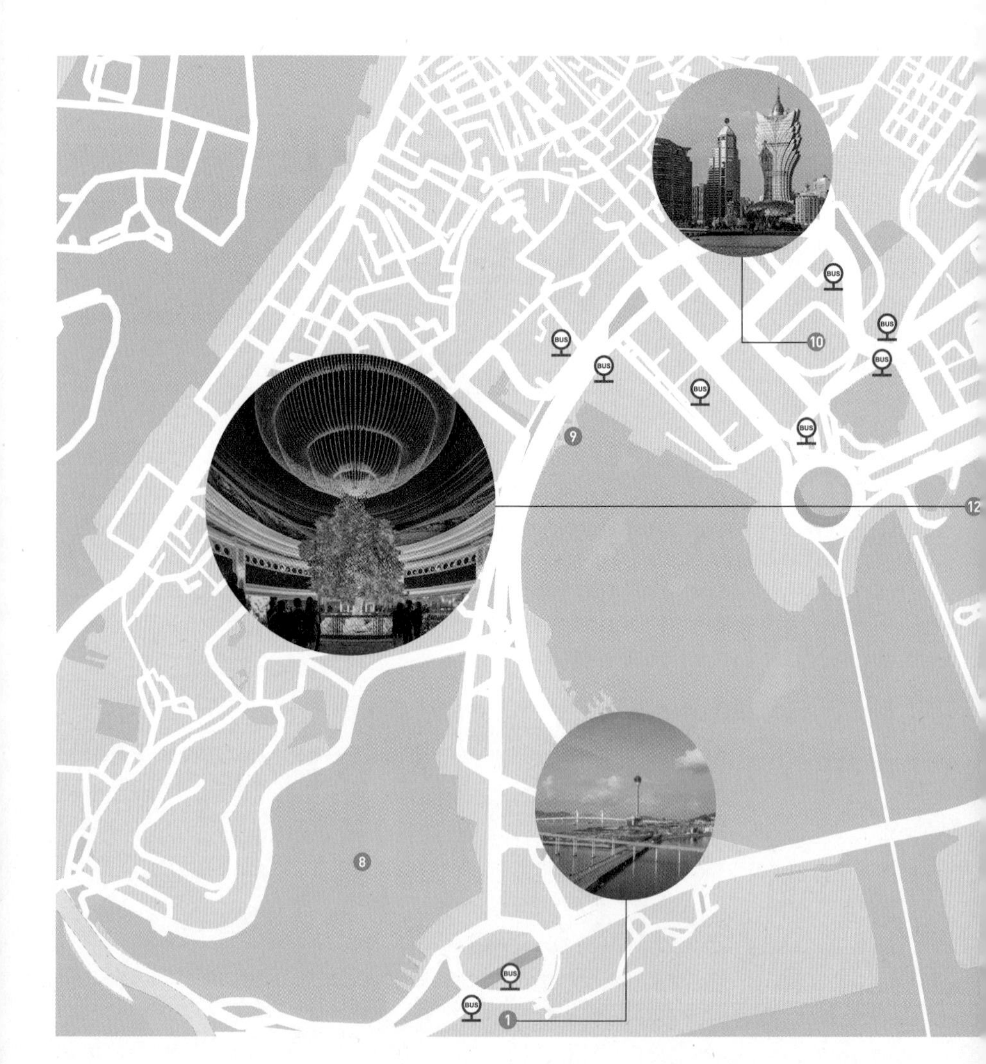

1 마카오 타워에서 번지점프를! 야이야이야이야~

2 MGM 마카오의 그랜드 프라사의 인공 자연 속에 휴식

3 그랜드 리스보아 내 미슐랭 ★★★ 레스토랑 공략하기

4 마카오 과학센터 내 마카오 유일의 어트렉션 체험

5 마카오 예술박물관에서 마카오 현대 미술의 흐름 읽기

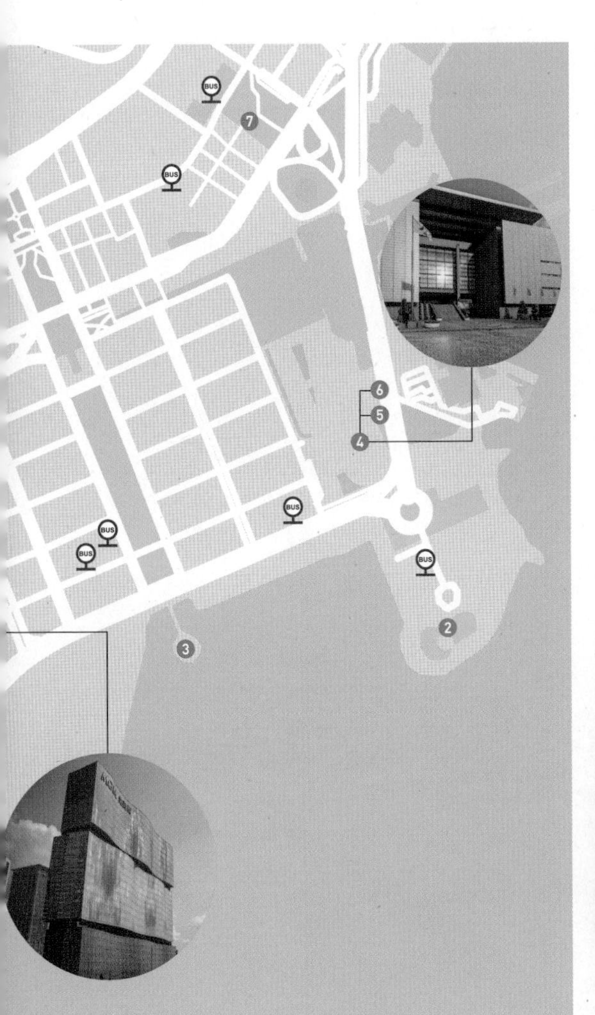

❶ 마카오 타워
❷ 마카오 과학센터
❸ 관음상
❹ 마카오 문화센터
❺ 마카오 예술박물관
❻ 마카오 반환기념박물관
❼ 금련화 광장
❽ 사이완 호수
❾ 아님 아르떼 남완
❿ 그랜드 리스보아
⓫ MGM 마카오
⓬ 윈 마카오

마카오 타워 澳門旅遊塔 Torre de Macau

마카오의 중국 반환 2주년에 맞춰 2001년 개관한 마카오 대표 랜드마크. 마카오 최고의 전망 포인트이자 마카오 액티비티의 상징이다. 약 338m의 높이로 개관 당시에는 세계 최고(最高) 랭킹 상위권을 석권했지만, 최근 몇 년 사이 전 세계적인 마천루 건설 붐이 불어 현재는 세계에서 20번째, 아시아에서는 18번째 높은 타워로 밀려났다.

마카오 타워는 58층 전망대(223m)와 61층 전망대(238m)를 비롯해 회전 레스토랑과 기념품점 같은 관광 명소 역할에 필요한 모든 조건을 갖추고 있다. 무엇보다 타워 꼭대기에서 번지점프와 스카이점프, 스카이워크 X, 마스트 클라임 등의 타워 어드벤처를 즐길 수 있어 스릴 액티비티 마니아 사이에서 최고의 명소로 각광 받는다. 특히 233m 지점에 있는 번지점프

위치 버스 5 · 5AX · 9A · 18 · 18B · 23 · 26 · 32번을 타고 M177 澳門旅遊塔 정류장에서 하차 후 도보 1분 **지도** MAP 7Ⓙ **주소** Largo da Torre de Macau **오픈** 월~금요일 10:00~21:00, 토 · 일요일 09:00~21:00 **휴무** 없음 **요금** 어른 · 청소년 $165, 어린이(3~11세) $95, 65세 이상 $95

대는 건설 당시 세계 최고 높이로 기네스북에 등재되기도 했다. 현재까지도 마카오 타워보다 높은 번지점프 포인트는 미국 콜로라도에 있는 321m 높이 로열 조지 브리지뿐이다.

번지점프나 마스트 클라임에 도전할 엄두가 나지 않는다면 도전 문턱이 낮은 스카이워크 X를 추천한다. 안전 로프를 몸에 연결한 상태에서 마카오 타워 233m 지점의 난간을 걷는 프로그램인데 이 역시 심장이 조여오긴 마찬가지. 아찔한 임무를 수행하고 나면 증명서와 멤버십카드를 발급해준다. 첫 번째 도전할 때는 가격이 무척 호되게 느껴지지만, 재도전할 때는 요금이 대폭 할인되는 마법이 발생하니 증명서와 멤버십카드를 확실히 챙겨둘 것.

마카오 크리에이션즈 Macau Creations

마카오에서 가장 권위 있는 디자인 공방 겸 기념품점. 마카오 지역에서 활동하는 디자이너의 작품을 진열하고 판매한다. 큰 고민 없이 고른다면 마카오 도로 표지 마그네틱이나 포르투갈의 상징인 갈로(닭) 문양 마그네틱이 제일 만만하지만, 나만을 위한 선물을 하고 싶다면 캔버스 백이나 티셔츠도 추천한다. 컵 받침용 티 코스터도 예쁜 디자인을 많이 갖추고 있다.

주소 위치 마카오 타워 T1 전화 2833-3311 오픈 11:00~19:30 홈피 www.macaucreations.cn

Sightseeing

마카오 과학센터 澳門科學館 Macau Science Center

'어벤져스 기지' 같은 외관의 과학박물관. 루브르 박물관의 유리 피라미드를 설계한 세계적인 건축가 이오 밍 페이의 작품이다. 한국에도 여럿 있는 과학박물관과 비슷한 구성으로, 이런저런 도구를 조작할 수 있다. 유명세를 타지 않은 데 비해 의외로 알찬 구성이라 어린이 동반 여행자에게 강력 추천한다.

총면적은 약 20,000m²로 14개의 테마 전시실, 천문관, 컨벤션센터까지 크게 3개의 구역으로 이루어져 있다. 이 중 일반적으로 많이 이용하는 곳은 테마 전시실이다. 공룡과 우주는 물론 로봇 공학까지 아이들이 좋아할 만한 주제로 다양한 기획 전시를 선보인다. 특히 마카오를 배경으로 한 '마카오 F1 시뮬레이터'는 비디오 게임과 비슷해 언제나 긴 대기 줄이 늘어지는 인기 프로그램이다.

시간을 맞출 수 있다면 천문관의 우주 테마 영상 관람을 빼놓지 말자. 3D 영상이 재생되는 돔 프로젝션이 설치되어 있는데 해상도 8000*8000의 박진감 넘치는 영상을 즐길 수 있다. 영상은 이변이 없는 한 11:00, 12:00, 14:00, 15:00, 16:00에 맞춰 상영된다.

위치 버스 3A · 10A · 12번을 타고 M266 澳門科學館 정류장 하차 후 도보 3분 지도 MAP 7Ⓗ 주소 Avenida Dr. Sun Yat-sen 오픈 10:00~18:00 휴무 목요일 요금 $25

관음상 觀音蓮花苑 Estátua de Kun Lam

바다를 등지고 마카오 반도를 굽어보는 아름다운 관음상. 1999년 마카오의 중국 반환을 축하하는 의미로 포르투갈 정부가 마카오 당국에 선물했다. 그 성격과 의미에서 '마카오판 자유의 여신상'이라고 불러도 무방하다. 관음상의 높이는 약 20m에 달한다. 거대한 연꽃 대좌에 우뚝 선 모습인데 불교의 관음보살치고는 후덕함(?)이 덜한 편이다. 그 때문인지 많은 이들이 마리아상을 연상하곤 한다. 실제로 포르투갈 정부가 관음상을 제작할 당시 포르투갈과 중국에서 숭배하는 신격 높은 두 여성의 상을 하나로 만들려고 의도했다고. 비록 침략자와 피침략자로, 식민지와 피식민지 관계로 만났지만 헤어질 땐 좋게 헤어지자는 의미를 에둘러 말한 셈이다.

연꽃 모양 대좌 안에는 전시실이 있다. 여러 종교의 인물들을 소개하는 벽화가 그려져 있지만 시간을 할애해 안쪽까지 꼼꼼하게 둘러보는 여행자는 적은 편이다.

위치 버스 3A · 5X · 10A · 12 · N2번을 타고 M250 新口岸/柏嘉街 또는 M249 新口岸/馬德里街 정류장에서 하차 후 도보 5분 지도 MAP 7Ⓗ 주소 1101 Av. Dr. Sun Yat-Sen 오픈 10:00~18:00 휴무 금요일 요금 무료

Sightseeing

마카오 문화센터 澳門文化中心 Centro Cultural de Macau

마카오 문화예술의 산실. 한국의 예술의 전당 혹은 세종문화회관 같은 곳으로, 규모를 놓고 볼 때는 마카오 문화센터 쪽이 훨씬 크다. 마카오가 포르투갈로부터 중국에 반환되던 1999년에 개관했다. 총면적 45,000m², 5층 규모로 내부에는 1,000석 규모의 대공연장과 400석 규모의 작은 홀을 비롯해 아트플라자와 콘퍼런스룸 등이 조성돼 있다. 총 공사비만 무려 US$ 1억, 한화로 1,123억 원이 들어갔다고 하니 규모와 구성을 짐작하고도 남는다. 마카오 예술박물관과 마카오 반환기념박물관 등 둘러볼 곳이 많은데 그중 1층에 있는 예술 공간 크리에이티브 마카오 Creative Macau는 마카오에서 제작한 재기 넘치는 디자인 상품을 여행자들에게 소개해 주는 포털과 같은 곳이다. 가격대가 조금 높다는 것이 흠이지만 단순히 구경만 하더라도 보는 재미가 쏠쏠하다.

위치 버스 3A · 8 · 12 · 17번을 타고 M256 澳門文化中心 정류장 하차 후 도보 6분 지도 MAP 7Ⓗ 주소 Avenida Xian Xing Hai s/n, Nape-Macau 오픈 10:00~19:00 휴무 월요일 요금 무료

마카오 예술박물관 澳門藝術博物館 Macau Museum of Art

마카오에서 유일한 예술 주제 박물관. 마카오 문화센터의 가장 큰 블록 중 하나로 약 10,000m²의 부지를 점유하고 있다. 총 3개의 상설 전시관과 2개의 특별 전시관으로 구성된다. 중국의 전통 회화, 서예, 도예 등 예술품을 전시하며 마카오 작가들을 위한 전시관도 마련돼 있다. 상설 전시관은 중국 전통 예술박물관, 특별 전시관은 현대미술관의 역할을 한다고 보면 된다. 이웃한 홍콩에 이런 곳이 없기 때문에 홍콩의 문화애호가들 사이에서도 꽤 인기가 높은 곳이다.

마카오 반환기념박물관 澳門回歸賀禮陳列館

Museu das ofertas sobre a Transferência de Soberania de Macau

1999년 마카오의 중국 반환을 축하하는 의미로 중국의 각 성에서 마카오에 보낸 선물을 전시하는 박물관. 설명만 들을 땐 큰 흥미를 느끼기 어려울지 모르나 막상 방문하고 나면 마음이 바뀐다. 중국 각 성에서 보내온 선물이란 쉽게 말해 각 지역 최고 장인들이 만든 최고급 특산품을 의미하기 때문이다. 예를 들어 티베트 자치구는 대표 특산품인 야크털로 짠 초대형 카펫을 선물했는데, 카펫 위에 포탈라궁 같은 티베트 지역의 자연경관이 섬세하게 그려져 있다. 광시좡족 자치구의 선물에서는 구이린의 화려한 산수를, 간쑤성의 선물에서는 둔황 유적에서 나온 천녀상을 금으로 조각한 화려한 작품을 감상할 수 있다. 중국의 자연경관을 모티브로 제작한 작품을 통해 중국 전체의 문화를 엿보는 재미가 있다. 특히 중국의 지리나 지역의 역사가 뒷받침된다면 정말 흥미롭게 느껴질 명소다.

▲ 광시좡족 자치구의 선물. 구이린의 산수와 마카오의 성 바울 성당 유적지를 잇고 있다.

▲ 간쑤성의 선물. 돈황 막고굴의 천녀 벽화를 입체 조각상으로 만들었다.

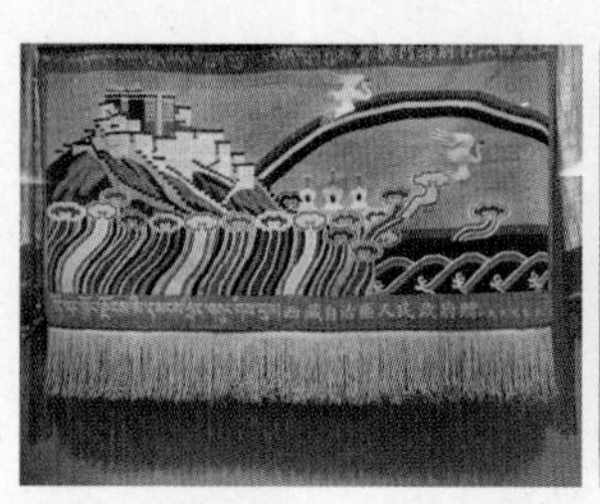

▲ 티베트 자치구의 선물. 야크털로 짠 카펫.

▲ 길림성의 선물. 백두산 천지 풍경을 조각했다.

O Sightseeing

금련화 광장 金蓮花廣場 Apraça Flor de Lodão

1999년 마카오의 중국 반환을 기념하며 조성한 광장. 참고로 금련화 즉 '황금 연꽃'은 마카오의 성화이기도 하다. 중국인 여행자야 위대한 중화의 부흥 그리고 200년간 외세 침략에 종지부를 찍은 의미 있는 곳으로 감개무량한 표정으로 구경하고는 하지만, 한국인 여행자 입장에서는 지나칠 일이 있을 때 '아 여기가 거기구나' 정도의 감상이면 충분한 곳이다.

위치 버스 1A · 10 · 10B · 10X · 23 · 28A · 28B · 28C · 32번을 타고 M241 旅遊活動中心 정류장에서 하차 후 도보 2분 **지도** MAP 7Ⓓ **주소** Lotus Square **오픈** 24시간 **요금** 무료

O Sightseeing

사이완 호수 西灣湖 Lago Sai Van

마카오 반도의 베벌리힐스격인 펜야 성당 언덕에서 바로 내려다보이는 호수. 바다를 막아서 만든 인공 호수다. 부촌을 끼고 있으며 경관이 좋아 아침에는 조깅을 즐기는 사람들이 심심찮게 보인다. 호수 북쪽에 있는 도로 Av. Da República는 호수가 만들어지기 전에는 강변 도로였다가 지금은 호반 도로가 됐다. 도로를 따라 꽤 괜찮은 야외 레스토랑이 속속 들어서고 있으니 펜야 성당에 올라갔다 내려오는 길에 둘러볼 것을 추천한다. 참고로 마카오 불꽃놀이 대회가 열리는 매년 10월에는 이 일대가 불꽃놀이 명당이 된다. 같은 시기에 요리 축제가 열릴 때면 요리 부스가 가득 들어서 흥겨운 분위기를 느낄 수 있다.

위치 버스 9번을 타고 M193 民國馬路/西灣湖 정류장에서 하차 후 도보 6분 **지도** MAP 7Ⓘ **주소** Avenida da Republica **오픈** 24시간 **요금** 무료

Sightseeing

아님 아르떼 남완 南灣雅文湖畔 Anim Arte Nam Van

마카오 반도 남동쪽에 있는 또 하나의 인공 호수. 사이완 호수가 부촌을 끼고 있는 경관 좋은 호수 공원이라면, 남완은 호숫가 놀이공원 느낌이다. 심지어 오리 배도 탈 수 있다. 호숫가에는 레스토랑을 비롯해 갤러리, 상점 등 상업 시절들도 속속 입점하는 분위기. 마카오 반도의 구시가의 혼잡함을 피하고 싶을 때, 코타이 스트립의 화려함에 정신이 사나울 때, 남완으로 가 잔잔한 호수를 바라보며 몸과 마음을 쉬어 보자. 가볼 만한 맛집과 상점도 풍성해 산책하듯 둘러보기 좋다.

위치 버스 9 · 9A · 18 · 23 · 28B · 32번을 타고 M187 區華利前地 정류장에서 하차 후 도보 3분 **지도** MAP 7Ⓕ **주소** Av. Panoramica do Lago Nam Van **오픈** 24시간 **요금** 무료

Sightseeing

그랜드 리스보아 新葡京酒店 Grand Lisboa

마카오 반도 제일의 랜드마크. 여기가 어딘지 모르는 사람도 '아 그 왜, 대마왕처럼 생긴 건물'이라고 설명하면 단박에 '아, 거기!' 하면서 알아듣는 신통방통한 빌딩이다. 신비로운 빌딩의 정체는 2008년 마카오의 도박왕 스탠리 호가 야심차게 오픈한 카지노 호텔이다.

이곳을 명소로 소개하는 이유는 로비에 전시된 스탠리 호의 국보급 수집품 때문이다. 로비에서 연결되는 카지노 입구 정면에 전시된 말머리 조각상은 본래 베이징에 있는 청제국의 황실 정원 원명원에 있던 보물이다. 원명원은 의화단 항쟁 당시 프랑스를 비롯한 7개 나라 연합국의 방화와 약탈에 의해 쑥대밭이 되었다. 스탠리 호는 당시 프랑스군이 약탈해 간 말머리 조각상을 경매에서 HK$ 6,910만에 매입한 후 중국 정부에 기부했다. 따라서 현재 말머리 조각상의 소유권은 정부에 있으며 그랜드 리스보아에서는 전시만 이루어지고 있는 상황이다.

말머리 조각상 곁에 있는 거대한 물방울 다이아몬드는 218.08캐럿으로 세계에서 가장 큰 쿠션 커팅 다이아몬드다. 이외에도 거대한 상아를 깎아 만든 조각상이나 거대한 옥으로 만든 배추 등 명청제국 당시 만들어진 진품 골동품이 가득하다. 어지간한 박물관을 방불케 하는 수준. 단, 작품을 보호하는 유리 케이스 위에는 늘 관람객들의 손바닥도장이 덕지덕지 찍혀있다. 깨끗하게 감상하고 싶다면 아침 일찍 방문할 것을 추천한다.

위치 ①버스 2A · 3 · 3A · 8 · 8A · 10A · 10X · 11 · 12 · 21A · 22 · 23 · 28A · N2 · N3 · N5번을 타고 M172 亞馬喇前地 정류장 하차 후 도보 3분 ②세나두 광장에서 도보 10분 지도 MAP 7Ⓑ 주소 Av. de Lisboa 오픈 24시간 요금 무료

TALK

스탠리 호는 미식가

마카오 미슐랭 스타 레스토랑을 논할 때 빼놓을 수 없는 이름 중 하나가 바로 카지노 재벌인 스탠리 호 가문이다. 금수저를 물고 태어난 재벌 가문의 자녀들이라면 당연히 어릴 때부터 세계 각국의 좋은 요리만 맛볼 터. 하여 스탠리 호의 자녀들은 대부분 미식가로 정평이 높다. 그 까칠한 혀를 만족시킬만한 식당을 유치하는 게 스탠리 호 가문이 운영하는 호텔의 레스토랑 입점 원칙이다. 덕분에 스탠리 호의 간판과도 같은 그랜드 리스보아, 호텔 리스보아에는 마카오에서 미슐랭 스타를 쓸어 담는 식당이 많다. 그중 더 에잇 8은 스탠리 호 가문이 만든 최고의 캔토니스(광둥요리) 레스토랑이라 해도 과언이 아니다.

MGM 마카오 澳門美高梅 MGM Macau

미국에 본사를 둔 MGM 그룹에서 운영하는 카지노 호텔 겸 쇼핑센터. 거대한 유리블록을 쌓아놓은 것 같은 현대적인 외관이 인상적이다. 내실도 좋아 마카오 반도의 카지노 중 볼거리가 가장 넘쳐나는 곳으로 꼽힌다. 정문 앞에 있는 사자상부터 힐끗 보고 로비로 들어가자. 핵심은 천장. 설치미술의 대가이자 유리공예 명장인 데일 치훌리 Dale Chihuly가 만든 〈붉은 유리 꽃들의 향연〉이 화려하게 펼쳐진다. 그 아래에는 살바도르 달리 Salvador Dali의 〈춤추는 댄서〉 청동상이 전시돼 있다. 안쪽으로 들어가면 그랜드 프라사 Grand Praça 구역이 나오는데, 포르투갈의 수도인 리스본의 유리 기차역을 재현해놓았다. 마카오에 있는 모든 카지노 리조트 로비를 통틀어 가장 예쁜 공간으로 손꼽힌다. 인파가 몰리지 않는 이른 아침에 그랜드 프라사로 들어서면 마치 영화 〈해리포터〉나 동화 〈이상한 나라의 앨리스〉 속 주인공이 된 기분을 느낄 수 있다. 거대한 수조, 풀로 뒤덮인 기린 조각, 인공 잔디로 만든 폭신한 의자까지 빼놓을 구석이 하나도 없는 강력 추천 스폿이다.

위치 ①공항, 페리터미널 등에서 출발하는 MGM 마카오 셔틀버스로 연결 ②코타이 지역과 MGM 코타이 셔틀버스로 연결 ③그랜드 리스보아에서 도보 15분 지도 MAP 7Ⓖ 주소 Av. Dr. Sun Yat-Sen 오픈 24시간

Sightseeing

윈 마카오 澳門永利酒店 Wynn Macau

미국의 카지노 재벌 스티브 윈의 호텔 카지노 겸 쇼핑센터. 무려 3가지 무료 쇼를 볼 수 있어 명소로 분류된다. 가장 인기 있는 건 매 15분 간격으로 음악에 맞춰 물줄기가 너울대는 춤추는 분수 쇼 Performance Lake다. 약 200개의 노즐에서 물줄기를 뿜어내는데 특히 밤에는 LED 조명과 어우러져 꽤 환상적인 분위기를 연출한다.

30분 간격으로 번갈아 펼쳐지는 번영의 나무 Tree of Prosperity와 행운의 용 Dragon of Fortune은 노골적으로 말해 카지노 호객용 미끼라고 할 수 있다. 번영의 나무는 쉽게 말해 금으로 된 나무 모형으로 2,000개의 가지에 약 2만8,000개의 순금 나뭇잎이 달려있다. 행운의 용 역시 금색. 중국인들에게는 행운의 상징인 데다 심지어 금색이라 시골에서 온 순진한 중국 촌로들은 그야말로 눈이 돌아간다.

번영과 행운의 축복을 받고 카지노에 가서 당기라는 의미는 다소 불손하지만, 막상 보면 꽤 볼 만하다. 마카오를 여행하며 만나게 될 카지노의 볼거리는 모두 이런 식이다. 눈이 휘둥그레지는 볼거리를 만들어 카지노로 끌어들이는 것이 가장 중요할 테니.

위치 ①공항, 페리터미널 등에서 출발하는 윈 마카오 셔틀버스로 연결 ②코타이 지역과 윈 팰리스 셔틀버스로 연결 ③세나두 광장에서 도보 15분 **지도** MAP 7Ⓖ **주소** R. Cidade de Sintra, MO Rua Cidade de Sintra NAPE **오픈** 24시간

Eating

더 에잇 8 8餐廳 The Eight

마카오를 대표하는 미슐랭 스타 레스토랑. 2009년 이래 지금까지 총 23개의 별을 받았다. 중국인들에게 발전을 뜻하는 한자 發과 발음이 같은 숫자 8을 상호로 사용하며 레스토랑 내부도 온통 8을 상징하는 문양으로 꾸몄다. 벽면의 붕어 그림은 놀랍게도 자수로 만들었는데 중국에서 자수로 유명한 도시 쑤저우의 장인에게 직접 주문 제작한 것이라고.

더 에잇 8은 옛 맛을 복원했다고 표현할 만큼 전통의 맛을 계승하는 데 집착한다. 가장 대표적인 게 새우딤섬인 하카우다. 하카우는 20세기 초 탄생한 딤섬 중 하나로 속을 민물새우로 채워 넣는 것이 특징이다.
하지만 하카우 붐이 일면서 민물새우 물량을 맞출 수가 없어 요즘은 99%가 바다새우를 쓴다.
물론 전통을 고수하는 더 에잇 8은 제외하고 말이다.

이렇게 전통을 고수하면서도 외국의 조리 기법을 적극 응용한 퓨전 요리도 선보이는데, 대표적인 메뉴가 요즘 한국인들이 이 집에서 가장 먹고 싶어 하는 삭스핀 게알 연잎밥이다. 이

MENU

□ **藍天使蝦金魚餃** ········ **$84**
민물새우를 넣은 금붕어 모양 하카우

□ **蟹肉小籠包** ········ **$60**
게알 샤오롱바오

□ **意大利西西紅蝦松茸腸粉** ········ **$138**
시칠리산 새우와 송이버섯을 곁들인 창펀

□ **魚翅膏蟹鮮蝦荷葉飯** ········ **$880**
삭스핀·게를 얹은 연잎밥

요리는 기본적으로 연잎밥 형식을 띠고 있지만 밥을 짓는 방식이나 양념을 섞는 스타일은 인도의 영양밥인 비리야니 조리법을 차용했다. 어마어마한 미슐랭 스타 레스토랑치고는 가격도 부담스럽지 않은 편이다. 특히 점심에 방문해 딤섬과 1~2가지 요리를 추가하면, 한국의 최고급 레스토랑에서 식사하는 예산과 비교해도 꽤 저렴하다.

위치 버스 2A · 3 · 3A · 8 · 8A · 10A · 10X · 11 · 12 · 21A · 22 · 23 · 28A · N2 · N3 · N5번을 타고 M172 亞馬喇前地 정류장 하차 후 도보 3분. 그랜드 리스보아 2/F **지도** MAP 7Ⓑ **주소** 2/F, Grand de Lisboa Macau, Avenida De Lisboa, Praia Grande **오픈** 11:30~14:30, 18:30~22:30(일요일 10:00~) **예산** 2인 $400~ **전화** 8803-7788 **홈피** www.grandlisboahotels.com/en/grandlisboa/dining/the-8

로부숑 어 돔 天巢法國餐廳 ROBUCHON AU DÔME

별이란 한번 뜨면 쉬이 지기 마련이지만, 세상에는 지지 않는 별도 있다. 지금 소개하는 로부숑 어 돔이 바로 마카오에 미슐랭 가이드북이 생긴 해부터 지금까지 단 한 번도 '쓰리 스타' 자리를 내놓아본 적이 없는 스타 레스토랑이다. 미슐랭에서 받은 별만 30개에 이른다.

스탠리 호의 총본부 격인 그랜드 리스보아 43층에 보이는 거대한 유리돔 안에 로부숑 어 돔이 있다. 입구에서부터 엄청난 와인 리스트가 보는 사람을 압도하고 그랜드 피아노와 천정을 장식하는 스와로브스키 주문 제작 샹들리에가 차례로 시선을 빼앗는다. 메뉴는 가성비가 좋은 런치와 엄청난 가격을 자랑하는 디너로 구성된다. 원하는 요리를 자유롭게 선택할 수 있는 아라카르트 메뉴도 있지만, 대부분 세트 메뉴를 주문하는 편이다. 별도의 요금이 추가되는 와인 페어링도 가급적 맛보라고 권하고 싶다. 좋은 매칭의 와인이 요리의 맛을 상승시키는 경험은 누구에게나 새롭고 즐거운 일이다. 계절별로 요리가 바뀌니 재료를 확인하고 싶다면 방문하기 직전 홈페이지를 확인하자. 귀찮다면 〈마카오 100배 즐기기〉 메뉴판을 통해 각 코스의 가격 정도만 알아두어도 좋다.

위치 버스 2A · 3 · 3A · 8 · 8A · 10A · 10X · 11 · 12 · 21A · 22 · 23 · 28A · N2 · N3 · N5번을 타고 M172 亞馬喇前地 정류장 하차 후 도보 3분. 그랜드 리스보아 39/F에서 전용 엘리베이터를 타고 43/F로 이동 **지도** MAP 7Ⓑ **주소** 43/F, Grand de Lisboa Macau, Avenida De Lisboa, Praia Grande **오픈** 12:00~14:30, 18:30~22:30 **예산** 2인 $1,500~ **전화** 8803-7878 **홈피** www.grandlisboahotels.com/en/grandlisboa/dining/robuchon-au-dome

MENU

□ MENU DÉCOUVERTE ········· $688
평일 런치 4코스 요리

□ MENU PLAISIR ········· $788
평일 런치 5코스 요리

□ MENU GOURMET ········· $888
2가지 메인 디시 5코스 요리

□ SOMMELIER SELECTION ·········
$380(2잔), $480(3잔), $580(4잔)
와인 페어링

□ Le Menu D'Eté ········· $2,488
평일 디너 8코스 요리

□ Menu Aux Crustacés ········· $3,088
갑각류 요리 위주 7코스 요리

Eating

누들 엔 콩지 日夜粥麵莊 Noodle & Congee

그랜드 리스보아 카지노 안에 있는 죽면전가. 마카오 주요 카지노 안에는 딤섬, 면요리, 볶음밥 등의 간단한 요리를 파는 식당이 있다. 돈을 따면 비싼 식당으로 가기 마련이니 주로 돈 잃은 사람들이 오는 곳. 마음 아픈(?) 사람을 위로하기 위해서인지 가격 대비 맛이 나쁘지 않다. 누들 앤 콩지를 굳이 소개하는 이유도 고급 호텔 레스토랑뿐인 이 일대에서 가볍게 한 끼를 해결하고 싶은 사람이 있다면 고려해보라는 의미. 물론 '미식의 리스보아' 답게 카지노 내 소규모 식당 중 맛이 제일 좋은 것도 추천 이유다. 단, 식당을 가기 위해 카지노 구역을 통과해야 하기 때문에 미성년자는 접근 자체가 불가능하다.

위치 버스 2A · 3 · 3A · 8 · 8A · 10A · 10X · 11 · 12 · 21A · 22 · 23 · 28A · N2 · N3 · N5번을 타고 M172 亞馬喇前地 정류장 하차 후 도보 3분. 그랜드 리스보아 1/F 카지노로 입장해 에스컬레이터를 타고 U1/F로 이동 지도 MAP 7Ⓑ 주소 U1/F, Grand Lisboa, Avenida de Lisboa, Macau, Praia Grande 오픈 24시간 예산 2인 $150~ 전화 8803-7755 홈피 www.grandlisboahotels.com/zh-hant/grandlisboa/dining/rtc-noodle-congee

MENU

- □ 狗不理包子 ……… $38
  텐진 구불리 빠오즈(왕만두)
- □ 鮮肉小籠包 ……… $42
  샤오롱바오
- □ 雲吞湯麵 ……… $55
  새우 완탕면
- □ 四川擔擔湯拉麵 ……… $78
  쓰촨식 딴딴멘
- □ 泰式冬陰功蝦湯河粉 ……… $128
  태국식 쌀국수 똠양꿍

Eating

권슈 어 갈레라 Guincho a Galera

마카오 내 포르투갈 요리의 끝판왕. 리스본에 있는 식당 포르탈레자 도 권초 Fortaleza do Guincho의 마카오 지점이다. 주요 식재를 포르투갈에서 직접 공수해 정통 포르투갈 요리를 선보인다. 런치 세트가 2코스 요리 $310, 3코스 요리 $380 수준으로 이 급의 식당치고는 저렴한 편.

인테리어는 누군가의 저택에서 열린 만찬에 초대된 느낌이 들 정도로 화려하다. 테이블 간격도 이리 넓을 필요가 있나 싶을 정도로 멀찍이 떨어져 있다. 마카오에서 가장 긴 포트와인 리스트를 가지고 있으며 글라스 단위로도 판매하기 때문에 한 잔씩 여러 가지 와인을 맛보며 분위기를 즐기고 싶은 사람에게 추천한다.

위치 버스 2A · 3 · 3A · 8 · 8A · 10A · 10X · 11 · 12 · 21A · 22 · 23 · 28A · N2 · N3 · N5번을 타고 M172 亞馬喇前地 정류장 하차 후 도보 3분. 그랜드 리스보아 바로 옆 호텔 리스보아 3/F 지도 MAP 7Ⓖ 주소 3/F, Lisboa Tower, Hotel Lisboa, 2-4 Avenida de Lisboa, Praia Grande 오픈 12:00~14:30, 18:30~22:30 예산 2인 $1,000~ 전화 8803-7676 홈피 www.grandlisboahotels.com/en/hotelisboa/dining/guincho-a-galera

MENU

□ Tasting Menu ········· $580
5코스 테이스팅 메뉴

□ Charcoal grilled Portusuese Sausages ········· $180
포르투갈식 소시지 석탄구이

□ Seafood Rice with Boston Lobster, crab, shrimps and clams ········· $585
로브스터를 곁들인 포르투갈식 해물밥

□ Deep-fried Bacalhau with Scrambled egg and asparagus ········· $295
바칼라우 크로켓

Eating

팀스 키친 桃花源小廚 Tim's Kitchen

홍콩에 분점을 둔 캔토니스(광둥요리) 레스토랑. 마카오가 생긴 이래 한 해도 놓치지 않고 미슐랭 스타 레스토랑의 명성을 이어가고 있다. 인테리어 콘셉트는 경극이다. 벽면마다 전시된 화려한 경극 복장이 눈길을 끈다. 점심은 딤섬 위주. 개당 $30~45 사이로 생각보다 저렴하다. 저녁은 아무래도 일품요리 위주인데 제비집이나 해삼, 전복 같은 고가의 해산물요리만 아니라면 파산 걱정은 덜어도 된다. 유명세치고는 무게 잡지 않는 분위기라 편안한 마음으로 식사를 즐길 수 있다.

위치 ①버스 2A · 3 · 3A · 8 · 8A · 10A · 10X · 11 · 12 · 21A · 22 · 23 · 28A · N2 · N3 · N5번을 타고 M172 亞馬喇前地 정류장 하차 후 도보 3분. 그랜드 리스보아 바로 옆 호텔 리스보아 L/F 지도 MAP 7Ⓖ 주소 L/F, East Wing, Hotel Lisboa, 2-4 Avenida de Lisboa, Praia Grande 오픈 12:00~14:30, 18:30~23:00 예산 2인 $1,000~ 전화 8803-3682 홈피 www.grandlisboahotels.com/zh-hant/hotelisboa/dining/tims-kitchen

MENU

- □ 頂級蝦餃 ········· $45
  새우 딤섬(하카우)
- □ 蟹皇燒賣 ········· $45
  게알 씨우마이
- □ 上素腸粉 ········· $39
  버섯과 채소를 넣은 창펀
- □ 冬瓜蒸原隻鮮蟹鉗 ········· $480
  윈터멜론을 곁들인 게다리찜
- □ 鮮蟹肉煎生麵 ········· $180
  게살 볶음면

윙레이 永利軒 Wing Lei

2010년부터 2018년까지 9년간 한 번도 미슐랭 스타 레스토랑 자리를 놓치지 않은 광둥요리 명가. 현재까지 모은 미슐랭 별만 11개다. 레스토랑에 들어서면 약 9,000개의 크리스털을 엮어 만든 길이 7m의 용이 시선을 압도한다.

요리는 캔토니스(광둥요리) 레스토랑의 공식처럼 점심 딤섬, 저녁 일품요리로 나눠진다. 꾸준히 미슐랭 스타를 차지한 레스토랑치고는 가격대가 높지 않은 편. 아쉽게도 여행자들이 열광하던 6가지 딤섬($210) 메뉴가 없어지고 이를 대신한 점심 세트 메뉴를 새롭게 선보이고 있다. 다만 일품요리 위주 구성이라 한국인 여행자들에게 예전만한 인기는 누리지 못하는 듯하다.

MENU

- □ 永利金榜蝦餃皇 ········· $70
  새우 딤섬(하카우)
- □ 北菇花枝燒賣 ········· $60
  오징어와 버섯을 넣은 씨우마이
- □ 雲南珍菌小粉粿········· $50
  윈난산 모둠 버섯을 넣은 딤섬
- □ 沙律甜蝦長春卷 ········· $60
  새우를 넣은 길쭉한 스프링롤
- □ 芙蓉玉帶燕窩羹········· $400
  게살과 달걀흰자를 곁들인 제비집 수프

위치 ①공항, 페리터미널 등에서 출발하는 윈 마카오 카지노 셔틀버스로 연결 ②세나두 광장에서 도보 15분 **지도** MAP 7Ⓖ **주소** Wynn Macau, Rua Cidade de Sintra, NAPE, Porto Exterior **오픈** 월~토요일 11:30~15:00, 18:00~23:00, 일요일 · 공휴일 10:30~15:30, 18:00~23:00 **예산** 2인 $700~ **전화** 8986-3663 **홈피** www.wynnmacau.com/jp/restaurants-n-bars/fine-dining/wing-lei

돔갈로 公雞 DOM GALO

1987년 개업한 포르투갈 레스토랑. 한국인들에게 가장 많이 알려진 레스토랑이자 현지인들도 많이 찾는 로컬 레스토랑이다. 점심 때는 그나마 한가하지만 저녁 때는 한두 테이블씩 회식을 즐기는 직장인 무리를 볼 수 있다. 한창 사람이 몰릴 땐 왁자지껄한 소리가 웅웅웅 귓전을 울린다. 유쾌한 분위기를 기분 좋게 즐길 여유만 있다면 가격 대비 훌륭한 음식을 맛 볼 수 있다. 한국인이라면 누구나 즐겨 먹는 해물밥도 맛있지만, 이 집의 소꼬리 스튜는 야들야들한 꼬리살이 정말 끝내준다. 외국의 보양식을 먹은 느낌이랄까? 마카오식 커리나 바칼라우도 인기 메뉴 중 하나.

위치 ①공항, 페리터미널, 중국 접경 등에서 MGM 마카오, 윈 마카오를 연결하는 셔틀버스를 타고 MGM 마카오나 윈 마카오에서 하차 후 도보 3분 ②호텔 리스보아에서 도보 15분 **지도** MAP 7Ⓖ **주소** 32 Avenida Sir Anders Ljungstedt, Macau Peninsula **오픈** 11:00~23:00 **휴무** 부정기 **예산** 2인 $250 **전화** 2872-2889

MENU

□ 马马介休球 ········· $60(6개), $80(8개)
바칼라우 크로켓

□ 菲洲鸡 ········· $145
아프리칸 치킨

□ 番茄烩牛尾········· $135
포르투갈식 소꼬리찜

□ 葡国海鲜饭 ········· $180
포르투갈식 해물밥

Eating

라이호우꼭 麗濠閣海鮮酒家 Restaurante de Mariscos Regal Palace

마카오에 오면 하루 세끼를 내리 딤섬만 찾는 여행자들이 있다. 점심과 저녁에는 주문할 수 있는 곳이 많아 상관없지만 문제는 아침 딤섬이다. 아침 딤섬은 현지인의 특권 같은 것으로, 주로 현지인이 주로 이용하는 로컬식당에서만 취급한다. 이런 식당들 중에는 여행자에게 가장 인기 있는 하카우나 씨우마이가 없는 경우도 많다.

라이호우꼭은 아침 딤섬을 찾는 여행자에게 추천하는 가장 적절하고 맛있는 대안이다. 아침 한정으로 놀라울 정도로 저렴하고 맛있는 딤섬을 맛볼 수 있기 때문이다. 물론, 위치가 약간 외진 편이라 마카오 반도 남부에서도 최소 10분 정도는 걸어야 한다. 영어 메뉴판이 없어서 주문하기 애를 먹는 경우도 있지만 〈마카오 100배 즐기기〉만 있다면 문제없다.

위치 ①버스 1A · 10 · 10B · 28A · 28B · 28C · 32번을 타고 M71 廈門街/理工 정류장 하차 후 도보 3분 ②갤럭시 마카오에서 스타월드 호텔행 셔틀버스를 타고 스타월드 호텔에 하차 후 도보 10분 지도 MAP 7© 주소 124 & 126 R. de Luis Gonzaga Gomes, Porto Exterior 오픈 07:30~22:30 휴무 부정기 예산 2인 $100 전화 2870-5511

□ 麗濠閣鮮蝦餃 ········· $27(滿點)
새우 딤섬(하카우)

□ 蟹粉小籠包 ········· $27(滿點)
게알을 넣은 샤오롱바오

□ 蟹籽鮑魚燒賣皇········· $27(滿點)
게알과 전복을 넣은 씨우마이

□ 越南竹蔗蝦 ········· $24(超點)
베트남식 새우튀김

□ 韭韭菜鮮肉煎餃子········· $21(大點)
부추와 고기를 넣은 지짐만두

※크기별 딤섬 가격
小點 $14, 中點 $18, 大點 $21, 特點 $23, 超點 $24, 頂點 $26, 滿點 $27, 美點 $38, 好點 $46, 金點 $68

Eating

송화호수교 松花湖水餃 Dumpling Lago Chong Fa

우리가 마카오 음식을 외국 음식이라 여기듯, 중국 사람들도 마카오 음식을 외국 음식으로 여긴다. 그리고 우리가 가끔 해외에서 한국 식당을 찾듯, 그들도 마카오에서 자기 지역 음식을 맛있게 하는 곳을 찾아간다. 송화호수교는 중국 동북삼성 요리를 전문으로 하는 레스토랑이다. 동북식 찐만두를 비롯해 한국인이 좋아하는 꿔바로우 등의 중국요리를 맛볼 수 있다. 요즘 한국에서 인기 있는 조선족 운영 중국집에서 맛볼 수 있는 북중국요리도 가득하다. 익숙한 중국 요리를 맛볼 수 있어 한국 여행자 사이에서 인기가 좋다.

위치 ①버스 3A · 8 · 12 · 23 · N1B번을 타고 M159 總統酒店 정류장에서 하차 후 도보 7분 ②갤럭시 마카오에서 스타월드 호텔행 셔틀버스를 타고 스타월드 호텔 하차 후 도보 8분 **지도** MAP 7Ⓒ **주소** 75D R. de Xangai **오픈** 12:00~06:00 **예산** 2인 $150 **전화** 2878-6747

MENU

□ 拌豆土丝 ········· $30
매콤 새콤 감자채볶음

□ 地三鲜 ········· $75
중국식 가지와 감자볶음(지삼선)

□ 魚香肉絲········· $88
채 썬 돼지고기와 채소를 어향소스에 볶아낸 요리

□ 鍋包肉 ········· $118
꿔바로우

□ 魚香茄子········· $88
어향 가지볶음(어향가지)

□ 蒸餃 ········· $63(15개)
찐만두

Eating

신무이 굴국수 新武二廣潮福粉麵食館 Sofa de Fitae Cafe

한국인 여행자 사이에서 유명한 '마카오 굴국수집'이 바로 여기. 한 가지 육수에 어떤 면을 넣느냐, 어떤 고명을 올리느냐에 따라 수십 가지 조합이 완성된다. 고명을 2가지(기본 가격에 $10 추가) 고를 땐 썽핑 雙拼이라고 주문하면 된다. 한국인들은 굴 고명에 가느다란 쌀국수 조합을 가장 선호하는데 그 덕에 굴국수집으로 불리게 됐다.
테이블마다 놓인 고추 피클이 별미. 좀 더 얼큰한 맛을 원한다면 고추기름장 辣醬을 넣어보자. 엄청 매우니 양을 조절할 것.

위치 공항, 페리터미널 등에서 MGM 마카오, 윈 마카오 셔틀버스를 타고 MGM 마카오 또는 윈 마카오에서 하차 후 도보 15분 지도 MAP 7© 주소 45 R. de Bruxelas, Alameda Dutor Carlos d'Assumpção 오픈 08:00~18:30 휴무 비정기 예산 2인 $60 전화 2875-1560

MENU

면

□ 米粉
가느다란 쌀국수

□ 河粉
넙적하고 얇은 쌀국수

고명

□ 蠔子 ……… $28
굴국수

□ 魚丸 ……… $28
어묵국수

□ 墨魚丸……… $28
오징어어묵

□ 牛腩 ……… $30
소고기양지머리

Eating

남 타이 레스토랑 灆泰國菜餐廳 NAAM Thai

그랜드 라파 호텔(구 만다린 오리엔탈)에 부설된 태국 레스토랑. 태국인 셰프가 태국 전통 왕실 요리를 선보이는데 그 실력이 가히 수준급이다. 한국에서 태국 요리를 맛볼 때 식재와 향신료의 수급 문제로 느껴졌던 2% 부족한 맛도 여기서는 100% 채워진다. 딤섬만 먹어서 느끼한 속을 씻기에도 그만. 점심 세트 메뉴는 $240 정도이며 구성도 꽤 알차다.

위치 ①버스 1A · 10 · 10B · 10X · 23 · 28A · 32번을 타고 M71 廈門街/理工 정류장 하차 후 도보 7분 ②마카오 페리터미널에서 그랜드 라파 또는 샌즈 마카오 셔틀버스로 연결 지도 MAP 7Ⓓ 주소 Grand LAPA Macau, 956-1110 Avenida da Amizade, Porto Exterior 오픈 12:001~14:30, 18:30~22:30 예산 2인 $500~ 전화 8793-4818 홈피 www.grandlapa.com/en-gb/naam-thai-restaurant?page_id=269107

MENU

□ Set Lunch Menu ……… $240
요일별 런치 세트

□ 下午茶時光 ……… $210
애프터눈 티 세트(2인 기준)

□ KUNG PHAD PRIK KHING……… $280
라임 잎을 곁들인 타이거새우 레드 커리

Cafe

카페 벨라비스타 薈景閣咖啡室 Café Bela Vista

밝은 자연 채광으로 가득한 실내에 높은 천정 위에서 돌아가고 있는 대형 팬과 푸르른 정원이 내다보이는 베란다까지. 아마도 마카오 전체를 통틀어 이만한 분위기의 카페는 없지 싶다. 포르투갈 전통 디저트 중 하나인 세라두라는 집집마다 맛의 편차가 심한 편인데 필자의 입맛에는 이 집이 가장 맛이 좋았다. 뷔페 레스토랑을 겸하고 있는데 주말의 해산물 저녁 뷔페의 가성비가 상당히 좋다.

위치 ①버스 1A · 10 · 10B · 10X · 23 · 28A · 32번을 타고 M71 廈門街/理工 정류장 하차 후 도보 7분 ②마카오 페리터미널에서 그랜드 라파 또는 샌즈 마카오 셔틀버스로 연결 지도 MAP 7Ⓓ 주소 956–1110 Avenida da Amizade, Porto Exterior 오픈 07:00~23:00 휴무 없음 예산 2인 $150~ 전화 2856-7888 홈피 https://www.grandlapa.com/en-gb/cafe-bela-vista?page_id=269104

MENU

- ☐ Iced Coffee ········ $50
  아이스커피
- ☐ Serradura Glass ········ $30
  세라두라
- ☐ Lunch Semi-Buffet ········ $198(미성년자 $99)
  세미 런치 뷔페

Cafe

IFT 카페 旅遊學院咖啡廊 IFT Cafe

남완 호숫가에 있는 마카오 여행학교 직영 카페. 반도 북부에 있는 여행학교 레스토랑의 명성을 이어받은 데다, 더운 지역답게 차가운 주스 메뉴에는 상당히 신경을 썼다. 커피 맛은 나쁘지 않지만 가짓수가 적고 좀 단조로운 것이 흠. 샌드위치는 가격, 맛 모든 면에서 지적할 부분이 없다. 카페의 명물인 에그타르트도 잊지 말자.

위치 ①버스 9 · 9A · 18 · 23 · 28B · 32번을 타고 M187 區華利前地 정류장에서 하차 후 도보 3분 ②뉴야오한 백화점에서 도보 5분 지도 MAP 7Ⓕ 주소 748–792 Av. Panoramica do Lago Nam Van 오픈 11:00~22:00 휴무 부정기 예산 2인 $70~

MENU

- ☐ 煙肉生菜番茄治 BLT ········ $30
  샌드위치
- ☐ 葡撻 ········ $15
  포르투갈식 에그타르트
- ☐ 葡式橙卷 ········ $25
  포르투갈식 오렌지 롤 케이크
- ☐ 凍意式泡沫咖啡 ········ $25
  아이스 카푸치노

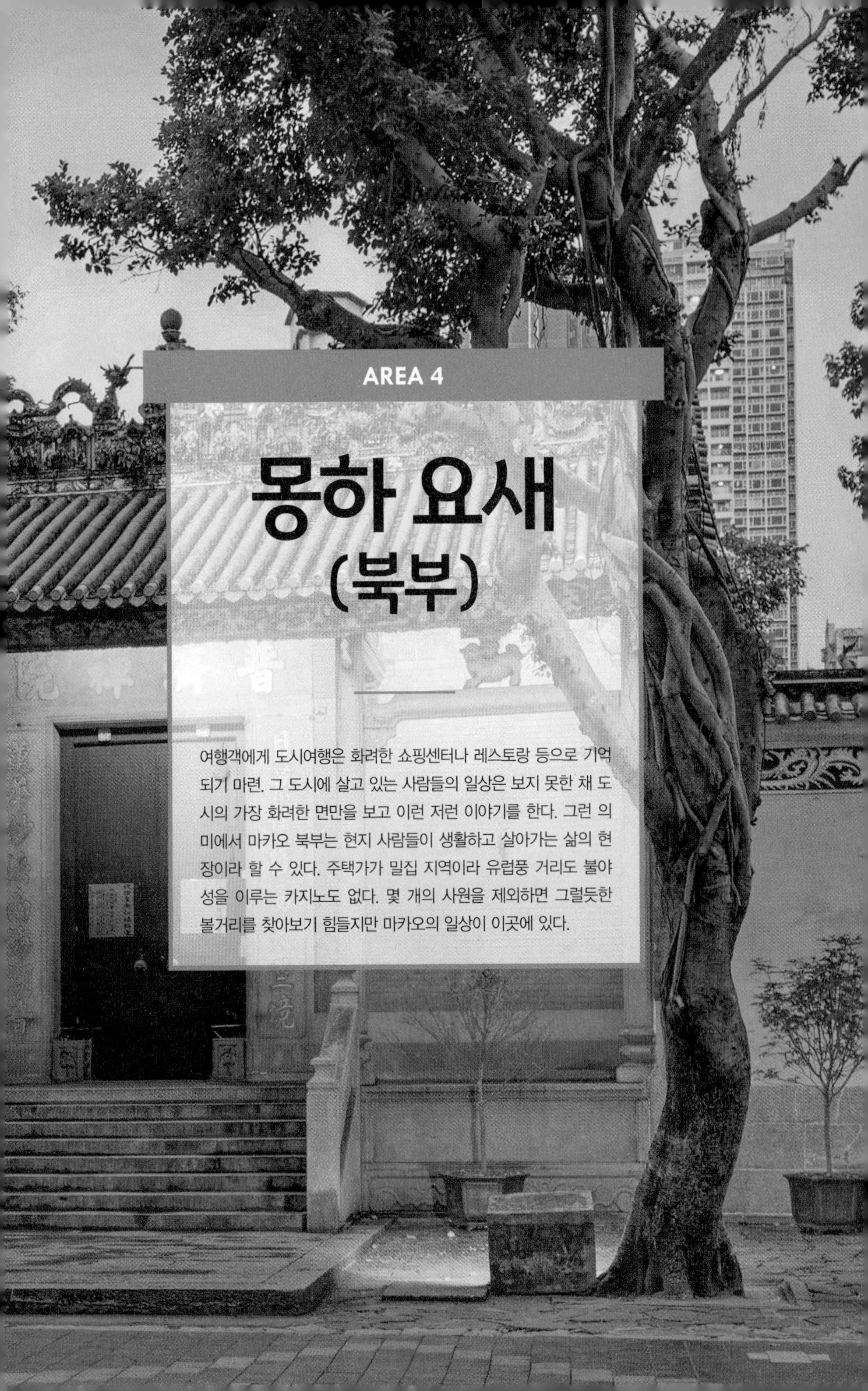

AREA 4

몽하 요새 (북부)

여행객에게 도시여행은 화려한 쇼핑센터나 레스토랑 등으로 기억되기 마련. 그 도시에 살고 있는 사람들의 일상은 보지 못한 채 도시의 가장 화려한 면만을 보고 이런 저런 이야기를 한다. 그런 의미에서 마카오 북부는 현지 사람들이 생활하고 살아가는 삶의 현장이라 할 수 있다. 주택가가 밀집 지역이라 유럽풍 거리도 불야성을 이루는 카지노도 없다. 몇 개의 사원을 제외하면 그럴듯한 볼거리를 찾아보기 힘들지만 마카오의 일상이 이곳에 있다.

몽하 요새(북부)
이렇게 여행하자

지역 자체는 꽤 넓다. 다만 주택가 밀집 지역이라 시내버스 노선이 촘촘하다는 건 초행길 여행자에게 꽤 큰 위안이 된다. 볼거리가 많지 않고 명소와 명소간 거리도 멀지 않아 산책하듯 걸어 다니며 훑어보기에도 큰 무리는 없다. 물론 북부의 모든 볼거리를 도보로 보기는 부담스러우니 한 구간 정도의 도보 일정을 잡아보자.

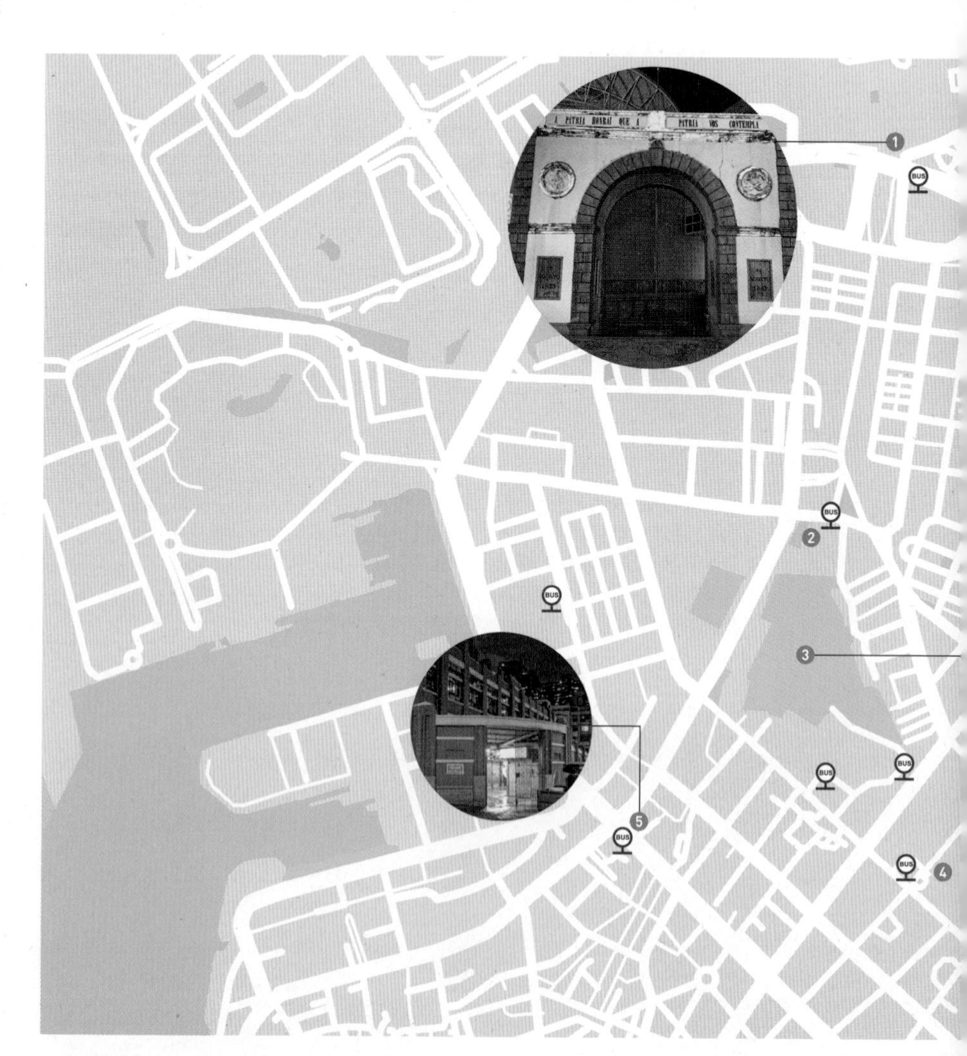

TRAVEL BUCKETLIST

1

중국과 마카오가 맞닿아 있는 접경 지역 견학

2

마카오에서 가장 유명한 붉은 시장, 홍까이시 탐방

3

외국인은 거의 없는 현지인만 아는 로컬 맛집 순례

4

현지인 대상 초대형 슈퍼마켓에서 포르투갈 와인 쇼핑

5

몽하 요새에 올라 향수 어린 구시가 풍경 감상

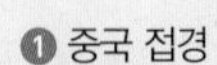

❶ 중국 접경
❷ 연봉묘
❸ 몽하 요새
❹ 관음당
❺ 레드 마켓(홍까이시)

Sightseeing

레드 마켓(홍까이시) 紅街市 Red Market

마카오를 대표하는 가장 유명한 재래 시장. 마카오 말로는 홍까이시라고 한다. 까이시 街市란 홍콩과 마카오에서 볼 수 있는 시장의 한 형태다. 한국처럼 길에 좌판을 늘어놓는 방식이 아니라 따로 지은 건물 안에 시장을 통째로 옮겨놓았다고 생각하면 된다.

1층은 채소와 건어물, 2층은 해산물, 3층은 육류 코너로 층마다 취급 품목이 나뉘어 있다. 마카오 서민들의 삶을 엿보거나 로컬 마켓의 풍경을 카메라에 담기 위해 찾아오는 여행자들이 많다. 단, 3층 육류 코너의 경우는 현장에서 도살이 이루어지고 특유의 피비린내가 심하게 풍기기 때문에 비위가 약한 사람은 건너뛰는 편이 좋다.

레드 마켓 남쪽에는 함께 둘러보기 좋은 쌈장닥 三盞燈이라는 동네가 있다. 중국에서 뭉텅이로 들여온 초저가 의류를 판매하는 곳으로 십 수 년 전 남대문, 혹은 두타 같은 의류상가가 개발되기 전 동대문의 모습이다. 참고로 이 일대의 음식점은 관광객이 거의 다니지 않고 마카오 서민들이 이용하는 저렴한 로컬 식당이 대부분이다. 영어는 당연히 통하지 않으며 불친절하게 대응하는 곳도 더러 있다. 하지만 로컬 식당의 후끈한 분위기를 느끼고 싶다면 추천한다. 약간의 한자를 읽을 수 있다면 요리를 주문하는 데 큰 지장은 없다.

위치 버스 23 · 32번을 타고 M99 高士德/紅街市 정류장 하차 후 도보 3분 **지도** MAP 8Ⓙ **주소** 125 Av. do Alm. Lacerda **오픈** 07:30~19:30(매장마다 다름) **휴무** 부정기 **요금** 무료

관음당 觀音堂 Kun Iam Tong

마카오에서 가장 큰 불교 사찰이자 600년의 역사를 자랑하는 고찰. 많은 목조 건축물의 운명이 그렇듯, 대형 화재를 겪으며 건물 대부분이 소실되었다. 지금 보는 건물은 1627년 증축한 것으로 본존을 모신 대웅보전 지붕 조각의 화려함이 눈길을 끈다.

관음당이란 이름에서 알 수 있듯 관음보살상을 본존불로 모신다. 관음보살 주위에 늘어선 소상은 '18 나한'이다. 나한은 산스크리트 아라한에서 따온 말인데 초기 불교에서는 깨달음을 얻은 사람으로 묘사되다가 후기 불교로 오면서 보살과 마찬가지로 다음 시대의 부처인 미륵불이 올 때까지 스스로 수명을 늘려가며 이 세상을 계도하는 역할을 맡은 일종의 신의 사자로 받아들여지게 되었다.

왼쪽 첫 번째 나한상은 서양인의 얼굴을 하고 있는데 말하기 좋아하는 사람들은 이 나한상이 원나라 시절 중국을 방문한 마르코 폴로라고 주장하기도 한다. 근거는 '1'도 없지만 이런 주장은 늘 흥미를 끌고 때때로 가이드북 등에 대서특필(!) 되곤 한다.

정원 앞에 있는 석조 테이블은 1844년 미국이 중국과 불평등조약을 맺었던 사적지다. 중국이 영국과의 아편전쟁에서 패하며 종이호랑이였다는 사실이 만방에 드러난 직후 미국은 영국의 뒤를 이어 잽싸게 중국과 불평등조약을 맺었는데, 그 장소가 바로 이곳이었다.

위치 버스 12 · 17 · 23 · 28C번을 타고 M104 觀音堂 정류장 하차 후 도보 2분 **지도** MAP 8Ⓚ **주소** Avenida do Coronel Mesquita **오픈** 07:30~17:00 **휴무** 없음 **요금** 무료

중국 접경 關閘 Border Gate

마카오와 중국 주하이 珠海의 관문. 현재 마카오의 법적 지위는 '중화인민공화국 마카오 특별 행정구'로 엄연한 중국의 땅이다. 하지만, 일국양제라는 홍콩과 마카오만의 독특한 제도가 있어 마카오는 2049년까지 포르투갈 식민지 시절과 같은 언론, 집회, 결사의 자유를 누릴 수 있다. 즉 중국 땅이긴 해도 특별 행정구로 구분되는 지역이라 한국인이 중국 접경을 거쳐 주하이로 가기 위해서는 비자를 받아야 하며 중국인 또한 마카오를 방문하기 위해서는 신분증 외에 통행증을 발급받아야 한다.

1999년까지 국경이었던 접경 관문은 웅장한 성채를 방불케 한다. 관문 벽에는 포르투갈의 애국 시인인 루이스 까몽이스가 쓴 '그대를 지켜보는 조국을 영광스럽게 하라 A Pátria honrai que a Pátria vos contempla'라는 문구가 적혀있다.

중국 물가가 싸던 시절에는 접경을 넘어 중국 주하이에서 해산물 요리를 배불리 먹고 발 마사지를 받은 후 다시 마카오로 돌아오는 이들이 많았지만, 요즘은 중국 물가도 만만찮아 수고롭게 접경을 오가는 사람은 적다. 공항이나 페리터미널에서 중국 접경을 거치는 셔틀버스를 타고 접경 앞까지 가서 기념사진을 남기고 돌아오는 정도. 중국 보따리상이 대거 오가는 곳이라 꽤 혼잡하다.

위치 ①베네시안, 갤럭시 마카오, 시티 오브 드림즈(COD) 등 주요 카지노에서 셔틀버스로 바로 연결 ②버스 1·3·17·30·34·AP1번을 타고 M1 關閘總站 정류장 하차 후 도보 3~10분 **지도** MAP 8Ⓒ **주소** Istmo de Ferreira do Amaral **오픈** 24시간 **휴무** 없음 **요금** 무료

Sightseeing

연봉묘 蓮峯廟 Templo de Lin Fong

아마 사원, 관음당과 함께 마카오 3대 전통사원으로 꼽힌다. 1592년 처음 세워졌을 당시에는 바다의 여신 아마를 모셨는데, 사원이 확장되면서 관음보살이 본존의 위치를 차지했고, 지금까지 사원의 주인처럼 여겨지고 있다. 이런 역사의 영향으로 불교 사원인지 도교 사원인지 헷갈리기도 한다. 하지만 중국인은 한국인이 소속이나 종파에 민감한 것과 달리 '신이 누가 됐든 나만 도우면 그만'이라는 믿음이 바탕에 있기 때문에 장사는 잘 되고 있다. 지리적으로 중국 접경 쪽에 위치해 중국에서 이주한 사람들이 주로 연봉묘를 찾는다. 그 덕에 관광지보다는 실제 사원 느낌이 강하다. 과거 청나라 정부는 연봉묘를 마카오 내 중국 커뮤니티의 거점으로 사용했고 행여 관료가 파견되면 연봉묘의 객사에 머물게 했다. 흠차대신으로 임명돼 아편전쟁의 도화선을 제공한 임칙서 林則徐가 여기에 머문 대표적인 유명인이다. 그 덕에 사원 옆에는 임칙서 기념관이 건립되어 있다.

위치 버스 8A · 27 · 28B · 29 · N1B번을 타고 M11 拱形馬路/蓮峰廟 정류장 하차 후 도보 3분 **지도** MAP 8Ⓕ **주소** Avenida do Almirante Lacerda **오픈** 07:00~17:00 **휴무** 없음 **요금** 무료

TALK

임칙서의 공적과 과오

임칙서의 강경책으로 인해 중국은 아편전쟁을 맞았고 이후 1948년까지 이런저런 외세의 침략을 받았다. 때문에 그에 대한 평가는 시대에 따라 달라진다. 최근에는 과오가 있는 것은 분명하지만 민족적 자존심을 세웠다는 공적을 인정해야 한다는 경향으로 기울고 있다. 그 덕에 중국 여기저기서 임칙서 기념관이 건립되는 중이다.

Sightseeing

몽하 요새 望廈砲臺 Forte de Mong Há

마카오 북부 수비, 쉽게 말해 국경을 방어하기 위한 포대로 1866년에 세워졌다. 재미있는 사실은 그전까지는 마카오와 중국 사이에는 별다른 군사 요새가 없었다는 것이다. 몽하 요새가 세워지기 24년 전 중국은 영국과의 아편전쟁에서 대패했고, 이로 인해 잠자는 사자인 줄 알았던 중국의 정체가 덩치 큰 종이호랑이에 불과했다는 사실이 세계만방에 드러나게 됐다. 이후 온갖 나라들은 중국을 분할하거나 이권을 강탈하기 위해 열중한다.
사실 이때만 해도 포르투갈은 쪼그라들 대로 쪼그라든 유럽의 2류 국가였다. 하지만 도박판처럼 벌어진 중국 쟁탈전에 참여하지 않는 것은 자존심이 허락하지 않았다. 결국 포르투갈은 마카오 반도 남부의 두 섬, 즉 타이파와 콜로안을 1861~1864년에 걸쳐 무력으로 점령하기에 이른다. 이때를 기점으로 포르투갈과 중국이 적대 상황에 놓이게 되면서 부랴부랴 포대를 건설했다는 이야기다.
몽하 요새는 1960년대 말까지 군사기지로서 기능을 하다 해체됐다. 현재는 그저 마카오 주민들을 위한 시민공원이다. 기아 요새처럼 예쁜 등대나 성당이 없기 때문에 외국인 여행자들의 방문 빈도는 확실히 떨어지지만 요새에 오르면 마카오 반도 북부, 즉 구시가의 풍경이 펼쳐진다. 서울시 종로구의 구시가지 일대를 내려다보는 느낌이다.

위치 버스 5X, 17, 23, 25, 25B번을 타고 M105 望廈炮台 정류장 하차 후 도보 5분 지도 MAP 8Ⓕ 주소 Avenida do Coronel Mesquita 오픈 24시간 휴무 없음 요금 무료

Eating

로우케이 老記粥麵 Lou Kei

마카오 북부를 대표하는 완탕면 명가. 외진 데다 저녁 장사만 해 이래저래 불편함에도 불구하고 '진짜 완탕면'을 찾는 미식가들의 발길이 끊이지 않는 곳이다. 1986년 노점상으로 개업해 30년이 넘은 현재 마카오 전역에 분점을 두며 명성을 떨치고 있다.

자가제면을 고수하며 전력을 기울여 뽑아내는 진한 국물 맛도 일품이다. 여기에 전복이나 삭스핀 같은 식재를 더해 고급 메뉴를 만들어내는 과감함도 갖췄다. 그 덕인지 6년 연속 빕구르망에 선정되며 미슐랭 가이드북의 편애를 받고 있는 상황. 맛에 있어서는 웡치케이와는 비교가 어려울 정도다. 진짜 완탕면을 먹어보고 싶다면 분점보다 본점이 월등하다.

□ 雲吞麵 ········· $34
새우완탕면

□ 咖喱牛腩麵 ········· $34
매콤한 커리 소고기양지면

□ 蝦子子撈麵 ········· $52
새우알 비빔면

□ 魷魚魚麵 ········· $34
오징어 어묵면

□ 黃黃金金金蟹竹竹昇麵 ········· $378
머드크랩 볶음면

위치 ①버스 1A · 4 · 32 · 33번을 타고 M26 筷子基總站 정류장 하차 후 도보 3분 ②연봉묘 또는 몽하 요새 또는 레드 마켓에서 도보 10분 지도 MAP 8Ⓕ 주소 Block H, 12 Av. da Concordia, Fai Chi Kei 오픈 18:00~05:00 휴무 없음 예산 2인 $100 전화 2856-9494 홈피 www.loukeigroup.com

Eating

싼익미식 新益美食 Sun Yick Restaurant

여행자가 감당할 수 있을까 싶은 진짜 현지인 맛집. 마카오 현지인들이 '통통 부자'라고 부르는 주인 부자가 직접 개발한 다양한 창작 요리를 선보인다. 워낙 인기가 좋아 이 집 요리를 먹기 위해 콜로안에서 차를 타고 원정을 나오는 이들도 있다고.

요리가 개성 만점이라는 건 인정할 수밖에 없다. 빵 안에 든 매콤한 치킨커리, 돼지갈비튀김 등 좀처럼 볼 수 없는 데다가 맛까지 좋아 그야말로 인기 절정. 영어가 1도 통하지 않고 왁자지껄한 분위기라는 것만 제외한다면 뭐 하나 빠지는 게 없는 맛집이다. '로컬처럼'이 아니라 진짜 로컬 속으로 들어가고 싶은 여행자에게 적극 추천한다. 단, 최소 4명은 돼야 다양한 메뉴를 먹을 수 있다. 〈마카오 100배 즐기기〉 메뉴판을 적극 활용하자.

위치 ①버스 7 · 12 · 19 · 22번을 타고 M38 望賢樓 정류장 하차 후 도보 5분 ②연봉묘 또는 몽하 요새 또는 레드 마켓에서 도보 15분 지도 MAP 8Ⓚ 주소 29 R. de Kun lam Tong, Mong-Há 오픈 11:30~15:00, 18:00~04:00 휴무 없음 예산 2인 $150~ 전화 2848-1046

MENU

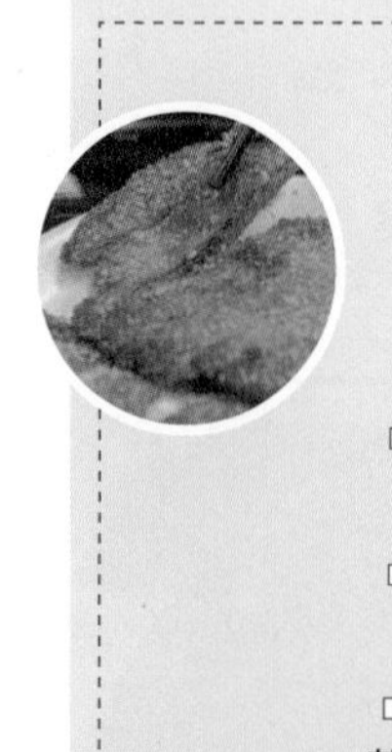

☐ 魚香茄子煲 ········· $48
어향 가지전골

☐ 汁感炸排骨 ········· $58
돼지갈비튀김

☐ XO醬金菇肥牛 ········· $68
XO장 버섯소고기볶음

☐ 艇家釣蟹雞煲 ········· $288
머드크랩 치킨전골

☐ 香辣煮魚 石班 ········· $588
향라 국물에 끓인 가루파(다금바리)

☐ 肥佬咖喱大包 雞/蝦球班球/鮮牛筋腩 ········· $168/228/288
빵 속에 든 치킨/새우/도가니 커리

마카오 여행학교 레스토랑 旅遊學院教學餐廳 IFT Educational Restaurant

MENU

□ 行政套餐 ········· $220
평일 점심 세트

□ 味覺體驗 ········· $780(2인 기준)
5코스 저녁 세트

□ 澳葡自助晚餐 ········· $280(어린이 $140)
매캐니즈요리 뷔페(금요일 디너)

□ 學院海鮮飯 IFT ········· $300(2인 기준)
포르투갈식 해물밥

□ 龍蝦海膽義大利米型麵配脆巴馬臣芝士片 ········· $250
로브스터·성게알·파마산 치즈를 곁들인 파스타

마카오 여행학교 캠퍼스 내에 있는 일종의 교내 레스토랑. 교대생들이 교생 실습을 하듯, 마카오 여행학교 학생들이 식당에서 조리하고 서빙하면서 식당 경영 실습을 하는 공간이다.

실습생이다 보니 서빙을 할 때 약간의 수줍음이 느껴지기도 하지만, 프로가 되려는 학생들의 순수한 노력이 와 닿는다. 무엇보다 수준급의 요리를 비교적 저렴한 가격에 맛볼 수 있다. 손에 꼽는 요리가 많지만 메뉴 선정이 어렵다면 점심이나 저녁 세트 메뉴를 추천한다. 참고로 매주 금요일 밤에는 매캐니즈요리 뷔페가 제공된다. 24종의 요리와 8종의 디저트가 갖춰져 다양한 매캐니즈요리를 맛보고 싶은 사람에게는 좋은 기회가 될지도.

위치 버스 5X, 17, 23, 25, 25B번을 타고 M105 望廈炮台 정류장 하차 후 도보 5분 **지도** MAP 8Ⓕ **주소** Colina de Mong-Ha, Mong-Há **오픈** 월~금요일12:30~15:00, 19:00~22:30 **휴무** 토 · 일요일 **예산** 2인 $500~ **전화** 8598-3077 **홈피** www.ift.edu.mo/EN/RESTAURANT/Home/Index/239

澳門
製造
查詢熱線 : (853) 2835 5966
SINCE 1935
澳門佳作
macau creation
好吃
好禮

AREA 5

타이파

마카오 반도와 바다를 사이에 두고 2.5km 정도 떨어져 있는 작은 마을. 1990년 초중반까지만 해도 타이파섬이라 불렸다. 타이파섬과 콜로안섬 사이 바다를 매립하면서 두 섬은 하나가 되었고 지명 뒤에 붙는 섬이라는 글자도 떨어졌다. 타이파는 그렇지 않아도 땅덩어리가 작은 마카오에서도 가장 면적이 작은 여행지다. 반나절쯤 머무르며 오래된 마을과 옛 골목을 산책하고 앙증맞은 간식을 사서 오물거리는 소소한 기쁨을 누리기에 좋다.

타이파
이렇게 여행하자

타이파에 간다는 말은 곧 쿤하 거리로 간다는 말이다. 타이파 빌리지를 관통하는 약 130m가량의 좁은 골목을 중심으로 소소한 볼거리가 몰려 있다. 향수 어린 풍경을 찾아오는 여행자가 점차 늘면서 최근에는 골목 전체가 카페와 레스토랑이 즐비한 먹자골목으로 바뀌는 중이다.

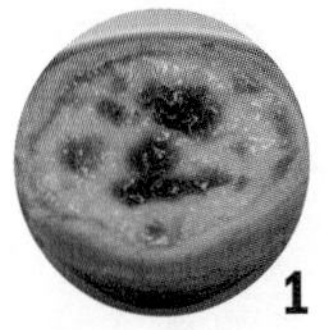

1

원조 에그타르트 명가 산호우레이 방문

2

쿤하 거리에 즐비한 육포 가게 돌며 집집마다 맛이 다른 육포 시식

3

타이파 하우스 뮤지엄에서 식민지 시대의 풍경 & 코타이 야경 감상

4

타이파 빌리지 아트 스페이스에서 예술 전시 감상

5

코타이와 타이파를 연결하는 에스컬레이터 탑승하기

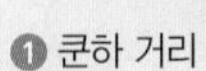

❶ 쿤하 거리
❷ 타이파 주택박물관
❸ 타이파 & 콜로안 역사박물관
❹ 팍타이 사원
❺ 타이파 마을 패방
❻ 타이파 빌리지 아트 스페이스

Sightseeing

쿤하 거리 官也街 Rua do Cunha

타이파 빌리지를 관통하는 약 130m 길이의 거리. 타이파를 대표하는 명소 중 하나로 여행자가 타이파로 간다는 말은 곧 쿤하 거리로 간다는 말로 통한다. 예전에는 낡음과 노스탤지어가 만나는 어느 지점에 서 있는 소소한 동네 풍경이 전부인 곳이었는데 찾아드는 여행객이 늘면서 골목 전체가 먹자골목처럼 바뀌었다.

거리 초입은 작은 베이커리와 식당들에게 점령당했고, 거리 안쪽에는 세인트 폴 성당 유적지로 올라가는 길처럼 작은 육포거리가 형성됐다. 최근에는 웡치케이, 항우, 로드 스토우즈 등 유명 맛집의 분점도 합세하고 있는 상황이다. 스타벅스나 탐앤탐스 같은 앉을 곳이 넉넉한 대형 프랜차이즈 카페와 이들의 경쟁 상대인 로컬 커피 스폿도 속속 들어서고 있어 거리를 걷는 것만으로도 마카오의 최신 트렌드가 어느 방향으로 흐르는지 감을 잡을 수 있다.

주말에는 인파가 미어터지지만 평일에는 꽤 한가한 느낌. 천천히 낡고 낡은 가게 사이를 지나다니며 이런저런 주전부리를 맛보는 간식 투어에 나서보자. 어느 한군데 특출난 것 없이 소소하고 싱겁지만, 그냥 지나치기에는 아까운 풍경이 가득하다.

위치 ①버스 11 · 22 · 28A · 30 · 33 · 34번을 타고 T320 氹仔官也街 정류장에 하차해 길 건너 바로 ②베네시안 셔틀버스 정류장에 있는 웨스트 로비 방향 육교 이용 도보 13분 ③갤럭시 UA시네마 쪽에 있는 이스트 스퀘어에서 도보 15분 지도 MAP 9Ⓗ
주소 Rua do Cunha, Vila de Taipa

타이파 주택박물관 龍環葡韻住宅式博物館 Casas Museu da Taipa

포르투갈인이 쓰던 가구와 세간살이를 전시하고 있는 박물관. 쿤하 거리에서 예쁜 포석이 깔린 계단길을 따라 연결 된다. 길 자체가 예쁘장해 산책하기에 그만이다. 가는 길에 박물관 건물 뒤편 작은 언덕에 있는 카르멜 성당을 함께 돌아본 후 계단을 내려가면 타이파 주택박물관으로 바로 연결된다.

파스텔톤 외벽이 아름다운 박물관은 작은 호수와 그 건너 코타이 지역을 마주보고 있다. 코타이가 매립되기 전에는 거대한 주강 하구가 조망되는 콜로니얼풍의 아름다운 저택군이었으며, 식민지 시절에는 고위급 포르투갈인의 별장이었다. 별장이라고 해서 호사스런 귀족의 저택을 기대할 정도의 큰 규모는 아니다. 내부가 화려하다거나 눈에 띄는 볼거리가 있는 것도 아니지만 옛 포르투갈인들이 쓰던 가구와 세간살이가 그대로 보존되어 있다.

코타이의 야경은 타이파 주택 박물관에서 보는 풍경이 가장 아름다우니 사진 애호가라면 해 질 녘까지 기다려보자. 참고로 강 하구를 매립하고 남아버린 주택박물관 앞 호수(라고 쓰지만 늪지에 더 가까운)는 모기들의 천국이라 모기기피제는 필수다.

위치 ①버스 11 · 22 · 28A · 30 · 33 · 34번을 타고 T320 氹仔官也街 정류장에서 하차해 버스 진행 반대 방향 계단으로 올라가 왼쪽 ②베네시안 셔틀버스 정류장에 있는 웨스트 로비 방향 육교 이용 도보 10분 **지도** MAP 9Ⓕ **주소** Avenida da Praia, Taipa **오픈** 10:00~19:00 **휴무** 월요일 **요금** $5

TALK

마카오 최고의 웨딩 촬영 코스

사실 타이파 주택박물관과 카르멜 성당은 마카오 제일의 웨딩 촬영 성지다. 쿤하 거리에서 이어지는 계단길, 카멜라 성당, 타이파 주택박물관까지가 하나의 인기 촬영 코스라서 주말에 방문한다면 예비 신랑신부 한두 쌍은 어렵지 않게 볼 수 있다.

Sightseeing

타이파 & 콜로안 역사박물관 路氹歷史館 Museu da História da Taipa e Coloane

폭죽 공장이었다가 지역 관청이었다가 현재는 타이파와 콜로안 지역의 문화와 종교, 생활 풍습을 소개하는 문화 시설로 변신한 역사박물관. 마카오 반도가 포르투갈의 영향을 강하게 받은 데 비해, 변방 어촌 마을이었던 타이파와 콜로안 지역은 그 영향을 상대적으로 덜 받았다. 그 덕분인지 마카오 반도에 비해 훨씬 중국풍의 풍경이 많이 남아 있다. 타이파 & 콜로안 역사박물관도 이런 옛 중국의 문화를 엿볼 수 있는 곳이다. 1층 바닥의 방치된 발굴지는 관청이 들어서기 전 있던 폭죽 공장터다. 발굴한 김에 아예 폭죽만을 전시한 별도의 갤러리를 만들어 놓았는데 중국 특유의 울긋불긋한 폭죽 포장지가 꽤 흥미 있는 볼거리다.

위치 쿤하 거리 초입에서 버스 진행 방향으로 도보 3분 **지도** MAP 9Ⓛ **주소** Rua Correia da Silva, Taipa **오픈** 10:00~18:00 **휴무** 월요일 **요금** 무료

Sightseeing

팍타이 사원 北帝廟 Templo de Pak Tai

타이파에서 가장 큰 도교 사원. 도교에서 북쪽을 관장하는 방위신인 북제 北帝를 모시고 있다. 북제는 언제나 북쪽 하늘에 떠있는 북극성을 신격화한 신인데, 현천상제 玄天上帝 혹은 진무대제 眞武大帝 라고도 부르며, 방위의 신 중에서는 가장 격이 높다.

섬이었던 타이파에 모셔놓은 신이다보니 임무는 바닷물의 범람으로 인한 홍수 방어, 그리고 화기를 누르는 역할을 겸한다. 광둥 지방에 흔히 보이는 여신 틴하우 사원도 그렇지만 이 동네는 신의 이름만 제각각이지 하는 일은 대부분 비슷하다.

매년 음력 3월 3일은 북제를 기념하는 날로, 사원에서는 팍타이의 공덕을 기리는 광극 공연을 한다. 공연이 없는 날에는 볼거리가 크지 않으니 마카오를 여행하며 도교 사원을 한 두 곳쯤 들어가 본 사람은 외관만 보고 지나쳐도 무방하다.

위치 쿤하 거리 초입에서 버스 진행 방향으로 도보 3분. 타이파 & 콜로안 역사박물관 옆 **지도** MAP 9Ⓛ **주소** Largo do Camões, Taipa **오픈** 07:00~17:00 **휴무** 없음 **요금** 무료

Sightseeing

타이파 마을 패방 氹仔牌坊 Vila da Taipa

예쁘장한 미색의 패방과 팔각정이 어우러진 곳으로, 타이파가 섬이었던 시절 콜로안섬으로 향하는 자그마한 항구가 있던 자리다. 지금은 갤럭시 마카오에서 타이파 방향으로 횡단보도를 건너기만 하면 닿기 때문에 그 당시의 모습을 실감하기 어렵지만 이 뒤로 자그마한 어촌이던 옛 타이파 마을이 펼쳐져 있었다고. 코타이 갤럭시에서 타이파로 걸어 갈 때 자연스럽게 지나게 되는 지점에 있다.

위치 버스 26A · 35 · MT1 · MT4번을 타고 T364 望德聖母灣馬路/軍營 정류장에서 하차. 갤럭시 UA시네마 방향 이스트 스퀘어에서 밖으로 나가 큰 길 건너 바로 지도 MAP 9Ⓚ 주소 R. Gov. Tamagnini Barbosa 오픈 24시간 휴무 없음 요금 무료

Sightseeing

타이파 빌리지 아트 스페이스 氹仔舊城區藝術空間 Taipa Art Space

요란한 간판 하나 없이, 은밀하게 숨어있는 작은 갤러리. 원래는 타이파 지역의 동네 작가들을 위한 공간으로 조성됐는데. 입소문을 타며 현재는 꽤나 국제적인 갤러리로 발돋움 했다. 회화부터 설치미술, 비디오 아트, 심지어 전위예술까지 광범위한 장르의 전시물을 선보인다. 볼거리가 꽤 단조롭던 타이파에 괜찮은 방문지 하나가 생긴 셈. 방문하는 시기에 어떤 전시가 열리는지 홈페이지를 통해 미리 살펴 볼 수 있다. 대부분 무료지만, 가끔 유료 전시가 진행되기도 한다.

위치 쿤하 거리 초입 스타벅스가 있는 두 번째 골목 안쪽 지도 MAP 9Ⓛ 주소 10 Rua dos Clerigos, Taipa 오픈 12:00~20:00 휴무 화요일 요금 무료(특별 전시 유료) 홈피 www.taipavillagemacau.com

카페 레온 利安咖啡屋 Cafe Leon

1989년 마카오 반도의 사이반 호수 Sai Van Lake 부근에 있던 작은 레스토랑으로, 타이파 빌리지로 이사를 온 뒤 제2의 전성기를 누리고 있다. 이사 직후에는 동네 식당과 다름없었으나 이 일대를 찾는 여행자들이 늘면서 현지인과 외지인이 사이좋게 섞여 밥을 먹는 명물 레스토랑으로 자리 잡았다. 격식 차릴 필요 없는 왁자지껄한 분위기가 카페 레온의 장점. 큼지막한 바칼라우 크로켓이나 아프리칸 치킨 같은 요리를 시켜 서너 명이 나눠 먹기 좋다. 글라스 단위로 파는 와인 가격도 부담스럽지 않은 편이다. 디저트 메뉴도 꽤 다채롭다.

위치 ①쿤하 거리 초입에서 버스 진행 방향을 따라 가다가 삼거리가 나오면 길 건너 왼쪽으로 내려가 도보 5분 ②타이파 마을 패방에서 도보 3분 **지도** MAP 9Ⓚ **주소** Na Taipa Rua Do Regedor No.79. Chun Fok Village-2 Fase Wai Tai Kok, Rés-Do-Cháo Q, Vila de Taipa **오픈** 11:00~15:00, 18:00~22:30 **휴무** 수요일 **예산** 2인 $450~ **전화** 2830-1189

MENU

- □ 葡國焗海鮮飯 ········· $120
  포르투갈식 해물밥
- □ 非洲辣雞 ········· $200
  아프리칸 치킨
- □ 馬介休球 ········· $60(5개)
  바칼라우 크로켓
- □ 葡式炒蜆 ········· $108
  와인을 넣은 포르투갈식 조개찜
- □ 木糠布甸 Serradura ········· $28
  세라두라

Eating

오 카스티코 O Castiço

테이블 4개가 전부인 아주 작은 매캐니즈 레스토랑. 격식을 갖추고 차려 먹는 분위기가 아니라 그야말로 요리 좀 잘하는 동네 명물 식당 분위기다. 여행자들이 주로 다니는 동선에서 살짝 벗어나 이 집 만의 아늑하고 은밀한 분위기가 있다. 여느 식당에 비해 밥값도 저렴하게 책정된 편. 매캐니즈요리라는 게 원래 커다란 접시에 별다른 플레이팅 없이 턱턱 담아내는 것이라지만, 타이파로 오면 이런 기조가 더 심해진다. 맛만 봐도 어떤 재료가 들어갔는지 알 수 있을 정도다. 한식으로 비유하자면 양푼비빔밥 느낌이랄까? 많은 현지인들의 '나만 알고 싶은 아지트'였으나 슬프게도 3년째 미슐랭 빕구르망에 등재되면서 찾아오는 사람이 점점 늘고 있다. 저녁에는 예약을 해야 원하는 시간에 식사를 할 수 있을 정도다.

위치 쿤하 거리 초입에서 버스 진행 반대 방향으로 도보 3분 지도 MAP 9Ⓗ 주소 Shop B, G/F, 65B Rua Direita Carlos Eugenio, Vila de Taipa 전화 2857-6505 오픈 11:00~23:00 휴무 목요일 예산 2인 $400~

MENU

□ 馬介休球 ········· $33(3개)
바칼라우 크로켓

□ 豬肉粒炒蜆 ········· $98
돼지고기와 조개 스튜

□ 白焓馬介休 ········· $128
병아리콩을 곁들인 바칼라우찜

□ Bacalhau Á Bras ········· $118
바칼라우에 으깬 감자와 달걀을 넣고 볶은 포르투갈요리

□ 海鮮飯········· $238
포트투갈식 해물밥

Eating

포르투갈리아 葡多利正宗葡國菜 Portvgalia

포르투갈에 본점을 둔 포르투갈 레스토랑으로 전 세계에 분점을 거느리고 있다. 예쁘장한 외관이나 타일로 장식된 내부를 보면 음식 값이 꽤나 비쌀 것 같은데, 이 근처의 다른 매캐니즈 레스토랑과 비슷한 수준이다. 앞서 소개한 카페 레온이나 카스티코가 동네 밥집 분위기라면 포르투갈리아는 여행자들이 원하는 모든 것을 갖춘 콘셉트다. 1개부터 주문할 수 있는 바칼라우 크로켓을 비롯해 충실한 에피타이저 메뉴부터 본격적인 요리까지 선택의 폭이 넓다. 직접 구워낸 식전 빵조차 다른 식당과 차별화 된다. 혼자서도 여럿이서도 좋지만 특히 와인을 곁들여 저녁 정찬을 즐겨 볼 것을 추천한다. 단, 여행자들이 몰리는 저녁 시간에는 예약을 하는 게 좋다. 영유아 동반 여행자는 테이블 간격이 좁다는 것을 참고하자.

위치 쿤하 거리 초입에서 버스 진행 방향으로 도보 3분. 타이파 & 콜로안 역사 박물관 바로 옆 지도 MAP 9Ⓛ 주소 5 R. dos Negociantes, Vila de Taipa 오픈 12:00~22:00 휴무 부정기 예산 2인 $700~ 전화 6280-3992 홈피 www.portugalia.com.mo

MENU

□ 鱈魚餅 ········· $18(1개)
바칼라우 크로켓

□ 蒜茸白酒炒蜆 ········· $145
마늘을 곁들인 백포도주 바지락찜

□ 油漬蒜蓉蝦 ········· $125
감바스

□ 馬介休沙律伴鷹嘴豆 ········· $98
병아리콩을 곁들인 잘게 찢은 바칼라우 샐러드

□ 葡多利牛扒 ········· $199
포르투갈식 스테이크(감자튀김 포함)

□ 海鮮拼盤 ········· $580
포르투갈리아 스타일 해산물 플래터

신무이 新武二廣潮福粉麵食館

한국인이 사랑하는 마카오의 국수집. 광둥, 푸젠, 차오처우 3개 지역의 면 요리를 전문으로 한다. 사람에 따라 건어물 우린 맛이 나는 완탕면이 비리다는 사람도 있는데, 그런 이에게는 깔끔한 국물 맛의 신무이는 아주 좋은 대안이다. 한글 메뉴판을 갖추고 있어 주문하기 쉽다는 것도 큰 장점. 주문할 땐 쌀국수와 밀국수 등의 5가지의 면 중 하나를 선택한 후, 국수 위에 올라가는 고명을 고르면 된다. 대부분의 한국인들은 고명으로 작은 굴을 선택한다. 여기에 이 집의 매콤한 고추 피클을 곁들이면 3년 묵은 기름때도 한방에 내려가는 경험을 할 수 있다. 단, 타이파 아파트촌에 있기 때문에 여행자들이 주로 이동하는 지역에서 조금 벗어나야 한다. 메뉴는 P234 참고.

위치 쿤하 거리 초입 반대 방향의 나이키 팩토리 매장에서 큰길 건너 도보 7분 지도 MAP 9Ⓔ 주소 149 R. de Coimbra, Flores 오픈 07:00~18:30 휴무 부정기 예산 2인 $100 전화 6280-3992

산호우레이 新好利咖啡餅店 San Hou Lei

지금으로부터 십 수 년 전, 온갖 에그타르트가 쏟아지는 마카오 에그타르트 춘추전국시대가 시작됐다. 산호우레이는 그 시절 꽤 큰 지분을 가지고 있던 에그타르트 명가 중 하나로, 지금도 타이파 동네 사람들에게는 가장 인기 있는 맛집으로 꼽힌다. 그야말로 동네 분식집 분위기인데 에그타르트 외에도 소소한 식사거리를 판매한다. 만약 간단하게 요기를 하고 싶다면 이 집의 쭈빠빠우나 완탕면 등을 선택해보자. 얘기하면 영어와 한글이 병기된 메뉴판을 준다.

위치 쿤하 거리 초입 반대 방향의 덤보 레스토랑에서 도보 3분 **지도** MAP 9Ⓗ
주소 13-14 R. do Regedor, Vila de Taipa **오픈** 07:00~18:00 **휴무** 부정기 휴무 **예산** 2인 $26~ **전화** 2882-7313

MENU

□ 葡撻 ········· $13
에그타르트

□ 燕窩蛋撻 ········· $16
제비집 에그타르트

□ 雲呑公仔麵 ········· $33
완탕면

□ 豬扒飽 ········· $26
마카오식 돼지고기 버거(쭈빠빠우)

□ 薑樂 ········· $20
생강을 넣고 끓인 뜨거운 콜라

✕ **Eating**

세기카페 世記咖啡

요즘 뜨는 핫 플레이스 중 하나. 50년의 전통을 자랑하는 집으로 마카오와 홍콩에 로컬 카페가 막 생겨나기 시작하던 1965년에 개업했다. 홍콩식 차찬탱 茶餐廳(각종 분식과 죽, 샌드위치 등을 선보이는 서민식당)이 시대에 흐름에 따라 몰락해가는 지금, 세기카페가 버텨내는 힘은 '전통의 고수'다. 광둥식 눙탕기(재료를 오랜 시간 푹 고아 탕을 끓일 때 쓰는 조리기구)에 달인 진한 맛의 차, 석탄불에 석쇠를 올려 직화로 구워낸 두꺼운 토스트, 밑간한 돼지고기와 소고기 등 이 집에서 내는 모든 음식에 수십 년 전부터 지켜 온 불의 힘이 깃들어 있다. 때로는 화려한 레시피보다 직관적인 맛이 세상을 지배하는 법. 특히 이 집의 밀크티와 레몬티는 반드시 먹어볼 만하다. 찻잎을 물에 헹궜다 뺀 싱거운 맛이 아니라 차의 쌉쌀함과 달콤함이 조화를 이룬다. 토스트기나 오븐이 아닌 직화로 구운 쭈빠빠오의 맛도 일품이다.

참고로 한글 메뉴를 갖추고 있지만 이해하기는 어려우니 간략하게 주문 방법을 파악해두는 것이 좋다 일단 쭈빠빠우를 비롯한 버거류는 빵을 먼저 골라야 한다. 번은 빠오, 토스트 빵은 씨 혹은 하우또씨라고 한다. 주문할 때 "Bun or Toast"라고 물어보니 잘 대답하도록 하자. 대부분 쭈빠빠우 먹으며 여기에 두꺼운 어묵 厚切魚片을 함께 끼워도 꽤 좋은 맛을 낸다. 이럴 경우 $5 추가.

MENU

□ 秘製香骨奶茶 ……… $17(hot), $19(ice)
비법 밀크티

□ 檸茶 ……… $17(hot), $19(ice)
레몬티

□ 花生奶油方塊 ……… $25
직화한 토스트를 땅콩가루에 버무리고 연유를 뿌린 간식.

□ 豬扒包/士 ……… $30
돼지고기 쭈빠빠우/쭈빠빠씨

위치 쿤하 거리 초입 반대 방향의 나이키 팩토리 매장 옆 **지도** MAP 9Ⓗ **주소** 1 Largo dos Bombeiros, Vila de Taipa **오픈** 11:00~19:00 **휴무** 화요일 **예산** 2인 $100 **전화** 6569-1214

Eating

퐁케이 병가 晃記餅家 Pastelaria Fong Kei

100년 전통을 자랑하는 타이파에서 가장 유명한 로컬 베이커리 중 하나. 2017~2018년 미슐랭 스트리트 푸드 부문에 이름을 올린 바 있다. 100% 포장 판매만 하는데 포장이 너무 투박해 선물용으로는 부족한 느낌이다. 하지만 가격이 저렴하고 맛이 좋아 주말이면 어마어마한 줄이 늘어진다. 흠이라면 다른 곳들과 달리 맛보기 서비스가 없다는 것.

가장 유명한 품목은 아몬드 쿠키다. 사실 아몬드 쿠키는 마카오에서는 꽤 유명한 독자적인 상품인데, 처음 먹으면 특유의 목이 막힐 것 같은 텁텁한 식감 때문에 호불호가 갈리는 편이다. 사실 이 과자는 차와 함께 먹는 간식이라 음료 없이 과자만 먹으면 백이면 백, 마른 기침이 터진다. 아몬드 쿠키 외에도 다양한 과자 종류가 있다. 영어 병기가 없기 때문에 주문에 애를 먹는 여행자가 많다. 그럴 때를 대비해 〈마카오 100배 메뉴판〉를 준비했다.

위치 쿤하 거리 초입 지도 MAP 9Ⓗ 주소 14 Rua do Cunha, Vila de Taipa 오픈 10:00~19:30
휴무 음력설, 일부 공휴일 예산 2인 $32 전화 2882-7142

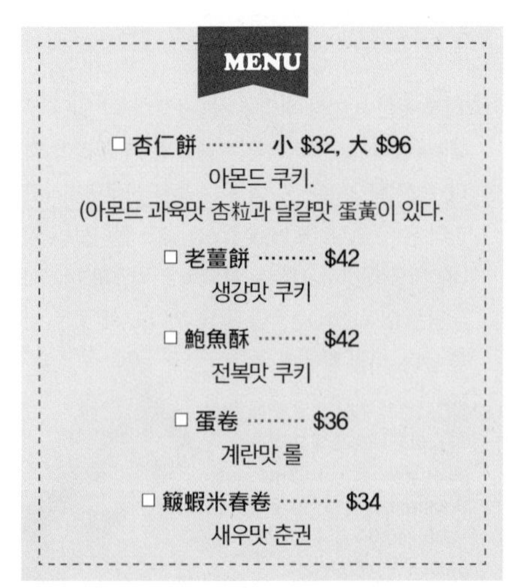
MENU

□ 杏仁餅 ········· 小 $32, 大 $96
아몬드 쿠키.
(아몬드 과육맛 杏粒과 달걀맛 蛋黃이 있다.

□ 老薑餅 ········· $42
생강맛 쿠키

□ 鮑魚酥 ········· $42
전복맛 쿠키

□ 蛋卷 ········· $36
계란맛 롤

□ 籮蝦米春卷 ········· $34
새우맛 춘권

Eating

비터 스윗 必達士 Bitter Sweet

쿤하 거리에 있는 세라두라 전문점. 세라두라란 포르투갈 전통 디저트 중 하나로 크림 위에 쿠키 가루를 얹고 다시 크림을 얹어 여러 층을 쌓아올린 간식이다. 얼마나 좋은 크림과 쿠키를 쓰느냐에 따라 부드러움과 달콤함의 맛 차이가 꽤 많이 나는데, 동네의 오래된 가게가 대부분 그렇듯 평타 이상의 맛을 낸다. 세라두라 외에 조그맣게 포장된 푸딩과 티라미수 등도 있어 식사 후 즐거운 디저트 타임을 가질 수 있다. 양이 꽤 되기 때문에 2명이 나눠먹기 좋다는 것도 장점. 실내에서 먹으면 세금이 추가되기 때문에 포장을 하는 경우가 많다. 근처에 있는 카페에서 커피를 구입해 가게 앞 벤치에서 '쓴단'의 조합을 즐겨보자.

위치 쿤하 거리 초입 지도 MAP 9Ⓗ 주소 92 Rua do Cunha, Vila de Taipa 오픈 11:00~22:00 휴무 없음 예산 2인 $105 전화 2883-0289

MENU

- □ 木糠布甸 ········ $36 세라두라 푸딩
- □ 木糠蛋糕 ········ $56 세라두라 케이크
- □ 天美雪 ········ $39 티라미수
- □ 葡式至尊芒果布甸 ········ $30 지존 망고 푸딩
- □ 好味蛋蛋布甸 ········ $30 크림 카라멜(에그푸딩)

Eating

목이케이 莫義記 Mok Yee Kei

쿤하 거리에 있는 80년의 전통의 로컬 디저트 맛집이다. 2016~2018년 연속 미슐랭 스트리트 푸드 부문에 오르며 뜨거운 인기를 과시하고 있다. 두리안 아이스크림을 비롯해 자체 레시피로 만드는 수제 아이스크림이 대표 메뉴. 특히 두리안 아이스크림은 사장님이 좋은 두리안을 얻기 위해 매년 동남아로 출장을 간다는 이야기가 있을 정도로 좋은 재료를 쓴다고. 두리안 마니아들에게는 목이케이의 두리안 아이스크림을 매일 2개 이상은 먹어야 성이 찬다는 이야기가 퍼져 있다. 다만, 조금은 투박한 맛이라 실망하는 사람도 적지 않다. 하지만 마카오 사람들은 이런 오래된 가게들에 대한 애정이 상당한 편이다. 아이스크림 외에도 세라두라와 차가운 순두부에 시럽을 뿌려먹는 디저트 메뉴도 인기 있다.

MENU

- □ 木糠布甸 ········ $30 세라두라
- □ 芒果雪糕 ········ $32 망고 아이스크림
- □ 榴蓮雪糕 ········ $33~68 두리안 아이스크림

위치 쿤하 거리 초입 지도 MAP 9Ⓗ 주소 9A Rua da Cunha, Vila de Taipa 전화 6669-5194 오픈 11:00~21:00 휴무 없음 예산 2인 $62

Sands
金沙城中心

AREA 6

코타이

타이파섬과 콜로안섬 사이 바다를 메워서 세운 그야말로 욕망의 신천지. 자연마저 극복한 세계적인 카지노 단지로 이미 오래전 '도박의 도시'인 미국의 라스베이거스의 명성을 뛰어넘었다. 에펠탑, 베르사이유 궁전, 베네치아 수로 등 세계적인 명소를 압축해놓은 극단적 효율성(!)이 여행자를 환호하게 한다. 사실 요즘의 코타이는 갬블러들을 제외하고는 카지노도 이미 뒷전. 도시 전체가 거대한 쇼 엔터테인먼트 그 자체다.

코타이
이렇게 여행하자

마카오의 주요 공항과 페리터미널에서 코타이 지역 주요 카지노를 잇는 무료 셔틀버스를 운행한다. 배차 간격이 짧고 운행 시간도 길어 셔틀버스만으로도 카지노에서 카지노로 탐방을 이어갈 수 있다. 단, 코타이 지역 카지노는 대형 리조트 겸 호텔을 겸해 그 규모가 상당하니 무작정 나서기 전에 비치된 내부 지도를 챙기는 것이 좋다.

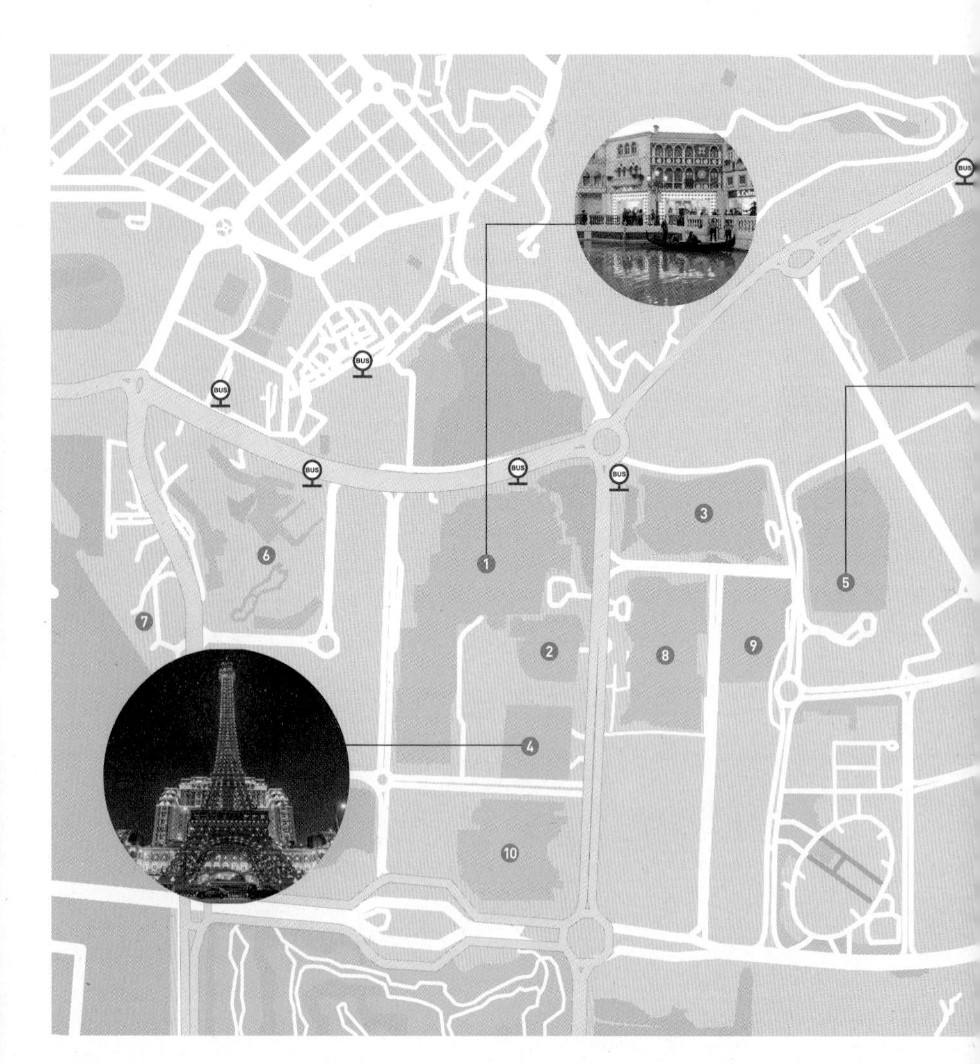

1

베네시안 수로, 파리지앵 에펠탑 등 대형 랜드마크를 배경으로 인증샷

2

갤럭시 마카오 다이아몬드 & 윈 팰리스 분수 등 경쟁하듯 펼쳐지는 카지노 무료 쇼 감상

3

초특급 초대형 물 쇼! 하우스 오브 댄싱 워터 관람하기

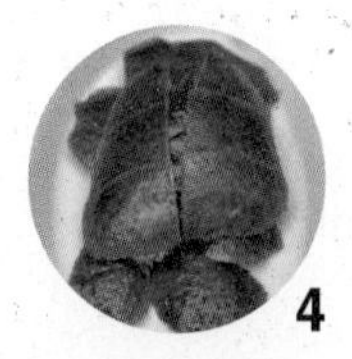

4

하얏트 베이징덕에서 맛보는 본토의 맛, 카오야를 즐기자

5

더 매캘란 위스키 바에서, 싱글 오리진 위스키를 종류별로 먹어보기

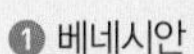

❶ 베네시안
❷ 포시즌즈 호텔 마카오
❸ 시티 오브 드림즈(COD)
❹ 파리지앵
❺ 윈 팰리스
❻ 갤럭시 마카오
❼ 브로드웨이 푸드 스트리트
❽ 샌즈 코타이 센트럴
❾ MGM 코타이
❿ 스튜디오 시티 마카오
⓫ 마카오 국제공항

Sightseeing

베네시안 澳門威尼斯人 Venetian

98만㎡ 규모를 자랑하는 세계에서 가장 큰 카지노 호텔 리조트. 여의도 공원의 4.5배에 달하는 면적에 3,000개의 스위트룸, 3,400개의 슬롯머신, 800개의 도박 테이블을 갖추고 있다. 베네시안이라는 상호답게 리조트 자체가 거대한 영화 세트장처럼 이탈리아 '물의 도시' 풍경을 재현하고 있다. 쇼핑몰은 베네치아의 수로를 모방하고 있으며 인공 수로 위로는 곤돌라가 떠다닌다.

당부를 한 가지 하자면, 베네시안에서는 본격적으로 이동하기에 앞서 반드시 지도를 챙겨야 한다. 규모 자체가 워낙 커 현지 가이드도 길을 잃는 경우가 많다. 조금 헤매다 보면 출구가 나오겠지 생각하고 움직이는 것은 금물! 반대쪽 출구로 잘못 나가면 돌아오는 데 30분은 족히 걸린다.

상상을 초월하는 규모와 이런저런 볼거리로 여행자를 끌어 모으고 있지만 베네시안의 기본적인 정체성은 카지노

다. 베네시안의 카지노 구역은 Level 1 구역 동서남북 방향으로 골든 피쉬 Golden Fish, 임페리얼 하우스 Imperial House, 피닉스 Phoenix, 레드 드래곤 Red Dragon 4개의 테마로 나눠져 있다. 구역마다 메인 테마는 다르지만 게임 종류는 비슷하다.

카지노 이용객들이 주요 고객층이다 보니 레스토랑과 바 역시 카지노가 있는 Level 1에 몰려 있다. 여행자들이 가장 많이 몰려드는 Level 3 그랜드 캐널 숍스 안쪽 식당은 로즈 스토우즈 베이커리 같은 검증된 브랜드를 제외하면 사실 추천하고 싶은 곳이 없다. 조금 성가시더라도 맛있는 요리를 먹고 싶다면 식사 시간에 맞춰 Level 1로 내려가는 게 현명하다.

위치 ①공항, 페리터미널, 중국 접경에서 출발하는 베네시안 카지노 셔틀버스를 타고 베네시안 서문에서 하차 ② 버스 26A · 35 · MT1 · MT3번을 타고 T366 望德聖母灣馬路/紅樹林 정류장에서 하차 ③베네시안과 포시즌즈 호텔 마카오를 잇는 연결 통로를 이용해 샌즈 코타이 센트럴과 파리지앵까지 도보로 이동 가능 **지도** MAP 10Ⓕ **주소** Estrada da Baía de N. Senhora da Esperança, s/n, Taipa **홈피** venetianmacao.com

zoom in

카도로 Ca' d'Oro

베네시안의 정문이자 동쪽 출입구. 코타이 한복판에 이게 웬 중세풍 성인가 싶을 텐데, 베네치아의 콘타리니 가문이 15세기에 지은 궁전의 모사본이다. 참고로 오리지널 건물은 현재 프랑게티 미술관 Galleria Franchetti 건물로 쓰이고 있다. 비록 모사본이지만 베네치아 고딕 양식의 꽃이라는 찬사를 받은 건축물 앞에서 기념사진을 남길 기회를 놓치지 말자.

위치 Level 1

리알토 다리 Ponte di Rialto

물의 도시 베네치아에 건설된 최초의 다리를 재현해놓았다. 오리지널 리알토 다리는 16세기 말에 지어졌는데, 탁월한 건축 기술로 르네상스시대의 가장 위대한 업적 중 하나라고 평가받는다. 마카오 베네시안 내 리알토 다리는 카도로 왼쪽에 있다. 베네치아에 있는 실제 위치와는 다른데 덕분에 시공간을 초월하는 느낌을 받았다는 사람도 있다.

위치 Level 1

호텔 메인 로비 Hotel Main Lobby

카도로 안쪽으로 들어가면 코타이 내 카지노 호텔들 사이에서 로비 꾸미기 경쟁에 불을 붙인 베네시안 호텔 메인 로비에 닿는다. 베네치아의 종신 통령인 도제가 머물던 두칼레 궁전의 중앙 홀을 그대로 모사해두었는데 로비 자체의 규모도 엄청나지만, 특히 화려하고 아름다운 천정 벽화는 보는 사람을 신화 속 세계로 안내한다. 메인 로비 내 원형 고리가 교차되는 조각품은 '황금 혼천의'다. 혼천의는 중세시대 전체를 관측하던 지식의 도구이며 황금색은 부를 상징한다. 베네시안에서 부와 지식을 모두 가지라는 유혹인 셈. 베네시안의 주요 상징 중 하나로 SNS에 올릴 인증샷을 찍으려는 사람들이 몰려든다. 황금 혼천의를 지나면 거대한 회랑인 콜로네이드 Colonnade로 이어진다. 금빛으로 번쩍이는 회랑은 천정과 벽면 전체에는 실제 금박을 사용해 16세기 대관식 장면을 그려놓았다.

위치 Level 1

카지노 Royal Reception

베네시안 카지노는 중앙의 그레이트 홀을 중심으로 골든 피쉬 Golden Fish, 임페리얼 하우스 Imperial House, 피닉스 Phoenix, 레드 드래곤 Red Dragon까지 4개의 테마로 구성돼 있다. 카지노 내부 사진 촬영은 엄격히 금지돼 있으며 미성년자 출입 금지구역이기 때문에 만약 아이를 동반한 가족이라면 정문 입구 쪽에 있는 에스컬레이터를 이용해야 한다.

위치 Level 1

그랜드 캐널 숍스 The Grand Canal Shoppes

오늘날 베네시안의 명성을 만드는 데 일조한 마카오 대표 쇼핑가. 대부분의 거대 카지노 리조트 내 쇼핑몰이 명품 브랜드만을 중점적으로 취급하는 데 반해, 그랜드 캐널 숍스는 자라 ZARA나 망고 MANGO 등의 20~30대 여성을 타깃으로 하는 중저가 브랜드를 비롯해 간단한 먹거리를 판매하는 막스 앤 스펜서 등의 마켓과 스포츠웨어, 액세서리, 화장품등 330여 개의 브랜드를 고루 취급하고 있다.

쇼핑몰은 3개의 지역으로 나뉘며 각 지역에는 그랜드 캐널 Grand Canal, 마르코 폴로 캐널 Marco Polo Canal, 산 루카 캐널 San Luca Canal 3개의 인공 운하가 흐른다. 베네시안을 대표 상징인 곤돌라는 모든 운하에서 탑승할 수 있으며 운하의 끝에서 끝까지 운행한다.

위치 Level 3 오픈 쇼핑몰_목~일요일 10:00~23:00, 금 · 토요일 10:00~24:00(점포마다 다름) / 곤돌라_그랜드 캐널 · 마르코 폴로 캐널 11:00~22:00, 산 루카 캐널_11:00~19:00 요금 곤돌라_어른 $135, 어린이 $103 홈피 www.grandcanalshoppes.com.mo

푸드코트 Food Court

그랜드 캐널 숍스 내에 조성된 초대형 푸드코트. 주로 일정이 빽빽한 여행자들이 간편하게 식사를 해결하고 싶을 때 이용한다. 푸드코트라는 공간 자체가 음식의 맛보다는 그저 배를 채운다는 의미로 접근해야 적당한 곳이긴 하지만, 그런 점을 감안하더라도 베네시안의 푸드코트는 마카오 내에서도 가장 수준이 떨어지는 편이다. 비빔밥을 주력으로 하는 한식집조차 가끔 묵은 냄새가 나는 참기름을 쓸 정도로 전체적으로 요리 완성도가 낮아 추천할 만한 곳이 많지 않다. 그저 바쁘게 식사를 해결해야 할 때를 대비해 한국인 입맛에 맞는 한식이나 실패할 확률이 적은 프랜차이즈 식당의 위치와 예산 정도만 파악해두자.

위치 Level 3 오픈 10:00~22:00(상점마다 다름) 예산 2인 $180~300

이름	장르	위치	메뉴	예산
대장금 大長金	한식	Shop 2512	순두부찌개, 김치찌개, 뚝배기 불고기 등	$98~
스파이시 보이 富仔酸辣粉	중국 분식	Shop 2517	한국인들도 곧잘 먹는 쏸라펀	$60~
타이레이코이 澳門大利來記豬扒包	매캐니즈	Shop 2505A	마카오식 버거 쭈빠빠우 명가	$50~
헤이케이 완탕면 喜記雲吞麵	완탕면	Shop 2505A	실패 확률이 적은 완탕면 전문점	$60~

맥솔리즈 에일 하우스 McSorley's Ale House

뉴욕의 오래된 펍 중 하나인 맥솔리즈 올드 에일 하우스 McSorley's Ale House의 헌정 펍 겸 레스토랑. 마카오에서 가장 다양한 크래프트 맥주에 피시 앤 칩스나 치즈버거 같은 간단한 펍 요리를 곁들여 먹을 수 있다. 낮이고 밤이고 주당들이 들끓는 곳임에도 불구하고 굳이 이곳을 레스토랑으로 분류하는 이유는 위치상 맥주 한 잔에 가벼운 식사를 곁들이기 좋기 때문이다. 늘 소란스러운 분위기지만 특히 축구 경기 시즌에는 마카오에 사는 모든 서양인들이 여기로 몰리는 게 아닌가 싶을 정도로 북새통을 이룬다.

위치 Level 1(Shop 1038) 서쪽 로비에서 직진해 스타벅스 오른쪽으로 꺾어 들어가면 끝쪽에 있다. **전화** 2882-8198
오픈 12:00~01:00 **예산** 2인 $350~

MENU

□ All Day Breakfast ········· $150~248
아침 세트

□ McSorley's Fish'n chip ········· $175
피시 앤 칩스

□ Premium Hand-Crafted Angus Cheese Burger ········· $165
앵거스 치즈버거

□ McSorley's'55 Ale ········· $65
맥솔리즈 오리지널 에일 맥주

□ Big Wave Bay IPA ········· $75
홍콩에서 제조한 7도짜리 IPA

골든 피콕 皇雀印度餐厅 Golden Peacock

5년 연속 미슐랭 원스타에 빛나는 인디언 레스토랑. 인도인 셰프가 현지의 향신료로 정통의 맛을 선사한다. 한국의 인도 식당들이 북인도 요리를 주력으로 하는 데 비해 골든 피콕은 인도 전역의 요리를 커버한다. 특히 홍콩이나 마카오 사람들이 좋아하는 해산물을 커리 요리에 적극 반영했는데, 사실 이는 남인도 요리의 계승이기도 하다. 점심시간에는 인도 전역의 요리를 맛볼 수는 뷔페를 합리적인 가격에 선보인다. 특히 손바닥만 한 항아리에 쑤어주는 인도식 요거트 커드가 일품. 저녁에는 메인부터 디저트까지 마음대로 고를 수 있는 아라카르트 메뉴와 함께 세트 메뉴를 선보이는데 미슐랭 원스타 레스토랑답게 가격이 꽤 호된 편이다.

MENU

- □ 自助午餐 ········· $198
  런치 뷔페
- □ 印式洋葱炒羊角豆 ········· $108
  조드푸르 스타일 오크라커리
- □ 印式菠菜蓉烩芝士 ········· $108
  푼잡 스타일 가지커리
- □ 香芒咖喱鳕鱼 ········· $152
  께랄라 스타일 피시커리
- □ 什錦面包篮 ········· $110
  인도식 모둠 브레드

위치 Level 1(Shop 1037) 서쪽 로비에서 직진해 스타벅스 오른쪽으로 꺾어서 쭉 들어가면 끝쪽에 있는 맥솔리즈 에일하우스 오른쪽 **전화** 8118-9696 **오픈** 11:00~15:00, 18:00~23:00 **예산** 2인 $450~

북방관 北方馆 North

부담스럽지 않은 가격에 아수라장이 아닌 곳에서 제대로 된 그릇에 담긴 요리를 먹을 수 있는 차이니즈 레스토랑. 동북요리를 베이스로 하지만 메뉴 자체는 중국 전역을 포괄한다. 이 집의 시그니처 메뉴는 물만두 水餃다. 10개 기준 $62~65로 저렴한 편. 홀 중앙에 혼자 앉을 수 있는 카운터석이 마련돼 있어 혼밥 여행자에게도 추천한다. 낮 시간 혼자 방문해 면이나 만두로 가볍게 한 끼를 해결 할 수 있으며, 2~3명이라면 본격적인 요리를 즐기는 것도 좋다. 샌즈 코타이 센트럴에도 분점을 두고 있다.

위치 Level 1(Shop 1015) 호텔 메인 로비에서 직진해 오른쪽으로 꺾어져 조금 가면 오른쪽 전화 8118-9980 오픈 일~목요일 11:00~23:00, 금・토요일 11:00~01:00 예산 2인 $130~

MENU

- □ 什錦蔬菜饺 ········· $62
  채소·버섯을 넣은 물만두
- □ 鮮肉虾仁韭菜饺 ········· $65
  돼기고기·새우·부추를 넣은 물만두
- □ 四川担担面 ········· $83
  쓰촨식 딴딴멘
- □ 麻婆豆腐 ········· $72
  마파두부

로드 스토우즈 베이커리 & 카페 Lord Stow's Bakery & Cafe

'마카오 간판 간식' 로드 스토우즈 에그타르트의 베네시안 분점이다. 본점이 있는 콜로안까지 갈 필요가 없어 여행자들이 가장 선호하는 지점이기도 하다. 귀국 편을 앞둔 여행자들이 에그타르트를 사재기 하는 모습도 종종 보인다. 대기 줄은 길지만 테이크아웃 손님이 대다수라 회전률이 좋다. 카페 공간도 만석이 되는 경우는 드문 편. 카페에 앉아 여유롭게 머무르지 않을 예정이라면 굳이 북적이는 매장을 찾는 것보다 여기저기 눈에 띄는 곳에 마련된 테이크아웃 전문 점포를 이용하는 것도 좋은 방법이다.

위치 Level 3(Shop 2119a) 정문(카도로) 입구 앞 에스컬레이터를 타고 올라가 마르코폴로 캐널 오른쪽 방향 다리를 건넌 후 오른쪽 전화 2886-6889 오픈 10:00~23:00 휴무 없음 예산 2인 $200 홈피 www.lordstow.com

캔톤 喜粵

베네시안의 대표 캔토니스(광둥요리) 레스토랑. 카지노 단골을 제외하면 손님이 상대적으로 적은편이라 한갓지다. 꽤 재미있는 세트 메뉴를 선보이는데, 코스별로 3~4가지의 요리를 골라 나만의 세트 메뉴를 완성하는 방식이다. 점심 세트의 경우 총 5종의 딤섬이 하나씩 제공되며 가격마저 저렴해 코타이 일대에서 가장 훌륭한 가성비를 자랑한다. 저녁 세트는 점심 세트에 메인 요리 1가지와 디저트가 추가된다. 취향대로 요리를 선택할 수 있는 아라카르트 메뉴도 있는데, 세트 메뉴에 비해 가격이 꽤 높다.

위치 Level 1(Shop 1018) **정문(카도로) 입구에서 직진해 오른쪽으로 꺾어져 끝까지 들어가 오른쪽** **전화** 8118-9930 **오픈** 11:00~15:00, 18:00~22:00(토요일 18:00~23:00) **휴무** 없음 **예산** 2인 $350~ **홈피** www.venetianmacao.com/restaurants/signature/canton.html

MENU

- □ 午市自选套餐 ········ $158
  자유 선택 점심 세트
- □ 晚市自选套餐 ········ $420
  자유 선택 저녁 세트
- □ 果木片皮鴨 ········ $320(1/2마리), 480(1마리)
  베이징 덕
- □ 香煎和牛粒 ········ $418
  특제 간장 양념 와규볶음
- □ 竹笙珍菌扒上素 ········ $118
  버섯·죽순을 넣은 제철 채소볶음

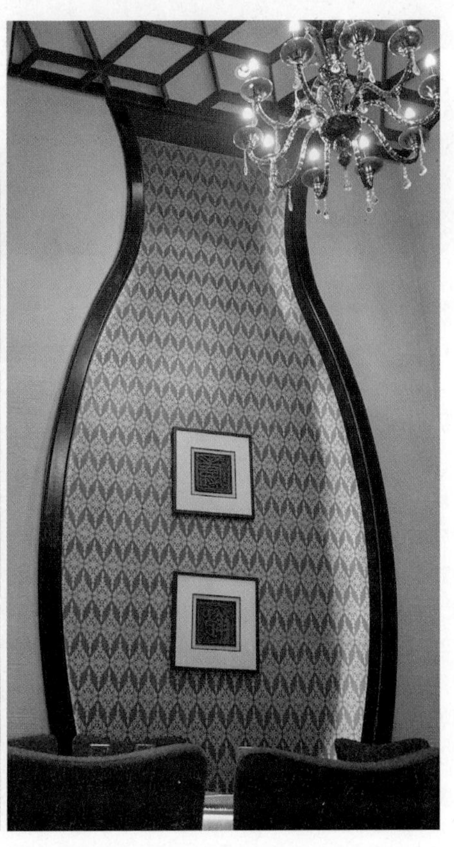

Sightseeing

포시즌즈 호텔 마카오 Four Seasons Hotel Macao

마카오를 대표하는 고품격 호텔 중 하나. 호텔 내 카지노 시설을 두고 있지 않아 전체적으로 차분한 분위기다. 19층 규모로 84개의 스위트룸을 포함해 360여 개의 객실을 갖추고 있다. 내부는 럭셔리 호텔 브랜드 명성에 걸맞게 스페인 콜로니얼풍으로 호화롭게 꾸며졌다. 라운지와 정원 등 휴식을 취할 수 있는 부대시설도 확실하게 갖춰놓았다. 특히 투숙객은 무료로 이용할 수 있는 프라이빗 스파 시설의 명성이 자자하다.
호텔에 숙박하지 않더라도 명품 브랜드가 대거 입점한 쇼핑가 숍스 앤 포시즌즈와 마카오 대표 광둥 레스토랑 찌얏힌이 있어 둘러볼 가치는 충분하다. 숍스 앤 포시즌즈는 아담한 규모지만 면세점 DFS 갤러리와 루이비통, 프라다, 샤넬, 에르메스, 구찌, 보테가 베네타, 까르띠에, 오메가 등 전 세계의 명품 브랜드를 한 자리에 모아 놓아 한도 끝까지 카드 긁는 낙(!)을 즐기기 좋다. 연결 통로를 따라 세계에서 가장 큰 카지노 호텔 리조트 베네시안이나 실물 크기 1/2 사이즈의 에펠탑이 있는 파리지앵으로 이동할 수 있다. 단, 다리가 튼튼해야 한다는 것을 기억해두자.

위치 ①공항, 페리터미널 등에서 출발하는 베네시안 카지노 셔틀버스를 타고 베네시안 이동 후 연결 통로를 따라 이동 ②버스 25 · 25X · 26A번을 타고 T379 連貫公路/金沙城中心 정류장에서 하차 후 도보 12분 지도 MAP 10Ⓙ 주소 Estrada da Baia de N. Senhora da Esperanca, S / N, Taipa, Macau 전화 2881-8888 홈피 www.fourseasons.com/macau

찌얏힌 紫逸軒 Zi Yat Heen

포시즌즈 호텔 마카오 내에 자리한 차이니즈 레스토랑. 마카오 반도의 더 에잇8과 함께 광동요리의 양대 산맥으로 불려왔지만 최근엔 그 기세가 밀리는 느낌이다. 더 에잇8이 다양한 외국 요리 기법을 꾸준히 받아들이면서 광동요리의 새로운 장을 열었다면 찌얏힌은 모험을 거부하고 전통을 고수하는 스타일. 여행자 입장에서는 나쁜 일도 아닌 게, 더 에잇8은 미슐랭 쓰리스타라는 이유로 저렴한 요리의 경우에는 크게 집중하지 않는 분위기인 데 비해 찌얏힌은 점심 메뉴에도 전력을 다 하는 느낌이다. 특히 공간 배치가 더 에잇8에 비해 상당히 여유롭게 배치됐다. 특히 점심으로 찌얏힌의 딤섬은 최고의 선택이다.

위치 포시즌즈 호텔 마카오 1/F **오픈** 12:00~14:30, 18:00~22:30(일요일 11:30~15:00, 18:00~22:30) **예산** 2인 $500~ **전화** 2881-8888

MENU

□ 原隻鮑鱼鸡粒酥 ········· $70
치킨을 곁들인 전복 딤섬

□ 燕窝海龙皇饺 ········· $120
제비집을 얹은 로브스터 새우 딤섬

□ 笋尖鲜虾饺 ········· $69
죽순을 곁들인 새우 딤섬(하카우)

□ 珊瑚烧卖皇 ········· $69
게알을 곁들인 씨우마이

□ 脆香海鲜肠粉 ········· $84
해산물 창펀

Sightseeing

시티 오브 드림즈(COD) 新濠天地 City of Dreams

마카오 카지노업계의 독보적인 큰손, 스탠리 호 가문이 운영하는 카지노 호텔. 베네시안 맞은편에 있다. 베네시안이 거대한 호텔 하나를 거느린 카지노 리조트인데 반해 시티 오브 드림즈는 그랜드 하얏트, 카운트 다운, 모피어스, 누와 4개의 호텔 연합체다. 약 20만㎡ 규모로 4개의 호텔은 시티 오브 드림스의 쇼핑센터와 카지노를 공유한다.

베네시안이 이탈리아라면, 시티 오브 드림즈는 '물'이다. 중국인들에게 물은 끝없이 순환하는 돈을 상징한다. 그 덕에 시티 오브 드림즈의 모든 공간은 물결, 빗줄기, 파도, 소용돌이, 물방울을 모티브로 디자인됐다. 흐르고 흐른 돈이 모두 카지노로 몰려오라는 염원이 숨어있는 셈. 내부를 둘러보지 않더라도 외관과 로비 정도는 둘러볼

가치가 충분하다. 특히 2018년 문을 연 모피어스는 한국의 DDP를 디자인한 자하 하디드의 유작이다.
리조트 내 파인 다이닝 식당 라인업도 훌륭하다. 2019년에 미슐랭 쓰리스타에 등극한 제이드 드래곤은 말할 것 도 없고, 베이징 키친도 손에 꼽을 만큼 훌륭한 식당이 대거 포진해 있다. 주머니만 든든하다면 이 구역을 집중 공략하는 것만으로도 마카오 미식 여행이 완성된다.

위치 ①공항, 페리터미널, 중국 접경 등에서 출발하는 시티 오브 드림즈(COD) 카지노 셔틀버스 이용 ②버스 15 · 21A · 25 · 25X · 26 · 26A · N3번을 타고 T375 連貫公路 / 新濠天地 정류장에서 하차 후 도보 5분 ③베네시안~윈 팔래스~MGM 코타이~샌즈 코타이 센트럴까지 도보로 연결
지도 MAP 10Ⓖ 홈피 www.cityofdreamsmacau.com

zoom in

클럽 큐빅 Club Cubic

마카오 클럽의 지존. 순수하게 '놀기 위해' 찾아오는 사람들의 비중이 높다. 전면의 커다란 무대에서 수시로 공연이 펼쳐지는데, 춤추는 게 수줍어 테이블에 앉아 음료나 홀짝거린다 해도 손해 없다싶을 정도로 다채로운 공연을 즐길 수 있다. 주말마다 큐빅이 자랑하는 세계 각국의 초빙 DJ가 집중적으로 출연해 인산인해를 이룬다. 다만 카지노로 유명한 동네인 데다 매춘도 합법적인 지역이니 분위기에 휩쓸리지 않도록 주의할 것.

위치 카운트 다운 호텔 2F 운영 22:00~06:00 요금 $250(무료 음료 1잔 포함, 이벤트에 따라 수시로 변경)

zoom in

더 하우스 오브 댄싱워터 The House of Dancingwater

한국인 여행객들에게 '물 쇼'로 통한다. 〈태양의 서커스〉로 유명한 세계적인 연출가 프랑코 드라고네가 5년간 기획한 작품으로, 쇼가 진행되는 극장을 건설하는 데 US$ 2억 5000만, 즉 한화 3,000억 원이 투자됐다. 극장은 1,500만t의 물을 수용할 수 있는 규모로 11개의 수압 가변 장치와 239개에 달하는 워터제트가 설치돼 있다. 수백의 물줄기에 화려한 효과와 기술이 더해져 90분간 한 시도 눈을 뗄 수 없다. 어지간한 오페라나 뮤지컬 무대 장치를 두루 경험한 공연 마니아도 직접 보면 감탄을 터트리게 된다. 한 가지 흠이라면 여행자들 필수 코스이다 보니 가격이 좀 비싼 편. 예약 대행 홈페이지를 이용하면 할인된 요금으로 입장권을 예매할 수 있다.

위치 Level 1 하얏트 입구로 들어갔다면 오른쪽 끝 또는 시티 오브 드림즈(COD) 셔틀버스에서 내려서 입구로 들어가면 오른쪽으로 가야 하얏트다. **오픈** 토~월요일 17:00, 20:00, 목요일 17:00, 20:00, 금요일 20:00(수시로 변경) **요금** VIP석 $1,498/ A석 어른 $998, 어린이 $798/ B석 어른 $798, 어린이 $638/ C석 어른 $598, 어린이 $478

제이드 드래곤 譽瓏軒 Jade Dragon

마카오 반도의 더 에잇 8과 함께 한국인 여행자들이 가장 선호하는 캔토니스(광둥요리) 레스토랑. COD의 플래그십 레스토랑으로 호사스러운 인테리어에 있어서는 어디다 내놔도 빠지지 않는다. 내부에는 녹옥을 깎아 만든 거대한 용조각이 있고 전체 인테리어 콘셉트를 반영한 물방울 모티브의 조명 등이 화려함을 더한다.

수석 주방장 탐궉펑은 도교의 양생 養生 개념을 요리에 접목시키는 것으로 유명하다. 식재의 배합이나 조리법에 보양 개념을 적극적으로 도입해 $2,680짜리 전복 요리 등 고급 식재를 사용한 요리를 풍성하게 선보인다. 흥미로운 메뉴가 많지만 여행자의 입장에서는 메뉴 읽기가 어려운 것도 사실. 그럴 땐 〈마카오 100배 즐기기〉 메뉴판으로 선택의 폭을 넓혀보자. 점심에는 딤섬 위주의 가벼운 메뉴를 부담스럽지 않은 가격에 선보인다.

위치 누와 호텔 Level 2, 시티 오브 드림즈(COD) 쇼핑센터에서 2층으로 올라가도 된다. 전화 853-8868-2822 오픈 12:00~15:90, 18:00~23:00(일요일 11:00~15:00, 18:00~23:00) 예산 2인 $700~

MENU

딤섬

- □ 灌湯日存毛蟹小籠包 ········· $68
  게살을 넣은 샤오롱바오
- □ 翡翠玉龍餃 ········· $32
  새우 딤섬(하카우)의 변형판
- □ 菜汁鮑魚燒賣 ········· $48
  전복을 얹은 씨우마이

요리

- □ 香煎松茸珍珠雞 ········· $48
  송이버섯과 치킨을 넣은 찹쌀밥
- □ 辣子軟殼蟹 ········· $188
  매콤하게 볶은 소프트 쉘 크랩
- □ 譽瓏片皮鵝 ········· $428(1/2마리), $788(1마리)
  북경 베이징 덕 조리법을 따른 구운 거위
- □ 濃雞湯海皇雜菜煲 ········· $228
  모둠 채소를 넣은 해산물전골
- □ 時果咕嚕豚肉 ········· $188
  계절 과일을 곁들인 이베리코 탕수육
- □ 脆皮炸子雞 ········· $268(1/2마리), $498(1마리)
  광둥식 프라이드치킨

베이징 키친 滿堂彩 Beijing Kitchen

그랜드 하얏트 내 자리한 차이니즈 레스토랑. 마카오에서 가장 맛있는 베이징 덕을 맛볼 수 있다. 베이징 덕은 원래 난징 南京에서 유래해 베이징 北京에서 꽃을 피운 요리로, 다양한 조리 기술이 발전한 현대에 와서도 별다른 대체법이 없을 정도로 완벽한 레시피를 자랑한다. 베이징 키친은 오리를 굽는 나무까지 베이징에서 들여올 정도로 전통 조리법을 충실하게 따르고 있다. 결코 싸다고 볼 수 없는 가격이지만 조금 무리해서라도 먹어볼 가치가 충분하다. 베이징 덕을 맛보고 싶다면 사전 예약은 필수. 베이징 덕에 곁들이면 좋을 요리는 메뉴판을 참고하자.

위치 그랜드 하얏트 마카오 Level 1 전화 8868-1930
오픈 11:30~14:30, 17:30~23:30 예산 2인 $700~

MENU

- □ 老式果木烤鴨 ········· $468(1/2마리), $698(1마리)
  정통 베이징 덕
- □ 野生菌香鍋 ········· $398
  윈난식 버섯전골
- □ 老虎菜豆腐絲 ········· $108
  두부껍질·오이·고수무침
- □ 欖菜鮮蝦飯 ········· $158
  새우·채소볶음밥
- □ 京式豬肉鍋貼 ········· $158
  베이징식 지짐만두

피에르 에르메 라운지 艾爾曼尚廊 Pierre Herme Lounge

마카롱의 대표주자격인 피에르 에르메의 직영 디저트 라운지. 세계적인 건축가 자하 하디드가 설계한 모피어스 호텔 내부에 자리 잡고 있다. 피에르 에르메의 이름만으로도 개업과 동시에 많은 관심을 불러일으켰다. 디저트가 전반적으로 약한 마카오이기에 기대는 한층 더 상승. 한입 거리인 아뮤스 부쉬 Amuse Bouche 사이즈의 작은 디저트를 주 무기로 하는데 드높은 명성이 반영돼 가격대는 조금 높은 편이다. 샌드위치 같은 가벼운 식사거리도 판매한다. 함께 둘러보면 좋을 모피어스 호텔의 독특한 건축미는 사람에 따라 정신 사납다 느낄 수도, 혹은 미래의 어떤 도시로 떠나온 듯한 느낌이 들 수도 있다. 색다른 경험을 원한다면 꼼꼼하게 둘러보자.

위치 모피어스 호텔 Level 1 전화 8868-3400 오픈 08:00~22:00 예산 2인 $350~

MENU

□ Egg Benedict ········· $108
에그베네딕트

□ Hamachi "Ceviche" Style ········· $178
남아메리카 스타일 방어회 샐러드

□ Pierre Hermê Signature ········· $208
피에르 에르메의 시그니처 미니 7종 디저트

□ Trio of Macarons ········· $88
마카롱 삼종세트(선택 불가)

□ Thé Ispahan Tea ········· $68
장미향이 나는 이스파한 티

보야즈 바이 알랭 뒤카스 風雅廚 Voyages by Alain Ducasse

21세기 최고의 셰프로 손꼽는 알랭 뒤카스의 레스토랑. 알랭 뒤카스는 3개의 도시에 각각 미슐랭 쓰리스타 레스토랑을 보유한 최초의 셰프로, 마카오에는 보야즈 외에 알랭 뒤카스 앳 모르페우스라는 또 하나의 고급 레스토랑을 거느리고 있다. 보야즈는 엄밀히 말해 마카오에서 가장 비싼 식당인 모르페우스로의 진입을 위한 준비 운동 개념이라고 보면 된다.

이게 정말 세계적인 쉐프가 운영하는 레스토랑의 가격인가 싶을 정도로 저렴한 런치 세트를 운영하는데, 요리 자체도 훌륭한 편이라 식사를 마치고 나면 이보다 한 등급 위인 모르페우스에서의 식사는 과연 어떨까 저절로 궁금해진다. 세트 메뉴 외에 아라카르트 메뉴도 별도로 선보이고 있는데 이 역시 셰프의 이름값에 비해 합리적인 가격대로 선보인다. 코타이 지역에서 파인 다이닝 런치를 즐기고 싶다면 추천하고 싶은 레스토랑이다.

위치 모르페우스 호텔 3/F **전화** 8868-3436 **오픈** 12:00~23:00 **예산** 2인 $450~

MENU

□ Set Lunch 2 Courses ········· $168
세트 런치 2코스

□ Set Lunch 3 Courses ········· $198
세트 런치 3코스

□ M5 Black Angus striploin 280 GMS, bearbause or peppered sause ········· $488
M5급 블랙 앵거스 280g 소고기 스테이크

□ Koulibiac salmon to share ········· $388(2인분)
연어 쿨리비악(러시아 황실요리 중 하나로 일종의 연어파이)

□ Rossini Chateaubriand 360 GMS, truffled cooking jus to share ········· $688
트러플 오일을 곁들인 360g 샤토브리앙 스테이크

파리지앵 澳門巴黎人 Parisien

파리와 에펠탑을 모티브로 한 샌즈 그룹 소유의 카지노 리조트. 참고로 샌즈 그룹은 파리지앵 외에도 베네시안과 샌즈 코타이 센트럴을 소유한 마카오 카지노계의 대표적인 큰손이다. 3개의 카지노 리조트는 구름다리로 연결되는데 동선은 길지만 사실상 같은 구역으로 분류할 수 있다.

파리지앵 건설 계획이 처음 발표됐을 때 사람들의 반응은 꽤 냉소적이었다. 이미 화려한 대형 명소로 가득한 마카오에 에펠탑 모형을 세운다고 무슨 볼거리가 되겠냐는 반응이 지배적이었다고. 하지만 이런 혹평은 약 4년에 걸쳐 US$27억이 투자된 대공사가 완료된 후 환호로 바뀌었다. 마치 파리의 에펠탑이 완공 전 비난을 받다가 완공 후 도시의 랜드마크가 된 것과 같은 수순을 밟은 셈이다.

베네시안에 비해 덜 복잡하고 식당들도 좀 더 관리하는 분위기. 특히 로터스 팰리스의 훠궈는 한국에 돌아온 뒤에도 종종 생각나는 일품 중 하나다. 5층에 푸드코트가 있는데 밥심이 필요한 한국인들에게 인기 있는 페퍼런치가 입점해 있다. 횡단보도를 사이에 두고 스튜디오 시티 마카오와 마주보고 있어 함께 둘러보기 좋다.

위치 ①공항, 각 페리터미널, 중국 접경에서 출발하는 파리지앵 혹은 샌즈 코타이 센트럴 카지노 셔틀버스를 이용 ②파리지앵 5F 연결 통로를 통해 포시즌즈 호텔 마카오와 베네시안, 샌즈 코타이 센트럴로 이동 가능 **지도** MAP 10Ⓙ **홈피** parisianmacao.com

zoom in

에펠탑 Effel Tower

파리의 상징과도 같은 에펠탑의 복제품은 유명한 것만 따져도 전 세계에 약 30개가 넘는다. 그중에서도 마카오 파리지앵의 에펠탑은 파리에 있는 오리지널 에펠탑을 가장 정교하게 재현한 축소품으로 정확하게 실물의 1/2 높이, 1/4 크기다.

에펠탑 7층과 37층에는 유료 전망대가 있다. 탑의 맨 꼭대기에 있는 37층 전망대에서는 코타이와 강 건너 주하이의 풍경을 한눈에 바라볼 수 있다. 요금이 비싸다는 사람도 있지만, 코타이 구역의 어지간한 체험 프로그램이 모두 이 가격대라 가성비 기준 딱히 나쁜 편은 아니다. 전망을 보기 위해서가 아니라면 에펠탑에 오르지 않고도 밖에서 풍경을 감상할 수도 있다. 매일 18:45부터 자정까지 약 6,600개의 LED가 일제히 점등돼 아름다운 야경을 선사한다. 에펠탑이 잘 보이는 의외의 명당은 바로 파리지앵 맞은편 쉐라톤 호텔이다. 샌즈 코타이 센트럴에서 포시즌즈 호텔 마카오 방향으로 연결되는 구름다리 옆 난간도 훌륭한 전망 포인트이자 포토존으로 인기 높다.

에펠탑 전망대

위치 에펠탑 5F(입장권은 기념품점 550호에서 구입) • 운영 11:00~23:00 • 요금 어른 $108, 어린이 $87(만12세 이하)

그랜드 로비 Grand Lobby

호텔 로비 중심에 있는 거대한 분수는 파리의 콩코드 광장 북쪽에 있는 퐁텐 데메르 Fontaine des Mers의 카피본이다. 콩코드 광장은 파리에서 가장 큰 광장으로 대혁명 시대 거대한 단두대가 있던 곳이다. 루이 16세의 처형도 이곳에서 이루어졌다. 분수는 파리지앵이 '작은 파리'임을 나타내는 상징물인 셈. 원형극장을 방불케 하는 거대한 돔 아래 있어 웅장함을 더한다. 크고 작은 공연이 펼쳐지는 무대이기도 하다.

로얄 리셉션 Royal Reception

거대한 회랑을 연상케 하는 호텔 리셉션은 베르사유 궁전의 아폴로 살롱을 본떴다. 전통적으로 태양의 신은 왕권을 상징한다. 아폴로 살롱도 바로 신하들의 접견처이자 왕 침실로 사용하던 공간. 그런 아폴로 살롱을 카피한 리셉션에서 체크인을 하면 왕이 되어 침실로 가는 셈이다. 굳이 투숙을 하지 않아도 리센셥 정면에 있는 대관식 그림 등을 보기위해 둘러볼 만하다. 종종 리셉션 입구에 자크루이 다비드의 〈알프스를 넘는 나폴레옹〉의 한 장면을 재현하는 아저씨가 사진 속 자세를 취해 주기도 한다.

라 파리지앵 카바레 프랑세 La Parisienne Cabaret Francais

파리지앵 부설 극장에서 올리는 정기 공연. 과거 한국에서도 유행했던 극장식 카바레로 무대에서는 캉캉 춤을 추고 브라질 카니발 복장으로 돌아다니는 무용수들을 볼 수 있다. 마카오에 있는 여러 공연 프로그램 중 상대적으로 성인 취향의 쇼로 사람에 따라 노출이 심한 무용수들의 복장이 불편할 수도 있다. 이외에도 농구공으로 펼치는 묘기나 아슬아슬한 모터바이크의 기예도 볼 수 있다. 중간 중간 무대 준비를 위한 만담이 펼쳐지기도 하는데 모두 중국어라 제스처로 알아들어야 한다. 10분 남짓의 짧은 공연이 여러 개 이어지는 형식인데, 의외로 시간 가는 줄 모르고 빠져든다.

위치 파리지앵 부설 극장 **오픈** 화~토요일 20:00, 일요일 17:00 **요금** A석 $488, B석 $388, C석 $188

라 씬 La Chine 巴黎軒

에펠탑 6층에 있는 파리지앵 대표 레스토랑. 에펠탑 안에 자리한 중식당답게 푸아그라가 든 딤섬 등 프랑스요리 기법이 스며든 중국요리를 선보인다. 요리도 맛있지만 에펠탑 안에서 식사를 할 수 있다는 로맨틱한 콘셉트 덕분에 커플 여행자의 성지로 인기가 높다. 저녁에 방문하면 프러포즈를 하는 커플도 한 두 쌍 정도는 보인다. 식당으로 연결되는 유리 통로는 물론이고 철골 구조 인테리어가 이토록 세련되고 로맨틱할 수 있다는 게 의외. 점심에는 본격적인 딤섬 위주이며 저녁때는 퓨전 중식 중심이다. 분위기를 즐기고 싶다면 저녁 타임을 추천한다.

위치 에펠탑 6F(5F에서 전용 엘리베이터로 이동) 전화 8111-9210 오픈 11:00~15:00, 18:00~23:00 예산 2인 $700~

MENU

□ 蜜糖西班牙黑豚叉燒 ········· $168
이베리코 돼지고기로 만든 차슈

□ 魚香茄子带子皇焖米 ········· $148
조개관자와 가지, 말린 새우와 함께 볶은 얇은 쌀국수

□ 巴黎铁塔至尊迷你佛跳牆灌汤饺 ········· $98
전복, 해삼, 송이버섯이 든 에펠탑 미니 불도장 탕바오

□ 蟹籽红米脆皮龙虾肠粉 ········· $88
랍스타와 와사비에 절인 게알을 곁들인 레드 라이스 창펀

로터스 팰리스 Lotus Palace 御蓮宮

마카오에서 가장 맛있는 쓰촨식 훠궈를 맛보고 싶다면 여기로! 주문 방법은 여느 훠궈 전문점과 같다. 가장 먼저 육수를 고르고 데쳐먹을 식재를 고른다. 고기값이 꽤 비싸지만 고기질이 상당히 좋은 편이라 돈이 아깝다는 생각은 들지 않는다. 찍어먹는 소스는 입맛에 따라 조합할 수 있게 이동식 트레이에 종류별로 서빙된다. 땅콩소스가 일반적이며 훠궈를 좀 먹어본 사람이라면 다진 마늘, 고수, 참기름 조합을 선호한다.

이 집을 더욱 특별하게 해주는 것이 바로 차 茶다. 우리가 흔히 먹는 쓰촨식 마라탕 四川麻辣汤 국물은 맵고 화한 맛인데, 차 한 잔이 이 매운기를 개운하게 내려준다. 이 집에서 차를 주문하면 주전자째로 내주는 게 아니라 티 소믈리에가 자리에 머물며 계속 차를 내려준다. 차맛에 통달한 전문가가 한 잔 한 잔 최적의 맛을 내린 차를 준단 이야기. 차값이 다소 비싸게 느낄 수 있지만 사람이 옆에 붙어서 계속 내려주는 서비스를 받다 보면 오히려 싸게 느껴진다. 차의 종류에 따라 인원수대로 비용을 따로 지불하는 것도 있으니 주문 전 문의하자.

위치 Level 3 전화 8111-9260 오픈 11:00~15:00, 18:00~23:00
예산 2인 $400~

MENU

- □ 四川麻辣汤 ········· $48
  쓰촨식 마라탕
- □ 自家制鲜虾云吞 ········· $88
  새우 완탕
- □ 澳洲雪花肥牛片 ········· $228
  호주산 소고기
- □ 唐生菜 ········· $38
  양상추
- □ 土豆片 ········· $38
  편을 낸 감자
- □ 時令鲜什菌 ········· $108
  버섯 모둠
- □ 鸡蛋生面 ········· $28
  에그누들

크리스탈 제이드 라멘 샤오롱바오 Crystal Jade 翡翠拉麵小籠包

싱가포르에 본점을 두고 있는 크리스탈 제이드 그룹의 비스트로급 식당이다. 홍콩에서도 그렇지만 한국인 여행자들에게 가장 무난한 레스토랑 중 하나로 알려져 있다. 샤오롱바오를 비롯한 상하이식 딤섬이 주요 메뉴. 딴딴면 같은 매콤한 면류가 입에 안 맞아 고생했다는 사람도 여기서는 곧잘 먹는다. 딱 한 두 사람 먹을 수 있게 작은 접시에 소분되어 나오는 중국요리도 있어 나 홀로 여행자도 부담 없이 주문할 수 있다. 다만 파리지앵에 입점한 다른 식당과 마찬가지로 음료 값이 살벌하게 책정되어 있다는 게 흠이다.

위치 Level 1 전화 8111-9220 오픈 월~목요일 08:00~03:00, 금~일요일 24시간 운영 예산 2인 $200~

MENU

□ 上海小笼包 ········· $48
상하이식 샤오롱바오

□ 紅油抄手 ········· $62
쓰촨식 고추기름에 찍어 먹는 돼지고기 만두

□ 葱油干捞拉面 ········· $68
상하이식 파기름을 넣은 비빔면

□ 招牌担担面 ········· $78
땅콩과 고추기름이 든 딴딴멘

□ 白粥 ········· $48
흰죽

마켓 비스트로 Market Bistro 色香味

24시간 운영하는 국수 전문 레스토랑. 베트남의 쌀국수를 메인으로 타이완 우육면, 싱가폴 락샤 등 동남아 국수를 선보인다. 면요리는 좋아하지만 마카오식 완탕면에 질려 새로운 맛이 필요할 때는 마켓 비스트로의 베트남이나 태국의 면으로 메뉴를 맛보는 것도 좋은 방법. 밥을 좋아하는 사람들을 위한 광둥식 바비큐덮밥을 추천한다. 기초적인 딤섬도 7가지 취급하는데 맛은 평타 정도. 규모치고는 음료 값이 비싸게 책정되어 있다.

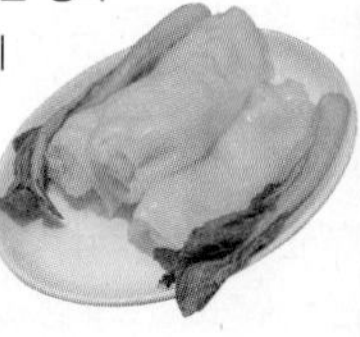

위치 Level 1 전화 853-8111-9270 오픈 24시간 예산 2인 $200~

MENU

- □ 台灣牛肉面 ········· $85
  타이완식 우육면
- □ 星加坡叻沙 ········· $98
  타이거 새우·생선을 넣은 싱가포르식 락샤

엘리제 베이커리 Élysée Bakery

프랑스 전통의 제빵 레시피를 추구하는 베이커리 겸 노천카페. 약간 출출한데 밥을 먹긴 애매할 때, 프랑스풍 감성에 취해 크루아상에 커피 한 잔 곁들이기 좋은 집이다. 프랑스식 제빵을 강조하는 베이커리답게 마카롱이나 몽블랑 같은 간식들도 꽤 수준급이다. 시간대가 맞으면 이곳에서 펼쳐지는 작은 공연을 코앞에서 관람할 수 있는 행운을 얻게 될 수도. 마카오 반도에도 분점을 두고 있다.

위치 Level 3 (Shop K302) 전화 853-2852-7763 오픈 07:00~20:00 예산 2인 $100

MENU

- □ Cafe Americano ········· $30
  아메리카노
- □ Lemon Tea ········· $30
  레몬티

윈 팰리스 永利皇宮 Wynn Palace

세계적인 카지노 그룹 윈 Wynn이 2016년 오픈한 리조트. 마카오 반도에 있는 첫 번째 리조트가 윈 마카오 Wynn Macau고 코타이에 두 번째로 오픈한 이곳이 윈 팰리스 Wynn Palace, 즉 궁전이다. 그 이름처럼 궁전 같은 리조트는 온통 꽃으로 꾸며졌다. 뉴욕의 플로리스트 프레스턴 베일리 Preston Bailey가 실내의 주요 인테리어는 참여했는데, 프레스턴 베일리는 꽃을 이용한 대규모 장식에 있어서는 세계에서 가장 유명한 아티스트로 손꼽힌다.

리조트 곳곳에 미술작품이 전시되어 있는 것은 또 하나의 관람 포인트. 윈 팰리스 내에 설치된 작품들의 전체 가격만 약 US$1억 5천만 정도라고 하니 그야말로 입이 떡 벌어질 지경이다. 특히 제프 쿤스 Jeff Koons의 셀레브레이션 시리즈의 일환인 '금속 튤립'은 이 집에 왜 궁전이라는 과장된 이름을 붙였는지 납득 할 수 있게 해주는 주요 소장품 중 하나다.

위치 ①공항, 각 페리터미널, 중국 접경 등에서 출발하는 윈 팰리스 셔틀버스를 이용 ①시티 오브 드림즈, 샌즈 코타이 센트럴, MGM 코타이에서 도보 10분 **지도** MAP 10Ⓖ **홈피** www.wynnpalace.com

윈 팰리스는 2016년 문을 연 이래 하이엔드 지향의 레스토랑을 속속 배치하며 미식가들을 공략 중이다. 하지만 취재 시점까지는 뭔가 정돈되지 않은 모습이었다. 일단 불리한 위치 조건이 약점으로 작용하는 듯하다. 여행자들은 동선상 베네시안을 기점으로 움직이기 때문에 윈 팰리스까지 가서는 모두 지쳐 호수를 횡단하는 케이블카 스카이 캡만 타고 빠져나오는 경우가 많다. 천천히 둘러볼 요소가 많으니 조금은 여유를 가져보자.

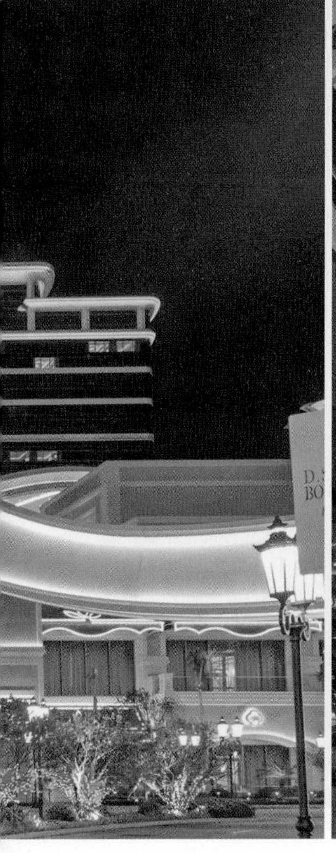

zoom in

스카이 캡 Sky Cab

윈 팰리스가 문을 열었을 때 사람들이 가장 흥분했던 포인트는 호텔이나 쇼핑센터로 입장하기 위해 호수를 횡단하는 케이블카를 탑승해야 한다는 호쾌함이었다. 총 6명이 탑승할 수 있는데 분수 쇼 시간대에 맞추면 종횡무진 펼쳐지는 물의 향연을 하늘 위에서 스펙터클하게 감상할 수 있다. 무엇보다 중요한 점은 이 흥미 있는 탈거리가 무료라는 사실이다. 덕분이고 몇 번이고 스카이 캡을 타려고 하는 자녀와 이를 말리는 부모의 실랑이가 벌어지는 것은 윈 팰리스 안에서는 꽤 흔한 풍경이다.

위치 윈 팔래스 밖에서 탈 때는 그랜드 하얏트 맞은편 승강장 이용. 윈 팔래스 안에서 탈 때는 윙레이 팔레스 레스토랑과 같은 방향에 있는 스카이 캡 이정표를 따라가면 승강장으로 올라가는 전용 에스컬레이터가 나온다.
요금 무료

분수쇼 Performance Lake Show

"윈 Wynn 하면 분수 쇼." 라스베이거스 시절부터 명성 자자했던 윈 팰리스의 분수 쇼는 세계에서 가장 화려하기로 유명한 벨라지오 호텔의 수준을 이미 뛰어넘었다. 32,374㎡에 달하는 거내 호수 퍼포먼스 레이크 Performance Lake 수면 아래 1,194개의 워터 제트가 숨어 있는데 매일 30회 음악에 맞춰 현란하게 물줄기를 뿜어낸다. 참고로 하루에 뿜어내는 물의 양만 약 3천만 ℓ 라고 하니 상상력의 한계를 넘나드는 숫자의 향연인 셈이다. 오른쪽 큐알 코드를 태그하면 분수쇼 영상을 감상할 수 있다.

오픈 12:00~19:00 30분 간격, 19:00~24:00 20분 간격

하나미 라멘 花悅 Hanami Ramen

라멘으로는 미슐랭 최초로 원스타를 받은 도쿄 츠타의 주인장이 운영하는 라멘집. 거대한 원형 바를 따라 총 18석의 의자가 놓여 있다. 메뉴는 딱 세 가지뿐. 라멘이라고 다 같은 라멘이 아닌 게, 오골계(쇼유 라멘)와 오키나와 전통 돼지(돈코츠 라멘)만을 이용해 국물을 내고 와카야마의 양조장에서 만든 2년 숙성 간장으로 개운하고 깊은 맛을 더했다. 면은 몽골산 간수를 넣어 반숙한 자가제면이며 차슈는 오키나와 전통돼지의 한 종류인 아구로 만든다. 전통 돈코츠 라멘보다는 여행자의 입맛에 맞춰 깔끔한 맛에 간도 적당한 편. 덕분에 진하고 짭짤한 맛을 기대하고 방문한 사람들은 종종 당황하기도 한다.

위치 North Esplanade G/F 전화 8889-3663 오픈 11:00~24:00 예산 2인 $300

□ Tonkotsu Ramen ········· $138
돈코츠 라멘

□ Hanami Special Miso Ramen ········· $148
미소 라멘

□ Hanami Signature Shoyu Ramen ········· $148
쇼유 라멘

Sightseeing

갤럭시 마카오 澳門銀河 Galaxy Macau

2002년부터 16년째 짓고 있는 카지노 리조트. 코타이 구역에서는 베네시안과 함께 가장 큰 건축 프로젝트 중 하나로 쇼핑센터나 카지노의 이미지보다는 갤럭시 구역에 연계된 5개의 호텔에서 도심 휴양을 즐길 수 있는 리조트의 전형이다. 디즈니랜드와 유니버설 스튜디오의 주요 지점을 설계한 갤리 고다드 Gary Goddard가 디자인을 맡았는데, '어뮤즈먼트 파크 설계의 대가'를 책임 설계자로 임명했을 때부터 깜짝 놀랄 만한 건축물이 나오리라 짐작은 했지만, 리조트 자체를 인공 해변과 풀장으로 덮어버릴(!)지는 몰랐다고.

리츠 칼튼, 반얀 트리, JW 매리어트, 호텔 오쿠라, 갤럭시 호텔까지 총 5개 호텔에 대규모 리조트까지 갖추고 있지만 갤럭시 마카오는 아직 미완성이다. 현재 2기까지 개장한 상태로, 2019년부터 3기의 일부가 부분 개장할 것으로 보인다. 3기가 완공되면 1,500개의 객실과 1만6,000석 규모의 초대형 경기장이 추가되고 4기가 완공되면

3,000개의 객실이 추가된다. 즉 모든 설비가 완공되면 베네시안부터 파리지앵까지 이어지는 샌즈 그룹 리조트 전체와 맞먹는 규모가 되는 셈이다.

볼거리도 볼거리지만 코타이 전역을 통틀어 레스토랑 구성이 가장 좋은 카지노 리조트로 손꼽힌다. 입을 대는 게 민망할 정도로 성의 없는 리조트가 많은데, 갤럭시 마카오는 입점 레스토랑 선별부터 기준점을 높게 잡은 데다 사후 관리도 철저하게 하는 편이다. 최고의 맛이라고 말 할 수는 없지만 최소한 밥 사먹고 뒤통수 맞았다는 느낌은 들지 않는다.

위치 ①공항, 페리터미널에서 출발하는 갤럭시 마카오 셔틀버스 이용 ②버스 25 · 25X · 26A · 35 · MT1 · MT2 · MT3 · MT4 버스를 타고 T365 望德聖母灣馬路/銀河 정류장에서 하차
지도 MAP 10Ⓔ 홈피 www.galaxymacau.com

TALK

다이아몬드 쇼 Diamond Show

모든 카지노 리조트에는 겜블러들에게 행운의 확신을 심어주기 위한 이미지 장치가 있다. 갤럭시의 모티브는 다이아몬드다. 갤럭시 마카오 로비에서 20분 간격으로 다이아몬드가 솟아나는 쇼가 벌어지는데 무료 공연이니 한번쯤 구경해볼 만하다. 실내에서 진행되는 쇼 중에서는 윈 마카오의 번영의 나무 Tree of Prosperity, 행운의 용 Dragon of Fortune과 함께 가장 볼만한 쇼로 손꼽힌다.

위치 갤럭시 마카오 다이아몬드 로비 오픈 20분 간격

zoom in

그랜드 리조트 데크 The Grand Resort Deck

가족 여행자에게 있어 호텔에 투숙할 경우 파도풀과 인공해변 등의 리조트 구역을 무료로 이용할 수 있다는 건 엄청난 장점이다. 일단 갤럭시 마카오의 리조트는 그 크기부터 상상 초월이다. 약 5만 2000㎡ 넓이에 6개의 파도풀을 포함한 수영장과 길이 150m, 면적 2,000㎡의 인공 모래 해변이 있다. 그중 튜브를 타고 둥둥 떠다닐 수 있는 575m 길이 유수풀은 세계 최대 규모를 자랑한다. 워터 슬라이드 등의 부대시설도 놀이공원 부럽지 않을 만큼 인상적이다. 국내 유명 워터파크 1일 이용권 가격과 호텔 가격을 놓고 따져보면 "혜자하다!"라는 감탄사가 절로 나올 정도. 단 성수기에는 파도풀마다 엄청난 인파가 몰린다는 것을 기억해두자.

위치 갤럭시 마카오에 포함되는 호텔 오쿠라 마카오, 리츠 칼튼, 반얀트리 마카오, JW 매리어트 마카오, 갤럭시 호텔 2층에서 연결된다. **오픈** 09:00~18:00(2019년 12월 17일~2020년 3월 중순 폐장)

프로메나데 숍 Promenade Shops

갤럭시 마카오 내에 조성된 쇼핑 로드. 2011년 정식 오픈했다. 유명 디자이너 부티크부터 플래그십 매장까지, 200여 개의 유명 브랜드가 한줄로 늘어선 '쇼핑 산책로'가 갤럭시 호텔을 중심으로 JW 매리어트, 리츠 칼튼, 반얀 트리, 호텔 오쿠라까지 연결한다.

규모가 크지는 않지만 잡화점부터 편의점까지 수많은 점포가 모여 있어 실속 있게 쇼핑을 즐길 수 있다. 특히 갤럭시 로고가 박힌 오리지널 굿즈와 세계적인 명과 등이 기념품으로 인기 높다.

위치 갤럭시 마카오 G/F **오픈** 점포마다 다름

푹람문 福臨門 Fook Lam Moon

홍콩에 본점을 둔 마카오 대표 광둥 레스토랑의 코타이 분점. 현지인들에서는 "좋은 데서 밥 먹었다=푹람문에 다녀왔다"라는 말이 통할 정도로 절대적인 권위를 자랑한다. 본점의 명성에 기댄 게으른 분점이 있고, 본점에 뒤지지 않기 위해 노력하는 분점이 있는데 마카오 푹람문은 후자에 속한다. 사실 푹람문 자체가 분점을 많이 두지 않은 데다, 각 잡고 관리하는 분위기라 코타이 지역에서 제대로 된 광둥요리가 먹고 싶을 때 믿고 갈 수 있는 집이다. 광둥요리 치고는 간도 약하게 해서 식재 본연의 맛을 살리는 데 집중한 느낌. 딤섬은 점심에만 선보이며 일품요리는 점심, 저녁 가리지 않고 주문할 수 있다. 홍콩 본점에 비해 가격 책정이 저렴하게 됐다는 건 빼놓을 수 없는 장점.

위치 갤럭시 마카오 2/F(2008) 펄 로비에서 폭람문 방향으로 올라가는 에스컬레이터를 타면 된다. 전화 853-8883-2221 오픈 11:00~15:00, 18:00~23:00 예산 2인 $700~

MENU

- □ Barbecued Pork "Char Siu" ········· $138
  홍콩식 돼지고기 차슈
- □ Abalone w/ Buckwheat, Asparasus ········· $188
  채 썬 전복과 아스파라거스볶음
- □ Rice w/ Shrimp Paste & Seafood ········· $168
  새우를 넣은 해산물 볶음밥
- □ Flour Rolled with Crispy and Shrimp paste ········· $55
  새우창펀

만호 萬豪 Man Ho JW Marriott Hotel, Macau

JW 메리어트 호텔 내 자리한 차이니즈 레스토랑. 여행자들의 취향을 저격하는 점심 딤섬 세트 메뉴를 선보여 인기가 높다. 6종류의 딤섬에 국, 요리, 밥 또는 면, 디저트가 세트로 구성돼 있어 든든하게 한 끼를 즐길 수 있다. 저녁에는 푸짐한 해산물을 메인으로 하는 훠궈 뷔페 All You Can Eat Cantonese Hot'Pot을 선보인다. 프로메나데 숍으로 바로 연결돼 쇼핑 후 식사를 즐길 수 있다.

위치 JW 메리어트 호텔 1/F 펄 로비에서 만호 방향으로 한층 위로 올라가는 에스컬레이터 탑승 전화 8886-6228 오픈 11:30~14:30, 18:00~22:30 휴무 없음 예산 2인 $600~

□ 自选点心套餐 ········· $396(2인~), $712(4인~), $948(6인~)
딤섬 세트 메뉴

□ 万豪中菜厅尝鲜粤式任吃火锅 ········· 성인 $388, 어린이 $208
훠궈 뷔페

차베이 CHA BEI

여성 취향 저격하는 마카오의 새 애프터눈 티 스폿. 갤럭시 마카오 회장의 장녀인 차베이가 운영한다. 개인적으론 '블링블링' 같은 유행어를 좋아하는 편은 아니지만 이 집을 설명하는 데 있어 그 보다 걸맞은 어휘를 찾을 수가 없다. 순백의 실내는 꽃으로 치장되어 있고, 오픈 디저트 키친에서는 입에 넣기 아까울 정도로 예쁘장한 디저트들이 끊임없이 만들어진다. 티타임마다 긴 대기줄이 늘어지는 애프터눈 티 세트가 가장 인기지만 다양한 식사거리도 갖춰놓았다. 특히 런치세트 가성비가 상당히 훌륭하다. 굳이 애프터눈 티 세트를 먹을 게 아니라면 점심을 먹고 한두 가지 디저트를 추가하는 것도 좋다. 만약 일행 중 생일인 사람이 있다면 차베이에서 케이크를 구입해보자. 강력 추천.

위치 **갤럭시 마카오 1/F(1047) 펄 로비에서 브로드웨이 호텔 방향으로 한 층 위로 올라가는 에스컬레이터를 타면 된다.** 전화 853-8883-2221 오픈 10:30~21:00(애프터눈 티 15:00~18:00) 예산 2인 $400~

MENU

- □ 纵情享受 ········· $328(2인 기준)
  애프터눈 티 세트
- □ 缤纷狂想曲 ········· $528(2인 기준)
  광시곡 애프터눈 티 세트
- □ 茶杯套餐 ········· 2코스 $126, 3코스 $149
  차베이 런치세트

더 맥캘란 위스키 바 The Macallan Whisky Bar

세계에서 세 번째로 큰 싱글 몰트 위스키 제조사 맥캘란의 플래그십 바. 싱글 몰트 위스키 애호가들의 성지로 손꼽힌다. 194년의 역사를 자랑하는 자사 위스키를 전면에 내세우고 있지만, 그리 강압적인 분위기는 아니다. 다른 브랜드의 위스키를 비롯해 와인과 맥주도 판매하고 있으니 독주를 못 마시는 사람도 부담 없이 들러볼 수 있다.

위스키 테이스팅에 남다른 취미가 있다면 매일 들려서 맛을 봐도 될 정도로 다양한 테이스팅 메뉴를 추천한다. 시작은 12~25년산 맥캘란 위스키를 5잔 맛볼 수 있는 맥캘란 테이스팅부터. 위스키에 통달한 애주가라더라도 12년산과 25년산 위스키의 맛과 향 차이를 진지하게 음미해 볼 기회는 많지 않았을 터. 아주 흥미롭고 놀라운 경험이 되리라 자신한다. 무엇보다 25년산 위스키 한 병을 통째로 먹을 때의 가격을 생각한다면 이런 구성과 가격의 테이스팅 메뉴를 거부하는 건 주당으로서의 직무유기다.

애주가에게 반가운 소식을 하나 더 전하자면, 여기서는 온갖 종류의 맥캘란 셰리오크를 잔술로 맛볼 수 있다. 셰리오크란 와인을 숙성했던 오크통에 위스키를 넣어 숙성한 것을 말한다. 밀주시대의 전통인데, 파인오크에서 숙성한 일반적인 위스키와 색, 향, 맛에서 큰 차이가 난다. 가볍게 취하고 싶은 여행자를 위하여 $120이하 드링크 2잔을 $88에 즐길 수 있는 해피아워 타임도 운영하고 있으니 체크해두자.

위치 갤럭시 호텔 2F(203) / 다이아몬드 로비에서 가까운 갤럭시 호텔 엘리베이터를 타고 2층에서 내리면 된다. 전화 853-8883-2221 오픈 17:00~01:00, 금・토요일 17:00~02:00 예산 2인 $200~

MENU

□ Macallan Expressions Through Time ········· $788
맥캘란 12·15·17·21·25년산 테이스팅

□ Glenfiddich The Casks of The World ········· $388
글렌피딕 12·15·18·21·30년산 캐스크 테이스팅

□ The Nippon Trail ········· $488
요이치 12년산, 타케츠루 12년산, 한유 15년산 테이스팅

□ Macallan 12 Year Old Sherry Oak ·········
$110(1/5oz) / $198(3oz) /$1500(1병)
맥캘란 셰리오크 12년산

□ Guinness Stout Draft Beer
기네스 스타우트 생맥주 ········· $50

브로드웨이 푸드 스트리트 Broadway Food Street

브로드웨이 호텔 내에 조성된 푸드 스트리트. 갤럭시 마카오에서 연결되지만 긴 거리를 걸어야 한다. 외진 곳에 있다 보니 갤럭시 마카오나 브로드웨이 호텔에 머무는 여행자가 아니라면 작정해야 갈 수 있는 곳. 그럼에도 불구하고 이 구역을 추천하는 이유는 교통의 불편함을 훌륭한 식당 구성으로 극복하기 때문이다. 타이파에서 점심이나 저녁을 먹을 때 가성비를 고려한다면 브로드웨이는 대체 불가능한 대안이다. 물론, 조금 더 걷고 좀 더 맛있는 걸 먹을지 말지 결정하는 건 여행자의 몫.

위치 공항, 페리터미널에서 출발하는 갤럭시 마카오 셔틀버스 이용 해 갤럭시 호텔로 이동 후 브로드웨이 호텔로 연결되는 통로를 따라 건물 밖으로 이동 지도 MAP 10Ⓔ, ①

팀호완 添好運 Tim Ho Wan, The Dim Sum

말이 필요 없는 딤섬 명가. 홍콩에서 처음 개업해 중저가 수제 딤섬 열풍을 몰고 왔다. 싱가포르의 치킨 라이스 집이 미슐랭 원스타에 등재되기 전까지는 세계에서 가장 저렴한 미슐랭 원스타 레스토랑이라는 명성을 수년째 지켜낸 바 있다. 시그니처 메뉴인 수피쥐차슈바오 皮叉燒包는 달콤한 고기소를 넣은 찐빵에 베이커리의 소보로 기법을 더해 완성한 개량 딤섬으로, 이 집에서 꼭 맛봐야 할 별미 중 하나다.

위치 브로드웨이 푸드 스트리트 A-1006 전화 853-2884-4658 오픈 10:00~23:00 예산 2인 $150~

MENU

- □ 酥皮焗叉燒包 ········· $23
  소보로 옷을 입은 고기 딤섬
- □ 晶瑩鮮蝦餃 ········· $34
  새우 딤섬(하카우)
- □ 鮮蝦燒賣王 ········· $34
  새우 씨우마이
- □ 鮮蝦腐皮卷 ········· $34
  새우를 감싼 두부피 딤섬
- □ 韮王鮮蝦腸 ········· $34
  부추와 새우를 넣은 창펀

웡쿤 레스토랑 皇冠小館 Restaurante Wong Kun

70년대 디자인 같은 촌스럽고 커다란 왕관 로고가 인상적인 식당. 본점은 마카오 반도 나자로 구역에 있고 이곳은 분점이다. 그럴듯한 완탕면 맛집이 없는 코타이 지역에서, 면 마니아들을 위한 오아시스 같은 곳이랄까? 외국인에게는 잘 알려지지 않은 로컬 맛집으로 전통 기법에 따라 자가제면 완탕면과 매일 만드는 죽으로 인기가 높다. 마카오의 완탕면 면발은 홍콩의 샛노란 면발에 비해 거무튀튀한 느낌인데, 면의 숙성 과정에서 자연스럽게 변화한 것으로 오히려 샛노란 면발이 공장표 면의 특징일 뿐이라고 한다. 완탕면도 맛있지만 게 1마리가 풍덩 들어간 이 집의 게죽은 반드시 먹어봐야 할 별미다.

위치 브로드웨이 푸드 스트리트 A-G017 전화〉 853-8883-3338 오픈〉 11:00~24:00 예산〉 2인 $50~ 홈피〉 www.wongkun.com.mo

MENU

- □ 鮮蝦雲吞麵 ········· $48
  새우 완탕면
- □ 冬菇麵 ········· $48
  표고버섯면
- □ 馳名海奄仔粥 ········· $165(1인분), $280(2~3인분), $480(4~6인분)
  게죽
- □ 自粥 ········· $28
  흰죽
- □ 干炒牛河 ········· $78
  넙적 쌀국수 소고기볶음

난씨앙만두점 南翔饅頭店 Restaurante Nan Xiang

상하이에 본점을 둔 샤오롱바오 전문점. 마카오에 하나뿐인 분점이다. 샤오롱바오와 상하이식 지짐만두인 셩젠을 맛볼 수 있다. 여기에 파기름과 간장으로 맛을 낸 파기름 비빔면도 추천할 만하다. 한국인 여행자에게 가장 인기 있는 하카우는 없는데, 이유는 다음과 같다. 사실 한국인들에게는 하카우와 샤오롱바오가 거기서 거기 같지만, 두 딤섬은 각각 광둥과 상하이를 대표하는 명물로, 지역을 건 자존심 싸움이 보통이 아니다. 실예로 하카우가 있는 집은 샤오롱바오를 취급하는 경우는 극히 드물며 만약 두 가지 딤섬을 한 집에서 내놓으면 현지인 기준에서는 '족보 없는 집'으로 취급되기도 한다.

위치 브로드웨이 푸드 스트리트 E-G033 **전화** 8883-3338 **오픈** 11:00~24:00 **예산** 2인 $150~

MENU

- □ 上海生煎包 ········· $28(3개)
  상하이식 지짐만두
- □ 鮮肉小籠 ········· $55
  고기 샤오롱바오
- □ 松茸小籠 ········· $68
  송이버섯을 넣은 고기 샤오롱바오
- □ 蟹粉小籠 ········· $88
  게알과 게살을 곁들인 고기 샤오롱바오
- □ 上海春卷 ········· $33
  상하이식 춘권

Sightseeing

샌즈 코타이 센트럴 金沙城中心 Sands Cotai Central

도심 한복판에서 열대우림을 만날 수 있는 카지노 리조트. 쇼핑몰도 카지노도 모두 열대우림을 테마로 꾸며졌다. 1~3층의 일부 구간을 뻥 뚫어놓았는데 이 틈으로 키 큰 나무가 자라고 3층에서는 폭포가 쏟아진다. 최근에 생긴 마카오 애플 스토어 2호점도 이런 기조를 따라 자연 친화적인 인테리어로 완성됐다.

샌즈 코타이 센트럴은 베네시안, 파리지앵과 같은 샌즈 그룹 소유다. 3개의 리조트는 베네시안과 샌즈 코타이 사이를 연결하는 다리 '스타의 거리'로 연결된다. 스타들의 핸드 프린팅을 모아 놓은 구간으로 지나가는 길마저 심심하지 말라는 기특한 배려가 돋보인다.

샌즈 코타이 센트럴은 한국인들에게는 꽤나 친숙한 공간이다. 공격적인 요금 정책으로 한국인 여행자가 주로 머무는 쉐라톤 호텔이 있기 때문이다. 한국인이 많이 찾는 숙소가 있는 곳이라 그런지 한국인들이 거부감을 느낄 만한 요리를 취급하는 식당도 없다. 2019년에는 중국계 훠궈 체인점인 하이디라오가 입점될 예정이라고.

가족여행객이 많은 탓인지 다른 카지노와 달리 일확천금을 암시하는 공연이 없다는 것도 특징. 대신 어린이 관

람객에게 인기 좋은 토마스와 리틀빅클럽의 스타 캐릭터 Thomas & The Little Big Club ALL STARS 공연이 준비돼 있다. 공연 전에는 등장 캐릭터들이 춤추고 노래하는 짧은 퍼레이드 행사도 펼쳐진다. 공연 일정이나 내용은 수시로 바뀌는 편이니 방문 전 홈페이지를 통해 확인하자.

위치 공항, 페리터미널 등에서 출발하는 샌즈 코타이 센트럴 카지노 셔틀버스 이용 **지도** MAP 10Ⓚ **홈피** www.galaxymacau.com

토마스와 리틀빅클럽의 스타 캐릭터 퍼레이드

위치 Level 1, Shoppes at Cotai Central (공연 Urumqi Ballroom, Level 4) **오픈** 13:30(본 공연 15:30~17:00) **요금** 무료 (본 공연 어른 $100, 어린이 $80)

얌차 桃園 Yum Cha

코타이 센트럴 구역에 있는 가성비 최고의 딤섬 스팟. 어설픈 푸드코트보다 여러모로 낫다. 딤섬 가격도 $30~40선으로 상대적으로 저렴한 편이다. 딤섬 외에도 볶음밥이나 볶음면 등 $60~120선의 식사 메뉴도 있어 꽤 풍성한 점심을 즐길 수 있다. 서너 명이 먹을 수 있는 $468 가격의 프로모션 세트 메뉴도 있는데 화북지방의 요리가 알차게 구성돼 있다. 단, 완전히 한국인 입맛에 맞는 중식은 아니니 중식에 익숙한 이들에게 추천한다. 영업시간 내내 딤섬을 파는 집이니 딤섬이 당길 땐 아무 때나 방문해도 좋다.

위치 샌즈 코타이 센트럴 Level 1 전화 853-8113-7970 오픈 11:00~22:00 예산 2인 $250~

MENU

- □ 桃園优惠套餐 ········· $468
  3~4인 프로모션 세트 메뉴
- □ 山西陈醋拍青瓜 ········· $42
  흑초를 넣은 오이 무침
- □ 炸蔬菜春卷 ········· $38
  채소 춘권
- □ X.O. 醬蒸萝卜糕 ········· $36
  X.O장을 곁들인 로빡꼬우
- □ 鲜虾饺皇 ········· $49
  새우 딤섬(하카우)
- □ 干炒牛河 ········· $88
  소고기를 곁들인 넙적 쌀국수볶음

베네 Bene

마카오에서는 찾아보기 힘든 정통 이탈리안 레스토랑. 미슐랭 스타 레스토랑으로 이탈리아 가정식을 선보인다. 화려한 기교를 부리기보다는 식재 자체가 주는 소박한 맛에 집중하는 편이다. 커다란 치즈에 홈을 파서 그 안에서 파스타를 비벼주는 까르보나라는 대부분의 여행자들이 주문하는 인기 메뉴 중 하나. 파스타는 모두 직접 뽑아내는데, 5가지 중 하나를 고를 수 있다. 담백한 화덕 피자도 추천할 만하다.

위치 샌즈 코타이 센트럴 Level 1 전화 853-8113-1200 오픈 12:00~15:00, 18:00~23:00 예산 2인 $600~

MENU

□ 牛肝菌汤配黑木公露面包片 ········· $98
송로버섯 브루쉐타를 곁들인 포르치니 버섯수프

□ 酥炸墨鱼配墨鱼汁烩饭 ········· $198
오징어 먹물 리소토

□ 香浓芝士烟肉意大利粉 ········· $198
베네 까르보나라

□ 意式烤海鲜拼盘 ········· $498
로브스터 1/2마리와 알라스칸 킹크랩이 있는 모둠 해산물구이

□ 香肠芝士松露酱薄饼 ········· $178
소시지·모차렐라·버섯·송로버섯를 넣은 화덕피자

Sightseeing

MGM 코타이 美獅美高梅 MGM Cotai

2018년 2월에 오픈한 카지노 리조트로, 마카오 내에서는 가장 최근에 문을 열었다. 레고 블록을 쌓아 올린 듯한 외관이 신비로운데 이는 보석 상자를 표현한 것이라고. MGM 마카오에서도 극찬을 한 바 있지만 MGM 그룹은 SF영화에 나올 것 같은 세련되고 화려한 외관으로 승부하는 특징이 있다. MGM 마카오가 자연 채광과 인공 자연의 만남을 주선했다면, MGM 코타이는 자연 채광에 첨단 장비를 더해 어디에서도 볼 수 없는 독특한 분위기를 완성한다.

내부 인테리어 포인트는 아트 & 컬처다. 리조트 곳곳에 문화재들이 무심하게 전시돼 있다. 지나치면 그저 장식에 불과하지만 알고 보면 재미있는 법. 작품들 앞에 놓인 큐알코드를 태그하면 해당 작품의 설명을 스마트폰으로 볼 수 있다. 아예 아트 투어라는 이름으로 리조트 내 작품들을 설명하는 무료 도보 투어도 진행한다. 광둥

어 · 중국어 · 영어만 지원한다는 것은 아쉽지만 내용이 그리 어렵지는 않으니 관심이 있는 사람은 참여해보자. 아트 투어는 호텔 컨시어지에서 신청하며 투숙객이 아니라 해도 참여 할 수 있다. 최근 진행되고 있는 아트 투어 테마는 청나라 시절의 카페트다. 베이징 자금성에 깔렸던 보물급 진품들이 유리 액자 위에 전시되고 있다. 바닥에 깔고 발로 디뎠던 것들도 세월을 머금으면 액자에 걸리게 된다는 사실이 흥미롭다.

리조트 내 레스토랑은 소수의 프랜차이즈를 제외하고는 모두 직영이다. 특히 축도의 경우는 오래 기억될 완성도 높은 쓰촨 요리를 내놓는다. 마카오에서 가장 큰 스타벅스 리저브 매장이 입점해 있다.

위치 ①공항, 페리터미널에서 출발하는 MGM 코타이 셔틀버스 이용 ②샌즈 코타이 센트럴, 윈 팰리스, 시티 오브 드림즈(COD)에서 도보 10분 **지도** MAP 10Ⓚ **홈피** www.mgm.mo/en/cotai

zoom in

스펙터클 Spectacle

리조트의 메인 로비 역할을 하는 광장. 축구장 4개 넓이에 해당하는 광장이 시야를 가로막는 기둥 하나 없이 널찍하게 조성돼 있다. 광장 내부는 날씨, 시간, 계절에 따라 조도가 조절된다. 때문에 유리 천정인데도 바깥 날씨 변화에 관계없이 내내 화창하다.

실내에서 자라는 다양한 식물군도 놀라운 볼거리 중 하나다. 풀부터 나무까지 모두 실제 식물인데, 이를 위해 벽 안에 물이 흐르는 설비를 만들었다고. 즉 광장 자체가 거대한 수경재배(?)의 현장이기도 하다. 스펙터클 곳곳에는 24개의 초대형 LCD 스크린이 있다. 이 거대한 화면을 통해 전 세계의 아름다운 자연 풍경과 문화유산이 끊임없이 상영된다. 광장을 푸르게 채운 나무와 영상이 조화되면서 스크린 속 풍경이 실제처럼 다가오는 착각을 불러일으킨다.

위치 MGM 코타이 G/F

촉도 蜀道 Five Foot Road

MGM 코타이 내에 있는 플래그십 쓰촨식 레스토랑. 교과서적으로 만든 쓰촨 요리를 맛볼 수 있다. 요리 하나하나가 정통의 태두리를 벗어나지 않아 절제된 느낌. 사실 마카오 내 쓰촨 레스토랑 간판을 단 음식점들은 매운 요리와 거리가 먼 외국인 여행자를 주요 고객으로 하기 때문에 몇 년 전까지도 고추기름과 젠피를 팍팍 뿌린 정통 쓰촨 요리를 찾아보기 힘들었다. 하지만 최근 들어서는 정통을 찾아가고 있는 상황. 맛있는 딤섬도 느끼하게 느껴질 즈음에 촉도를 방문하면 매콤함으로 입안을 씻을 수 있다.

위치 MGM 코타이 1/F 전화 853-8806-2358 오픈 11:00~15:00, 18:00~23:00 예산 2인 $600~

MENU

□ 碧螺春秋 ········· $180
쓰촨식 골뱅이무침

□ 歌樂山辣子雞 ········· $180
캣슈넛이 들어간 고급 라조기

□ 松茸乾煸四季豆 ········· $160
송이버섯을 곁들인 쓰촨식 줄기콩볶음

□ 水煮牛肉 ········· $180
매콤한 고추기름에 데친 소고기

□ 糍粑冰粉 ········· $40
차가운 젤리가 들어간 흑설탕 디저트

Sightseeing

스튜디오 시티 마카오 新濠影汇酒店 Studio City Macau

2015년에 개장한 코타이 가장 남쪽에 있는 카지노 리조트. 슬슬 눈치를 챘겠지만, 코타이의 모든 리조트들은 저마다의 인테리어 테마와 스토리텔링을 가지고 있다. 스튜디오 시티는 이름처럼 영화 촬영장을 모티브로 한다. 총 US$20억의 건설비를 투자해 〈배트맨〉에 등장하는 고담시티를 만들어냈다고. 게임 속 '보스몹'이 머무는 성전을 떠올리게 하는 웅장한 외관이 인상적이다. 길 하나를 사이에 두고 베르사이유와 에펠탑을 테마로 하는 파리지앵과 마주보고 있는데 두 건물의 각기 다른 대비가 또 나름의 볼거리이기도 하다.

코타이 스트립의 최남단이라 상대적으로 인파가 적은 데다 카지노의 지명도도 그리 높지 않다. 이 덕에 밥 때만 되면 맛이 있건 없건 상관없이 긴 줄이 늘어서는 다른 카지노 리조트들과 달리 상대적으로 한가하다. 면요리 전문점 치고는 비싸지만, 대신 초호화 식재를 선보이는 미엔이나, 대중적인 딘타이펑 등 중급 레스토랑 위주로 노려보는 게 적당하다.

위치 ①공항, 페리터미널에서 출발하는 스튜디오 시티 마카오 셔틀버스 이용 ②파리지앵, 샌즈 코타이 센트럴에서 도보 10분
지도 MAP 10Ⓙ **홈피** www.studiocity-macau.com

zoom in

골든 릴 Golden Reel

〈아이언맨〉의 아크 원자로처럼, 스튜디오 시티 한가운데 있는 8자 모양의 황금빛 관람차. 보통의 관람차가 외부에 설치된 철제 건축물인 데 비해 골든 릴은 건물 내부에 장착된 독특한 형태다. 실제로 보면 왜 아이언맨과 아크원자로를 예로 들었는지 이해하게 된다. 건물 내부에 있는 관람차의 한계로 인해 운행 시간이 길지 않고 끝내주는 전망을 자랑하는 것도 아니다. 하지만 중국인이라면 누구나 죽고 못 사는 숫자 '8'이 주는 상징성과 금빛 찬란한 외관으로 비싼 탑승료에서 불구하고 탑승객이 꽤 많이 몰려든다. 골든 릴과 연결되는 거대한 발코니는 겨울철에 실외 스케이트장으로 변신하기도 한다. 기억해 두자. 코타이 구역에서는 드물게 마카오 주민들도 즐겨 찾는 명소다.

위치 Level 3, 이스트 윙(티켓 판매소) 오픈〉 월~금요일 12:00~20:00, 토 · 일요일 11:00~21:00 요금〉 어른 $100, 어린이 $80

배트맨 다크 플라이트 Batman Dark Flight

고담시티가 메인 테마인 리조트에서 배트맨을 만나는 것은 당연한 일. 배트맨 다크 플라이트는 조커의 습격을 받은 고담시티를 배트맨과 함께 구하는 내용의 4D 탑승체다. 극장의 4D와 비교가 안 될 정도로 움직임이 과격하기 때문에 홍콩 디즈니랜드의 아이언맨 탑승체와 함께 코타이에서 가장 타볼만한 놀이기구 중 하나로 꼽힌다. 특히 어린이 동반 가족이라면 필수 코스 중 하나.

위치 Level 2, 웨스트 윙(티켓 판매소) **운영** 월~금요일 12:00~20:00, 토 • 일요일 11:00~21:00 **요금** 어른 $150, 어린이 $120

파차 Pacha

스페인 바르셀로나의 유명 클럽 파차의 마카오 분점. 파차는 미국의 하드락 카페처럼 전 세계적 분점이 있는 클러버들의 성지다. 애플 마니아가 아이폰을 믿고 구입하듯, 클러버들 역시 파차라는 이름을 믿고 클럽으로 향한다. 특히 아시아에는 코타이와 두바이 딱 2곳에만 분점을 두고 있다.

매주 금요일 저녁은 여성에 한해 입장료를 받지 않는 데다 무료 음료도 한잔 제공하는 '레이디 데이 Lady Day'라 클럽이 가장 붐빈다. 수요일에도 엘 씨에로 El Cielo라고 하는 라이브 공연이 펼쳐져 흥겨운 분위기를 만끽할 수 있다. 단, 카지노로 유명한 동네인 데다 매매춘도 합법인 지역이니 안전에 주의 또 주의할 것.

위치 Level 1, 스튜디오 시티 **오픈** 엘 씨에로 수요일 20:00~02:00, 나이트클럽 금 · 토요일 23:00~06:00 **휴무** 일~화요일, 목요일 **요금** $200(음료 한 잔 포함) **홈피** www.pachamacau.com

딘타이펑 鼎泰豐 Ding Tai Fung

타이완에 본점을 두고 있는, 상하이식 샤오롱바오 전문 레스토랑이다. 중국요리 중에서는 딤섬으로 가장 먼저 세계화에 성공한 집으로, 한때 뉴욕타임즈 선정 10대 레스토랑에 등재되기도 했다. 당연히 미슐랭과도 친한 편이다.
대표 메뉴는 역시 샤오롱바오. 예전에는 고기나 게알 등 전통적인 샤오롱바오만 취급했는데 최근 식재 고급화 바람에 편승하며 송로버섯 등을 넣은 메뉴가 늘었다. 경험자의 입장에서는 굳이 이런 걸 주문할 필요는 없어 보인다.
새우와 달걀을 넣은 새우볶음밥도 필수 메뉴 중 하나. 대부분의 요리가 한국인 여행자 입에도 맞는 편이라 한식을 대체하기도 좋다. 메뉴판에 한글이 병기되어 있는데 몇몇 요리는 해석이 필요하다. 시티 오브 드림즈(COD)에도 분점이 있다.

위치 Level 1(Shop 1075) 전화 8865-3305 오픈 12:00~15:00, 18:00~22:00 휴무 없음 예산 2인 $300~

MENU

□ 샤오롱바오 ········· $68(6개)
□ 스노게살 테이프 샤오롱바오 ········· $148(6개)
□ 간장소스 · 파 비빔면 ········· $65
□ 매콤새콤한 타이완식 우육면 ········· $98
□ 새우볶음밥 ········· $98

미엔 麵 mian

면 麵의 중국식 발음 '미엔'이 상호인 면요리 전문점. 일본 라멘과 우동을 기본으로 초밥과 회 그리고 몇 가지 요리를 내놓는다. 면은 모두 자가제면으로 홀과 바 사이 투명 유리박스 내에서 면이 숙성되는 과정을 볼 수 있다. 가장 저렴한 요리가 $78이고 대부분 $98~128 선으로 가격대가 좀 있는 편이다. 일식을 지향하지만 주문 스타일은 광둥식이라. 일단 라멘 Ramen과 매운맛 라멘 Chiili Ramen, 그리고 넓적한 면 Flat Ramen 중 원하는 것을 고른 후 8가지의 국물 중 하나를 선택하고 고명을 올리면 된다. 만약 이런 과정이 골 아프다면 8대 추천 메뉴 八大招牌麵食 중 하나를 고르는 것도 좋은 방법이다. 미엔이 추천하는 최고의 조합이니까.

위치 Level 1(Shop 1181) 전화 8865-6630 오픈 11:00~23:00 휴무 없음 예산 2인 $200~

MENU

면

□ 黑豚叉燒 ········· $98
이베리코 돼지고기로 만든 차슈 고명

□ 北海道粟米野菜 ········· $78
홋카이도 옥수수콘과 채소 고명

□ 大蝦海鮮 ········· $98
새우와 해산물 고명

요리와 밥

□ 吉列廣島蠔 ········· $68
레몬 마요네즈를 곁들인 히로시마산 굴튀김

□ 蒲燒鰻魚釜飯 ········· $138
장어가 든 일본식 솥밥 가마메시

피에르 에르메 Pierre Hermé

라뒤레와 함께 마카롱 2대 명가로 꼽히는 피에르 에르메의 마카오 분점. 상호인 피에르 에르메는 파티셰의 이름을 딴 것으로 무려 4대째 이어내려 온 가업이라고 한다. 포장 위주의 작은 매장이지만 이곳에서만 맛볼 수 있는 최고급 마카롱의 풍부한 향은 언제나 매혹적이다. 간판 마카롱은 페르시아의 장미 정원을 연상하며 만들었다는 이스파한 Ishpahan이다. 이외에도 파티셰 본인이 인터뷰에서 패션 후르츠와 밀크 초콜렛이 조화를 이룬 모가도르 Mogador를 비롯해 엉피니멍 초콜릿 포르슬라나 Infiniment Chocolat Porcelana 엉피니엉 카라멜 Infiniment Carame을 추천 메뉴로 꼽기도 했다. 마카롱은 낱개로 팔지 않는다. 7개가 최소 구매 단위. 7개에 $220이다.

MENU

□ **이스파한** Ishpahan
피에르 에르메 시그니처 메뉴, 일명 '장미 마카롱'

□ **모가도르** Mogador
패션후르츠와 밀크초콜릿을 넣은 마카롱

□ **엉피니멍 초콜릿 포르슬라나**
Infiniment Chocolat Porcelana
깊고 진한 최고급 초콜릿 맛을 살린 마카롱

□ **엉피니엉 카라멜** Infiniment Caramel
소금·버터·캐러멜의 맛이 조화로운 마카롱

위치 Level 1(Shop 1081) 전화 8865-3450 오픈 월~목요일 12:00~21:00, 금~일요일 11:00~22:00 휴무 없음 예산 2인 $220

ML
51-76

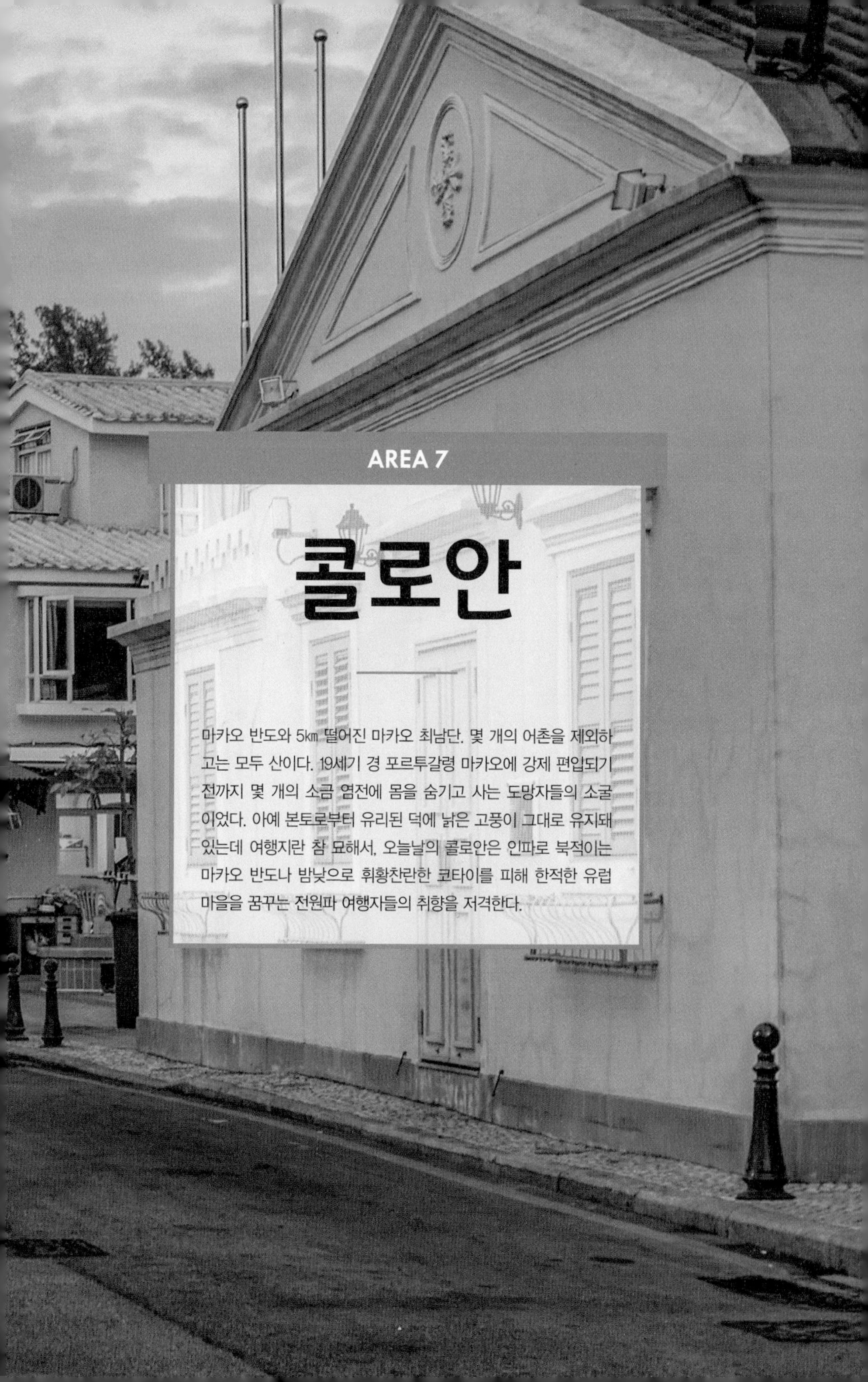

AREA 7

콜로안

마카오 반도와 5㎞ 떨어진 마카오 최남단. 몇 개의 어촌을 제외하고는 모두 산이다. 19세기 경 포르투갈령 마카오에 강제 편입되기 전까지 몇 개의 소금 염전에 몸을 숨기고 사는 도망자들의 소굴이었다. 아예 본토로부터 유리된 덕에 낡은 고풍이 그대로 유지돼 있는데 여행지란 참 묘해서, 오늘날의 콜로안은 인파로 북적이는 마카오 반도나 밤낮으로 휘황찬란한 코타이를 피해 한적한 유럽 마을을 꿈꾸는 전원파 여행자들의 취향을 저격한다.

콜로안
이렇게 여행하자

8.07㎢ 면적으로 서울시 노원구 상계동의 절반 크기에 불과하다. 천천히 둘러본다고 해도 반나절이 채 걸리지 않을 정도로 작은 마을이지만, 학사비치 부근과 함께 연결해 쉬면서 머무른다면 넉넉하고 여유 있는 하루를 보낼 수도 있다. 여태까지 보아왔던 크고 화려한 마카오와 조금 다른 컬러와 분위기를 즐기기에 안성맞춤.

1

어슬렁어슬렁 콜로안 빌리지 강변 산책

2

알록달록한 어촌을 배경으로 휴양지 인증샷

3

마카오 최고의 에그타르트 명가 본점 방문하기

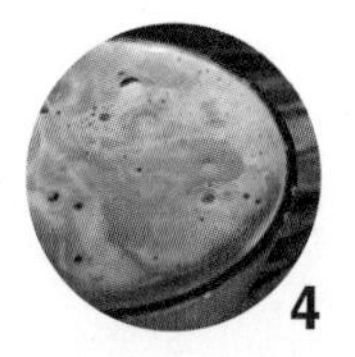

4

진짜 빈티지, 한케이 카페에서 찐득한 마약 커피 타임

5

마카오에서 중국 판다 보기

1. 콜로안 빌리지
2. 콜로안 도서관
3. 성 프란시스코 사비에르 성당
4. 아마 문화촌
5. 아마 여신상
6. 마카오 자이언트 판다 파빌리온
7. 학사 비치
8. 체옥반 비치

Sightseeing

콜로안 빌리지 路環村 Coloane Village

느릿느릿 산책해도 1시간이 채 걸리지 않는 작고 한적한 강변 마을. 콜로안에 가장 먼저 조성된 포르투갈 정착민 마을이다. 버스 정류장 앞 분수대와 성 프란시스 사비에르 성당 주변의 풍경이 아름다워 영화 〈도둑들〉과 드라마 〈궁〉의 주요 무대로 등장하기도 했다.

분수대를 기준으로 성 프란시스코 사비에르 성당 방향에는 80여 채의 포르투갈풍 주택이 들어서 있다. 그 반대편인 나베간치 거리 Rua dos Navegantes로 가면 강 건너 주하이로 연결되는 선착장이 나온다. 이 방향에 관우 등을 모신 도교 사원이 있어 포르투갈과 상반된 중국풍 분위기가 흐른다. 과거에도 포르투갈인 거주구역과 중국인 거주구역으로 나눠져 있었다고 하는데 실제로 걸어보면 두 곳의 분위기가 꽤 다름을 알 수 있다.

위치 버스 15 · 21A · 26A번을 타고 C686 路環市區 정류장 하차 또는 버스 25번을 타고 C686 路環市區-1 정류장 하차 후 바로 지도 MAP 11①

콜로안 도서관 路環圖書館 Biblioteca de Coloane

1911년 건설 당시에는 주민센터와 초등학교 역할을 했다. 마을이 커지면서 여러 차례 용도가 바뀌다가 1983년 도서관으로 개조돼 지금에 이르고 있다. 도서관은 6개의 원주기둥이 인상적인 전형적인 포르투갈풍 건물이다. 외관이 예뻐 인증샷 배경으로 꽤 훌륭하다. 도서관을 마주 본 강변길 벤치에 앉아 풍경을 바라보아도 좋고, 시간이 남는다면 도서관 뒷길인 Rua do Meio를 거니는 것도 좋다. 뒷길에는 아주 작은 도교 사원을 만날 수 있는데 각각 불교의 관음보살과 바다의 여신 틴하우를 모시고 있다.

위치 성 프란시스코 사비에르 성당에서 강변길로 조금 더 내려가면 노란색 건물이 나온다. 지도 MAP 12Ⓐ 주소 Av. de Cinco de Outubro 오픈 13:00~19:00 휴무 일요일, 공휴일 요금 무료

성 프란시스코 사비에르 성당 路環聖芳濟各聖堂 Igreja de S. Francisco Xavier

엽서에서 쏙 뽑아온 것 같은 밝은 미색의 성당. 예수회의 창립자이자 가톨릭 역사상 가장 중요한 동방 선교사인 프란시스 사비에르를 기리기 위해 1928년 건설되었다. 한때 프란시스코 사비에르의 팔뼈를 보관해 로만 가톨릭 순례자가 많이 찾던 곳이지만 현재는 한갓진 분위기다. 바로크 양식으로 지어진 예쁘장한 성당의 내부는 푸른색을 베이스로 화사하게 꾸며졌다. 장식은 꽤 소박한 편으로 김대건 신부의 초상화와 소상 등을 볼 수 있다. 성당 앞에는 작은 광장이 있고 그 양옆에는 식당이 있다.

위치 콜로안 입구에 있는 로드 스토우즈 베이커리에서 강쪽으로 걸어가다가 왼쪽으로 방향을 틀어 2분 정도 가면 왼쪽에 예쁜 정원이 보이고 더 안쪽에 성당이 있다. 지도 MAP 12Ⓐ 주소 No.116-118 Rua de Francisco Xavier Pereira 오픈 07:00~09:00, 14:30~17:30 휴무 없음 요금 무료

Sightseeing

아마 문화촌 媽祖文化村 A-Ma Cultural Village

마카오 자이언트 판다 파빌리온을 보고 콜로안쪽으로 내려오다 보면 커다란 패방이 보인다. 이 패방 안으로 들어가 산길을 따라가면 숨은 명소를 만날 수 있다. 콜로안에서 가장 높은, 해발 176m의 산 정상에 자리 잡은 거대한 틴하우 사원이다. 마카오를 비롯한 바닷가를 접한 중국 해안도시의 상징과도 같은 틴하우는 송나라 시절에 실존했던 여성이라고 하는데, 후일 신선이 되어 파도와 풍랑으로부터 뱃사람을 보호하는 역할을 하게 됐다고 전해진다.

중국 궁전 양식의 거대한 기단 위에 이중 지붕 형식으로 지어졌는데, 베이징 등 중국 본토의 왕궁을 방문할 예정이 없는 사람이라면 구경삼아 가 볼 만하다. 사원에서 오솔길을 따라 들어가면 꽤 큰 틴하우 신상도 볼 수 있고 그 아래로 콜로안과 학사 비치의 널따란 해안선을 감상하기 좋다. 단, 여름철이라면 여기까지 오르는 것 자체가 만만한 일이 아니다. 08:45부터 17:30까지 30분에 1대꼴로 산 아래 패방에서 정상으로 가는 셔틀버스를 운행한다.

위치 마카오 자이언트 판다 파빌리온에서 택시로 8분 또는 도보 40분 **지도** MAP 11Ⓕ **주소** Estrada do Alto de Coloane, Estr. do Alto de Coloane **오픈** 09:00~18:00 **휴무** 없음 **요금** 무료

마카오 자이언트 판다 파빌리온 熊貓館 Macao Giant Panda Pavilion

2009년 마카오 반환을 기념하며 중국 정부가 선물한 한 쌍의 판다를 모셔 놓은 곳. 콜로안 북쪽 끄트머리인 섹파이판 石排灣郊野公園에 있다. 세상에서 게으르기로 둘째가라면 서러운 이 동물은 심지어 생식에도 관심이 없기로 유명한데, 다행히 마카오 판다 커플은 금슬이 좋은 편이라 2014년 쌍둥이를 출산했다. 하여 지금은 총 4마리.

원채 귀한 몸이라 판다를 만날 수 있는 시간대는 따로 정해져 있다. 대부분은 커다란 통유리 안쪽에서 자거나 꾸물대는 것이 전부인데, 이른 시간에 방문하는 게 그나마 '움직이는 판다'를 볼 수 있는 비결이다. 대부분 판다만 보고 빠져나오지만 별도의 전시관에서 레서판다와 홍학 등도 볼 수 있다. 방문에 앞서 홈페이지를 통해 관람시간을 예약하는 것도 여행 팁.

위치 버스 15 · 21A · 25 · 26 · 26A · 50 · 59 · N3번을 타고 C652 安順大廈 정류장에서 하차 후 버스 진행 방향으로 조금 더 걸어가면 왼쪽에 입구가 보인다. 지도 MAP 11Ⓕ 주소 Estr. de Seac Pai Van 오픈 10:00~13:00, 14:00~17:00 휴무 월요일 요금 $10 홈피 www.macaupanda.org.mo

Sightseeing

학사 비치 黑沙海灘 Hac Sa Beach

콜로안 남동쪽에 있는 마카오에서 가장 유명한 해변. 모래사장 길이가 900m에 이른다. 많은 사람들이 마카오가 바다와 접해 있다고 알고 있는데, 마카오는 엄밀히 말해 주강 珠江 하구의 작은 반도와 섬으로 이루어진 도시로 콜로안의 남쪽만 바다에 접한다. 때문에 학사 비치까지 와야 비로소 바다의 짭조름한 냄새를 맡을 수 있다.

학사라는 말은 검은 모래라는 뜻으로 이름처럼 일대의 바위와 모래가 모두 검은색을 띈다. 이 때문에 오염된 해변으로 오해 받기도 하지만 주변 암반이 검은색이라 그런 것이니 걱정하지 말자.

수심이 낮은 편이라 어린 자녀와 물놀이하기에 나쁘지 않다. 여름철에는 해변 입구에서 물놀이 장비를 대여해주기도 한다. 해변 입구의 꼬치집은 나름 명물이니 한두 개 주문해 오물거려 보는 것도 좋다. 해변의 반대쪽 끝에는 그랜드 콜로안 리조트가 있고 반대쪽으로 가면 드라마 〈꽃보다 남자〉의 무대로 쓰인 럭셔리 별장군이 나온다.

위치 15 · 21A · 26A번을 타고 C669 黑沙海灘 Praia De Hac Sá정류장에서 하차 후 도보 2분 지도 MAP 11Ⓚ 주소 Estr. Nova de Hac Sa

Sightseeing

체옥반 비치 竹湾海灘 Cheoc Van Beach

콜로안 최남단에 있는 약 200m 길이의 작은 해변. 여행자들에게는 거의 알려져 있지 않지만 사실 분위기로 따지자면 학사 비치보다는 이쪽이 훨씬 낫다. 해안 뒤로는 본래 바위산이 펼쳐져 있었는데 십 수 년간의 조림사업의 결과로 지금은 숲이 우거졌다. 산 아래 계단길을 따라 해안으로 이어져 고즈넉하고 아늑한 분위기. 게다가 해변 모래도 검은색(?)이 아니다.

비치를 내다볼 수 있는 곳에 5~10월까지 단돈 $15에 이용할 수 있는 야외 수영장이 있으며 수영장 옆에는 꽤 괜찮은 식당 라 곤돌라 La Gondola(P.335)가 있다. 다만 버스를 타기 위해 꽤나 긴 계단길을 오르내려야 한다는 게 귀찮을 수도.

위치 버스 15 · 21A · 26A번을 타고 C664 竹灣泳池-1 정류장에서 하차 후 도보 5분 지도 MAP 11Ⓙ 주소 Estr. de Cheoc Van, Coloane

Eating

로드 스토우즈 베이커리 安德魯餅店 Lord Stow's Bakery

콜로안 빌리지는 작은 마을이라 번듯한 레스토랑이 많지 않다. 그나마 학사 비치 방향에 리조트와 명물 음식점 몇몇이 모여 있을 뿐이다. 에그타르트를 마카오의 상징으로 만들어버린 주범, 로드 스토우즈 베이커리도 그중 하나다. 영국인 앤드류 스토우(1955~2006)가 포르투갈의 수도 리스본을 여행하던 중에 에그타르트 만드는 법을 배워 마카오에 개업한 베이커리로, 국경 간 이동이 익숙하지 않은 한국인들에게는 꽤 꿈같은 창업 스토리다. 지금은 고인이 된 앤드류 스토우를 대신해 그의 가족들이 가게를 운영하고 있다.

단지 로드 스토우즈 베이커리 본점에 가기 위해 콜로안을 찾는 사람들이 있을 정도이다 보니 가게 주변은 항상 북적인다. 코타이의 베네시안에도 분점은 있지만, 본점 오븐에서 갓 구워낸 따끈따끈한 에그타르트에는 비견할 수는 없다. 본점에서는 포장 판매만 하는데 다행히 주변에 벤치가 많아 온몸에 따듯한 햇볕을 쬐며 달콤함을 만끽할 수 있다. 에그타르트가 가장 유명하지만 현지 주민들은 주로 파이나 크루아상을 구입한다.

위치 콜로안 빌리지 초입의 회전로터리에서 마을을 바라보면 오른쪽으로 작은 가게가 보인다. 지도 MAP 12Ⓐ 주소 1 Rua do Tassara, Coloane Downtowns 전화 2888-2534 오픈 07:00~22:00 휴무 없음 예산 2인 $18

MENU

□ Egg Tart ········· $9
에그타르트

✕ **Eating**

로드 스토우즈 가든 카페 安德魯咖啡店 Lord Stow's Garden Cafe

로드 스토우즈 베이커리는 에그타르트 외에도 꽤 훌륭한 메뉴가 많지만 여행자들에게는 에그타르트 쏠림 현상이 강하다. 로드 스토우즈 가든 카페는 여행자에게 "사실 우리는 다른 요리도 무척 잘한다"고 알리고 싶었던 앤드류 스토우의 마지막 작품이다. 물론 그 의도와는 상관없이 많은 여행자들이 이 카페를 실내에서 에그타르트를 맛 볼 수 있는 곳 정도로 생각하지만 말이다.

태국을 비롯한 동남아국가 요리부터 피자까지 메뉴가 꽤나 다양하다. 대부분 맛도 수준급. 괜찮은 와인을 글라스 단위로 파는데 에그타르트와의 궁합이 꽤 좋은 편이다. 따듯한 햇볕을 맞으며 한 잔의 낮술을 즐기는 것도 마카오를 즐길 수 있는 좋은 여행 방법이 된다.

위치 로드 스토우즈 베이커리 오른쪽 골목으로 들어가면 왼쪽에 파란색 건물이 보인다. 지도 MAP 12Ⓐ 주소 21C, Largo do Matadouro 전화 2888-1851 오픈 월요일 09:00~17:00, 화~일요일 09:00~22:00 휴무 없음 예산 2인 $200~

MENU

□ Big Breakfast ········· $70
달걀요리와 베이컨이 포함된 영국식 아침 세트

□ 6oz Beef Patty with Optional Cheddar Cheese···Bun ········· $96
176g 패티를 넣은 소고기 햄버거

□ Margherita Pizza ········· $139
마르게리따 피자

□ Lord Stow's Egg Tart ········· $10
로드 스토우즈 에그타르트

□ Thai Mango Sticky Rice ········· $36
연유를 뿌린 찹쌀밥에 망고를 곁들인 태국식 디저트

에스파코 리스보아 里斯本地帶餐廳 Restaurant Espaco Lisboa

레스토랑이 맞나 싶을 정도로 허름한 외관이지만 이곳이 바로 콜로안 빌리지 제일의 매캐니즈 레스토랑이다. 한국인들에게는 마카오 최고의 포르투갈식 해물밥 맛집으로 알려져 있는데, 이에 대한 주인장의 자부심도 대단하다. 음식은 매캐니즈요리치고는 간이 약한 편이다. 와인 리스트가 괜찮고 포트 와인도 별도로 구비해놓고 있어 와인 마니아들을 기쁘게 한다. 단, 동네 식당 분위기치고는 음식이 꽤 비싼 편. 가게가 원체 좁아 주말 저녁은 예약을 하는 게 낫다.

위치 로드 스토우즈 베이커리에서 오른쪽을 바라보면 아담한 규모의 레스토랑이 보인다. 지도 MAP 12Ⓑ 주소 8 R. das Gaivotas, Coloane Downtown 전화 2888-2226 오픈 12:00~15:00, 18:30~22:00 휴무 부정기 예산 2인 $700~

MENU

☐ Ameijoas à Bulhão Pato ········· $118
고수를 곁들인 화이트 와인 조개찜

☐ Pasteis de Bacalhau ········· $90
바칼라우 크로켓

☐ Arroz de Marisco à "Espaço Lisboa" ········· $377
에스파코 리스보아식 해물밥

☐ Caril de camarão servido com arroz branco ········· $148
새우커리와 라이스

☐ Costoletas de Borrego grelhadas no carvão com Batata frita e esparregado ········· $231
돌판에 구워주는 텐더로인 스테이크

☐ Pudim abade de Priscos ········· $66
달걀푸딩

Eating

한케이 카페 漢記咖啡

공사장 한복판 작은 마을 안, 이런 곳에 식당이 있을까 싶은 외진 자리에 마카오에서 가장 특이한 식당이 있다. 곧 무너질 것 같은 가건물에 나무를 때는 아궁이까지. 잘못 찾아온 건가 싶지만, 허름한 의자에 사람들은 가득하고 동네 개들이 기웃거리는 건물 주변에는 온갖 고급차들이 주차되어 있다.

알고 보면(?) 고작 30년밖에 안 된 식당의 대표 메뉴는 구운 돼지고기를 얹은 쌀국수와 쭈빠빠우. 여행자에게 추천할 메뉴는 이 2가지로, 아무것도 넣지 않은 기본 쌀국수를 시켜 런천미트나 생선통조림을 곁들여 먹는 별식과 괴식 사이의 요리도 있다. 손으로 직접 저어 거품을 내는 수타 커피도 명물이니 놓치지 말 것.

위치 ①버스 15 · 21A · 25 · 26 · 26A · 50 · N3번을 타고 C657 路環警察訓練營 정류장에서 하차 후 버스 진행 방향으로 가다가 오른쪽 계단으로 내려가면 정면에 가게가 보인다. ②마카오 자이언트 판다 파빌리온에서 도보 15분 ③콜로안 빌리지에 있는 선착장 오른쪽에 있는 언덕을 통해 도보 7분 지도 MAP 11Ⓔ 주소 Merendas De Lai Chi Vun Park, Coloane Downtown 전화 2888-2310 오픈 07:00~18:00 휴무 수요일 예산 2인 $110

MENU

□ 豬扒公/米粉 ········· $30
폭찹을 얹은 라면 or 쌀국수

□ 雞翼公/米粉 ········· $30
닭날개를 얹은 라면 or 쌀국수

□ 豬扒包/多 ········· $24
폭찹을 끼운 번 or 토스트

□ 腿蛋包/多········· $20
햄과 계란을 끼운 번 or 토스트

□ 手打咖啡 ········· $18(hot), 22(ice)
수타 커피

Eating

라 곤돌라 陸舟餐廳 La Gondola

체옥반 비치에 있는 숨은 보석. 해변을 마주보고 있는 이탈리안 레스토랑이다. 마카오・홍콩에서 식당 요금의 반은 임대료라는 말이 있는데, 이 집을 보면 대체적으로 그건 사실인 듯 하다. 시내에서는 꿈도 꾸질 못할 가격으로 고품질의 훌륭한 요리를 맛볼 수 있기 때문이다.

파스타 같은 가벼운 요리부터 해산물 요리까지 가능하고 맛도 모두 수준급이다. 저녁에는 와인이나 맥주를 곁들여 제대로 분위기를 즐길 수 있다. 자리는 야외석과 실내석이 있는데, 야외석의 경우 해가 떨어진 이후에는 모기를 조심해야 한다. 모기만 뺀다면 강력 추천!

위치 버스 15・21A・26A번을 타고 C664 竹灣泳池-1 정류장에서 하차. 체옥반 비치 앞 지도 MAP 11Ⓙ 주소 Estr. de Cheoc Van, Cheoc Van 전화 2888-0156 오픈 11:00~23:00 휴무 부정기 예산 2인 $300~

MENU

- □ Carpaccio di Pesce with Salad ········· $98
  흰살 생선 까르파쵸
- □ Mozzarella with Tomato ········· $143
  모차렐라 치즈를 곁들인 토마토 샐러드
- □ Seafood Pasta ········· $133
  해산물 파스타
- □ Carbonara Pasta ········· $113
  까르보나라 파스타
- □ Mushroom Risotto ········· $113
  버섯 리소토

학사 비치 꼬치 골목

학사 비치 입구에는 肥佬을 포함해 3~4개의 꼬치집이 몰려 있다. 옥수수, 닭다리, 버섯, 소갈비를 다양한 재료로 만든 꼬치가 한가득이다. 한국처럼 미리 익힌 식재를 불에 살짝 그을려주는 꼬치가 아니라 처음부터 숯불에 굽는 꽤 슬로우 푸드다.

학사 비치의 명물이기도 해서 시내버스 정류장에 앉아 해변을 바라보고 있으면 꼬치를 입에 물고 여행을 시작해 꼬치를 입에 물고 비치를 떠나는 여행자가 자주 보인다.

다만 중화권의 꼬치집들은 향신료를 가득 뿌리는 편이니 자신이 없을 땐 아무것도 뿌리지 말라고 주문하거나 소금 정도만 추가하는 게 좋다. 옥수수나 오징어는 양념을 뿌리지 않아도 충분히 맛있다.

위치 학사 비치 앞 지도 MAP 11Ⓚ 주소 Food Stall, Hac Sa Beach, Praia de Hac Sán 전화 2888-2310 오픈 10:30~22:00(불규칙) 휴무 부정기 예산 2인 $100

MENU

□ Sweet Corn ········· 20元
옥수수꼬치

□ Mushroom ········· 15元
표고버섯꼬치

□ Leek ········· 20元
곁들임 부추. 고기와 함께 먹는다.

□ Chicken ········· 25元
닭다리꼬치

□ Beef Ribs ········· 50元
소갈비구이

Eating

퀀호이힌 觀海軒 Kwun Hoi Heen

그랜드 콜로안 리조트 내 자리한 캔토니스(광둥요리) 레스토랑. 검은 해변의 학사 비치가 훤히 내려다보이는 전망 좋은 자리를 차지하고 있다. 코타이 남쪽에서는 거의 유일한 파인 다이닝 레스토랑으로 점심나절에는 상당히 경쟁력 있는 딤섬과 주식 메뉴를 선보인다. 기본에 충실한 요리는 밀도 있는 맛과 정갈한 플레이팅이 특징이다. 마니아층이 꽤 두터운 편으로 여행자보다는 현지인 손님이 많다. 가끔 일본인 단체 여행자들이 차량을 대절해오기도 한다. 먼 길을 찾아갈 만한 맛을 경험할 수 있으니 기회가 된다면 들러 볼 것.

위치 ①버스 15 · 21A번을 타고 C671 鷺環海天酒店 정류장에서 하차 ②콜로안 빌리지에서 택시로 10분 지도 MAP 11 Ⓖ 주소 3/F, Grand Coloane Resort, 1918 Estrada de Hac Sa, Coloane Downtown 전화 8899-1320 오픈 월~금요일 11:00~15:00, 18:30~23:00, 토 · 일요일 09:30~16:00, 18:30~23:00 휴무 없음 예산 2인 $400~

MENU

□ 觀海軒三色蝦餃皇 ········· $48
퀀호이인 삼색 새우 딤섬

□ 松茸菌浸鮮竹卷 ········· $48
송이버섯을 넣은 두부껍질말이 딤섬

□ 蟹粉上湯小籠包········· $48
게알을 넣은 샤오롱바오

□ 香蔥馬拉盞炒蘿蔔糕 ········· $48
조개관자와 해산물이 든 로빡꼬우

□ 蘆筍鮮蝦仁腸粉········· $48
새우·아스파라거스를 넣은 창펀

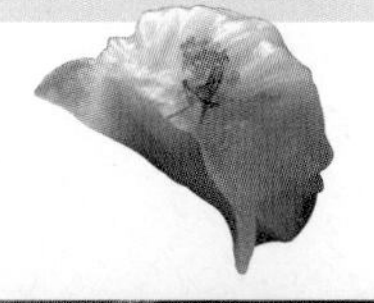

여행준비

여권 준비하기

항공권 예약하기

여행 경비 계산하기

사건 · 사고 대처요령

여권 준비하기

여권은 대한민국 국민의 신원을 보증하는 해외에서 쓰는 주민등록증이다.
여권이 없으면 누구도 대한민국 바깥, 해외로 나갈 수 없다.

발급 신청 및 수령

여권 발급과 관련된 정보는 대한민국 외교통상부의 여권 안내 홈페이지(passport.go.kr)를 참고하자. 거주지 내 여권 발급처를 포함한 모든 안내를 종합적으로 받을 수 있다. 일반적으로 여권은 여권용 사진 1매, 신분증, 여권 수수료를 가지고 시청이나 군청의 여권과 혹은 종합민원실이나 민원봉사과에서 신청한다. 여권 발급까지 보통 3~4일이 소요되며 성수기에는 일주일 이상 걸리기도 한다. 수령할 때는 반드시 신분증을 지참해야 한다.

여권 발급 기본 준비물

만 18세 이상 본인 발급

여권발급신청서, 여권용 사진 1장, 신분증, 병역 관계 서류(남성만 해당), 수수료

미성년자 여권 발급

여권발급신청서, 여권 신청자 여권용 사진 1장, 법정대리인동의서, 여권 신청자 기본증명서, 가족관계증명서 등 가족관계 또는 친족 관계 확인 서류

무비자 90일 입국

비자는 쉽게 말해 여행 국가의 입국 허가증이다. 마카오는 한국인 여행자의 경우 90일 동안 비자가 없이도 머무를 수 있다. 여행자가 많이 찾는 동남아나 서유럽 국가 및 지역에 한해 비자 없이도 여행할 수 있는 사증면제협정(비자면제협정)을 맺고 있기 때문. 마카오 외에도 일본, 태국, 홍콩, 마카오, 싱가포르, 말레이시아, 대만도 마찬가지로 90일간 무비자 입국이 가능하다.

TIP

여권 발급 준비물

종류	기한	수수료	특징
복수여권	10년	일반(48면) 5만 3000원, 알뜰(24면) 5만 원	만 18세 이상 대한민국 국적을 보유한 성인이 발급받는 여권. 기한 내 무제한으로 입출국할 수 있다.
	5년	일반(48면) 4만 5000원, 알뜰(24면) 4만 2000원	만 8~18세 미성년자가 발급받는 여권. 법정대리인 신분증 및 인감증명서 등 추가 구비서류가 있다.
		일반(48면) 3만 3000원, 알뜰(24면) 3만 원	만 8세 미만 미성년자가 발급받는 여권. 법정대리인 신분증 및 인감증명서 등 추가 구비서류가 있다.
단수여권	1년	2만 원	단 1회 사용할 수 있는 일회용 여권. 유효기간은 1년이며 발급일로부터 6개월 이내 출국해야 한다

항공권 예약하기

현재 한국과 마카오를 연결하는 항공권은 100% 저가 항공사 취항이라
명절 연휴나 휴가철이 아닌 경우 30만 원 선으로 왕복 항공권을 구입할 수 있다.

항공권 저렴하게 예약하기

항공 요금은 항공사에 따라 시즌과 유효 기간에 따라, 또 예약 조건에 따라 천차만별이다. 일반적으로 성수기 · 비수기에 따라 가장 큰 차이가 나지만, 어떤 시기라도 발품만 잘 팔면 남들보다 훨씬 저렴하게 예약할 수 있다.

01 마카오 취항 항공사 확인

마카오 취항 항공사는 에어마카오, 제주항공, 티웨이항공, 진에어, 에어부산 등 5개 항공사로 인천에서 매일 6편, 부산에서 1편, 대구에서 주 5편이 운행 중이다. 제주와 청주에서는 경유편만 운항한다.

02 항공료 비교 홈페이지 즐겨찾기

많은 여행자가 인터파크나 스카이스캐너 같은 예약 대행 업체 홈페이지를 위주로 항공권을 검색한다. 하지만 의외로 항공사도 자체적으로 저가 프로모션을 자주 진행한다. 그러니 예약 대행 업체 홈페이지와 항공사 공식 홈페이지, 둘 다 체크해야 특가 항공권을 만날 확률을 높일 수 있다. 특히 카약(www.kayak.co.kr) 앱에 여행 날짜와 목적지를 사전에 등록해 놓으면 매일 항공권 가격 변화를 체크해 메일로 받아볼 수 있다.

03 세금 포함 여부 확인

몇몇 여행사나 예약 대행업체에서 세금을 제외한 운임료를 최종 항공료인 것처럼 등록하는 경우가 있다. '이게 웬 떡!" 하고 구입 버튼을 누르면 그 뒤로 줄줄이 세금이 붙는다. 즉, 항공권 가격을 따질 때는 세금 포함 여부를 꼼꼼히 따져봐야 한다.

04 출발 · 도착 시간 확인

마카오 항공편의 절반 이상이 심야에 한국에서 출발해 다음 날 새벽에 마카오에 도착한다. 올빼미 여행자에게는 유리할 수 있으나, 그렇지 않은 경우라면 이른 오전 출발해 낮 시간에 도착하는 편이 절대적으로 유리하다. 2~3만원 저렴하다고 새벽 도착 항공편을 구입하게 된다면 당장 여행일 하루가 날아가 버린다. 결코 싸다고 좋은 게 아니라는 것을 기억하자.

여행 경비 계산하기

여행 경비는 일반적으로 항공 요금, 숙박비, 식비, 교통비, 잡비로 구성된다.
항목별 비용을 최저가~중저가~최고가 순으로 정리했으니 예상 여행 경비를 계산해보자.

항공료

100% 저가 항공사 취항 지역이라 비즈니스 클래스 개념 자체가 없다. 일반적으로 비수기라면 왕복 25~30만 원 선으로 구매가 가능하지만 성수기에는 최대 50만 원까지 요금이 올라간다. 저가 항공사니 만큼 좋은 자리에는 약간의 비용이 추가된다.

☑ **비수기 왕복** 25~30만 원 ☑ **성수기 왕복** 50만 원

숙박료

마카오는 주말과 주중 요금의 차이가 그 어느 나라보다 가파르다. 비수기라 해도 평일과 주말의 요금은 50% 정도 차이가 나는 게 일반적이고, 설날이나 추석 같은 극성수기가 되면 비수기 평일 요금의 2.5배까지 요금이 치솟는다.
무엇보다 마카오는 숙소 선택의 폭이 넓지 않다. 민박은 불법이고 호스텔도 드물어 배낭 여행자를 위한 숙소가 적은 편. 최근 젊은 여행자들을 대상으로 하는 저가형 숙소들이 생겨나고는 있는데 이 또한 비수기 평일 1박 기준 $500~700(7.5~10만원) 선이다. 시내에 있는 조금 낡은 호텔과 신규 개업한 4성 호텔은 가격대상 중급 호텔로 분류하며 1박에 $700~1,200(10~18만원) 정도이다. 부대시설을 갖춘 5성 호텔이 외려 가격 차가 가장 큰데 일반적으로 $1,500~2,500(22만~37만원) 선이다.

☑ **저가 숙소** 7~10만 원 ☑ **중급 호텔** 10~18만 원
☑ **고급 호텔** 22만~37만 원 **(※비수기의 평일 1박 기준)**

식비

배낭여행자라고 삼시 세끼를 모두 저렴하게 먹으란 법 없고, 럭셔리 여행을 할 때도 하루 한 끼 정도는 가볍게 때우는 경우도 많기 때문에 식비 예산을 여행 형태에 따라 나누는 것은 큰 의미가 없다. 아침은 죽과 완탕면을 전문으로 하는 죽면 전가나 아침 딤섬을 내놓는 로컬 식당에서 1인 $50(7,500원) 선으로 가볍게, 점심은 카지노 구역 내 매캐니즈 레스토랑 등의 중급 식당에서 1인 $150~200(2.2~3만원) 수준으로, 저녁은 호텔 부설 레스토랑이나 고급 프랑스 & 광둥요리 전문점에서 1인 $400~1,000(6~15만원)선으로 조합하는 게 일반적이다.

☑ **로컬 식당** 7,500원~ ☑ **중급 레스토랑** 2.2~3만 원 ☑ **고급 레스토랑** 점심 3~9만 원, 저녁 6~15만 원

TIP

현명하게 환전하기

마카오의 법정화폐는 파타카 MOP(책에서는 $로 표기)지만, 환전을 할 땐 홍콩달러로 하는 게 여러모로 유리하다. 마카오에서는 홍콩달러를 자국 화폐만큼 자유롭게 사용할 수 있으며 여행을 마치고 돈이 남아 재환전할 때 홍콩달러를 소지하고 있는 게 훨씬 유리하기 때문. 무엇보다 한국의 시중 은행에서는 파타카 환전이 쉽지 않다.

환전을 할 땐 주거래 은행을 이용해야 우대 환율로 적용받을 수 있다. 홍콩달러가 없는 경우에 대비해 인터넷환전 신청을 미리 해놓으면 편리하다. 신한, 우리, 하나은행의 경우 공항에 지점이 있기 때문에 인터넷 환전 신청 시 수령 장소를 공항지점으로 지정하면 출국 당일 공항에서 돈을 찾을 수 있다.

교통비

교통비에 있어 가장 알뜰한 방법은 카지노 무료 셔틀버스만 이용하는 것이지만, 접근성을 높이려면 셔틀버스와 시내버스를 적절히 조합하는 것이 가장 좋다. 당연히 택시가 가장 비싼데, 마카오 자체가 원채 작은 지역이라 끝에서 끝으로 간다 해도 생각보다 요금이 많이 나오지는 않는다.

☑ **카지노** 무료 셔틀버스 0원~ ☑ **시내버스 1,000원~** ☑ **택시 1~4만원**

입장료 & 액티비티 요금

마카오는 입장료를 받는 명소가 별로 없고, 있어도 $10 이하로 비싸지 않다. 정작 비싼 건 액티비티 요금이다. 마카오 타워의 경우 스카이워크는 $788(11만 원), 스카이점프는 $2,588(35만 원), 번지점프는 $3,488(48만 원)으로 경우에 따라 항공권 비용에 맞먹는 예산이 한 번에 훅 빠져나갈 수도 있다. 요즘 여행자들이 선호하는 소소한 액티비티는 마카오 페리터미널에서 출발하는 오픈 탑 나이트 버스로 요금은 $150(2.2만)이다.

☑ **입장료** $0~10 ☑ **액티비티 요금** $150~3488

비상금

사람 따라 천차만별이다. 주당들은 술값이, 먹고 죽자 여행자라면 간식비가 만만치 않다. 예산의 규모에 따라 탄력적이지만, 대략 전체 여행 경비의 10%로 생각하면 된다. 먼저 전체 여행 일정을 확정하고 어떤 숙소에서 몇 박을 묵을지 계산한다. 여기에 하루 딘위로 식비와 교통비 예산을 잡아 금액을 더하면 조금 더 구체적인 여행 경비를 계산할 수 있다.

ex) 가상의 여행자가 중저가 숙소에서 2박을 한 뒤 마지막 날 코타이의 고급 카지노 호텔에서 1박을 하기로 계획했다. 그럼 2박 숙박료 14~30만 원에 호텔 1박 숙박료인 22~37만 원을 더하면 된다. 일행이 있다면 숙박료 36~67만 원을 반으로 나눠서 부담할 수 있다. 여기에 1일 교통비, 식비, 쇼핑 예산을 더하면 전체 여행 경비가 나오며 이 금액의 10%를 비상금이나 기타 잡비로 더하면 된다.

사건·사고 대처요령

내내 안녕하면 좋겠지만 크고 작은 사건 · 사고는 여행자들을 숙명처럼 따라다닌다.
여행지에서 마주할 수 있는 사건 · 사고 대처법을 미리 파악해두자.

질병 · 안전사고

밤낮으로 강력한 에어컨 바람을 쐬다가 콧물감기에 걸리는 사람도 많고, 낯선 음식 탓에 설사 환자도 심심찮게 발생한다. 한국에서 출발할 때 해열제, 소화제, 지사제, 습윤밴드 등의 상비약은 기본적으로 준비하는 것이 좋다. 파스, 감기약, 소화제, 모기기피제 정도는 현지 드러그 스토어에서도 구입할 수 있다. 사고로 인해 부상을 입었거나 몸 상태가 좋지 않다고 판단될 땐 즉시 병원 방문을 고려해야 한다.

마카오 병원 알아두기

마카오 내에는 아직 한국어 서비스가 가능한 병원이 없다. 그래도 만약의 상황에 대비하여 병원 위치와 종류 정도는 파악해두자. 마카오에는 국립병원과 사설병원이 있는데 진료비 차이가 상당하다. 카드 한도가 넉넉하다면 가장 권위 있는 사설병원 마카오 의과대학병원 University Hospital을, 그렇지 않다면 가장 큰 국립병원인 콘데 사오 자누아리오 병원 Hospital Centre S. Januário을 추천한다. 앰뷸런스를 이용해야 하는 상황이라면 전화 999번을 누르면 된다.

마카오 의과대학병원 전화 2882 1838
콘데 사오 자누아리오 병원 전화 2831 3731

여권 분실

마카오에는 대한민국 공관이 없기 때문에 여권을 분실한 경우 홍콩에 있는 주 홍콩 대한민국 총영사관까지 가야 한다. 문제는 여권이 없기 때문에 당장 마카오 출국–홍콩 입국도 불가능한 상황. 방법이 없는 것은 아니다. 침착하게 아래 과정을 따라 가자.

여권 분실자 출국 심사 과정

① 여권을 분실한 것으로 추정되는 장소 혹은 관할 경찰서로 간다. 관할 경찰서의 위치는 호텔에 문의하는 것이 가장 빠르다.

② 주 홍콩 대한민국 총영사관에 연락해 여권 분실 사실을 알린다.

③ 경찰서에 가서 외국인이고 여권을 분실해 폴리스 리포트를 받는다고 말하면 외국인 관련 카운터로 안내해준다.

④ 경찰서에서 여권분실증명서를 작성한다. 이후 발급된 분실증명서는 사건이 해결될 때까지 늘 휴대해야 한다.

⑤ 경찰서에 안내를 받아 마카오 이민국을 방문해 여권 분실자 출국 심사를 진행한다.

⑥ 주 홍콩 대한민국 총영사관에 연락해, 홍콩 입국일을 알린다.

⑦ 페리를 타고 홍콩으로 입국. 홍콩 이민국은 주 홍콩 대한민국 총영사관에 여권분실자 입국 여부를 확인하는 과정을 거쳐야 한다.

⑧ MTR 애드머럴티 역에 있는 대한민국 영사관을 방문 여행증명서 발급 서류를 작성하고 수령한다.(마카오 경찰서의 분실 증명서 필수)

⑨ 여행증명서를 수령한 후, 홍콩이민국을 방문해 입국 도장을 새로 받고 마카오로 출

국한다.

주 홍콩 대한민국 총영사관
오픈 월~금요일 09:00~17:30 전화 852-2528 3666(내선 1번) 주소 5F, Far East Centre, 16 Harcourt Rd., Hong Kong

신용카드 분실

도박의 나라 마카오에서는 신용카드 분실도 큰일이지만, 도난의 징후가 보인다면 사태는 심각하다. 카드가 없어진 것을 확인하는 즉시 한국의 카드사에 카드 분실 신고를 접수하고 카드 사용을 정지시켜야 한다.

신용 카드 분실신고

BC카드 1588 4515
KB 국민카드 1588 1788
NH 농협카드 1644 4000
SC 제일카드 1588 1599
롯데카드 1588 8100
삼성카드 1588 8900
시티카드 (82)2 2004 1004
신한카드 1544 7200
우리카드 1588 9955
하나카드 1599 1111
현대카드 1577 6200

현금 분실

현금은 어떠한 경우에도 보상받을 길이 없기 때문에 여행 경비를 잃어버리는 것은 곧 여행의 위기를 의미한다. 최악의 상황에서는 한국에서 추가로 현금을 송금받는 길밖에 방도가 없다. 송금을 받을 땐 한국계 은행의 분점을 이용하거나 중국 은행에 계좌를 만들어야 한다. 참고로 외국인이 계좌를 만들기 위해서는 각 도시에 있는 중국은행 본점을 이용하는 게 가장 편리하다. 여권만 있으면 계좌를 만들 수 있으니 크게 걱정하지 말 것. 여권을 분실했거나 도난당했다 하더라도 대사관이나 영사관의 도움을 받아 입금받을 수 있다.

TIP

마카오 여행의 드레스 코드는?

마카오는 북위 22도, 한국보다는 꽤 남쪽에 있는 아열대 기후 지역이다. 즉 한국보다 대부분 덥지만, 사철 덥진 않아 겨울에 속하는 12~2월의 흐린 날에는 10℃ 정도로 기온이 떨어질 때도 있고, 장마철에는 습식 사우나 같은 후덥지근한 기후로 옷을 자주 갈아입게 된다.

즉, 겨울철이라면 얇은 파카 정도는 챙기고 장마철에 간다면 여벌의 옷이 더 필요할 수도 있다. 카지노 구역은 언제나 에어컨을 쌩쌩 틀어서 카디건 같은 긴팔 옷이 여름에도 유용하다. 마지막으로 클럽이나 호텔 레스토랑을 방문할 예정이라면 캐주얼 차림 이상의 드레스 코드가 필요하다. 민소매나, 반바지, 샌들 차림으로는 입장이 거부될 수 있다.

찾아보기

볼거리

쇼핑

맛집

호텔

마카오 100배 즐기기

초판 1쇄 2019년 8월 13일

지은이 전명윤, 김영남

발행인 양원석
본부장 김순미
편집장 고현진
책임편집 전설
디자인 RHK디자인팀 이재원, 강소정
지도 도마뱀퍼블리싱
해외저작권 최푸름
제작 문태일, 안성현
영업마케팅 최창규, 김용환, 윤우성, 양정길, 이은혜, 신우섭,
김유정, 조아라, 유가형, 임도진, 정문희, 신예은

펴낸 곳 (주)알에이치코리아
주소 서울시 금천구 가산디지털2로 53 한라시그마밸리 20층
편집 문의 02-6443-8891 **구입 문의** 02-6443-8838
홈페이지 http://rhk.co.kr
등록 2004년 1월 15일 제2-3726호

ISBN 978-89-255-6725-9(13980)